普通高等教育教材

无机及分析化学实验

张春燕　主编

罗建新　王津津　朱伟杰　杨丽　刘宏伟　副主编

化学工业出版社

·北京·

内容简介

《无机及分析化学实验》按照基础知识和基本操作实验、基础实验、综合实验和设计与创新实验四个层次划分所选内容。本书共分为九章：实验室基础知识，化学实验常用仪器及其使用方法，实验数据处理，化学基本实验技能，基础操作实验，无机化学实验，分析化学实验，无机及分析化学综合实验，无机及分析化学设计与创新实验。在编写过程中，编者力求遵循学术规范原则，完整地正确表达化学的基本原理及实验操作规范与方法。本书有配套电子资源，读者可扫描二维码获取。

本书适用于高等院校化学、应用化学、化工、材料、环境、生物等专业的本科生实验教学，也可作为研究生和相关科研人员的参考用书。

图书在版编目（CIP）数据

无机及分析化学实验 / 张春燕主编. -- 北京 : 化学工业出版社, 2025. 9. --(普通高等教育教材).

ISBN 978-7-122-49119-0

Ⅰ. O61-33; O652.1

中国国家版本馆 CIP 数据核字第 202582502M 号

责任编辑：李 琰 朱 理　　文字编辑：孙云艳 刘 璐

责任校对：宋 玮　　装帧设计：韩 飞

出版发行：化学工业出版社

(北京市东城区青年湖南街 13 号 邮政编码 100011)

印 装：河北鑫兆源印刷有限公司

787mm × 1092mm 1/16 印张 14 字数 346 千字

2026 年 2 月北京第 1 版第 1 次印刷

购书咨询：010-64518888　　售后服务：010-64518899

网 址：http://www.cip.com.cn

凡购买本书，如有缺损质量问题，本社销售中心负责调换。

定 价：42.00 元

前 言

无机及分析化学实验是化学、化工、材料、环境、生物、医学等相关专业的重要实践课程，是理论教学的重要补充和延伸。《无机及分析化学实验》以“夯实基础、强化技能、注重综合、激发创新”为编写理念，结合多年教学实践经验，系统整合无机化学与分析化学实验内容，精选实验项目，融入现代实验技术，注重实验安全、规范操作和数据处理能力的培养，力求通过循序渐进的实验训练，使学生掌握规范的实验操作技能，理解化学原理，提高分析问题和解决问题的能力。同时加强综合性与设计性实验的训练，提升学生的实践能力和创新思维。

《无机及分析化学实验》注重理论与实践相结合，在强化基础训练的同时，拓展了学生综合能力的培养，按照基础知识和基本操作实验、基础实验、综合实验和设计与创新实验四个层次划分所选内容。本书共分为九章：第一章实验室基础知识，介绍实验室安全守则、事故预防与应急处理、常用试剂与仪器的管理规范，培养学生良好的实验习惯和安全意识；第二章化学实验常用仪器及其使用方法，讲解天平、离心机、pH 计、分光光度计等仪器的原理及操作要点，为后续实验奠定基础；第三章实验数据处理，介绍误差分析、有效数字运算及数据图表绘制等，培养科学严谨的数据处理能力；第四章化学基本实验技能，涵盖称量、溶解、过滤、滴定等基础操作，强化实验基本功；第五章基础操作实验，通过简单实验巩固基本操作技能；第六章无机化学实验，包括常见无机物的制备、性质及反应实验；第七章分析化学实验，涉及定量分析实验，如酸碱滴定、氧化还原滴定、分光光度法测定等；第八章无机及分析化学综合实验，结合无机合成与分析技术，提升综合应用能力；第九章无机及分析化学设计与创新实验，结合材料制备、组成分析、废物利用及湖南地方产业特点，兼顾基础操作与前沿应用，为后续科研或工业实践打下基础。

本书由张春燕主编，罗建新、王津津、朱伟杰、杨丽、刘宏伟副主编，在本书的编写中，李妮娜、龙依依、李雯靓、李娜、张凌湘、徐佩希、廖丽莎、陈锦、王子衡、廖崇清、王俊锋、毛志江等同学给予了一定的帮助，在此一并表示感谢。

本书适用于高等院校化学、应用化学、化工、材料、环境、生物等专业的本科生实验教学，也可作为研究生和相关科研人员的参考用书。

编者

2025 年 8 月

目 录

第一章

实验室基础知识

配套数字资源

1.1 无机及分析化学实验的目的

化学是一门以实验为基础的学科，化学中的许多定律和学说都源于实验，化学课程的许多理论知识也都需要在实验课上进行消化和理解，因此实验教学是化学学习过程中不可或缺的内容。无机及分析化学实验是无机及分析化学课程的重要组成部分，是高等院校化学、化工、材料、环境、生物、食品、制药工程等理工科专业学生进入大学后的首门实验课程。它既可以培养学生独立操作、观察记录、分析归纳、撰写报告等多方面综合能力，同时也为学生开展后续学习和研究工作奠定坚实的基础。无机及分析化学实验的主要目的是：

① 掌握基本实验操作技能。通过化学实验课程，可以培养学生正确地掌握称量、溶解、滴定、加热等基础操作技能，为学生未来的科研实验和工作打下坚实的基础。

② 加深理论知识理解。通过实验，学生可以使课堂中讲授的重要理论和概念得到验证、巩固、充实和提高，并适当地扩大知识面。例如，在测定化学反应热的实验中，学生可以亲身体验化学反应的能量变化，更加直观地理解能量守恒定律。

③ 增强实践能力和创新精神。化学实验鼓励学生动手实践，在实验过程中，学生需要学会联系课堂讲授的知识，仔细地观察和分析实验现象，解决遇到的各种预料之外的问题和困难，认真处理数据并从中得出结论。

④ 提升团队协作能力。化学实验通常需要分组进行，在实验过程中，学生需要相互配合，倾听他人的意见，表达自己的观点，协调彼此的工作，共同完成任务。

⑤ 培养科学素养。科学素养是指实事求是的作风，忠实于所观察到的客观现象。如果发现实验现象与理论不符，应检查操作是否正确或所应用的理论是否合适等，这些都是做好实验的必要条件。

1.2 无机及分析化学实验的学习方法

学好并掌握无机及分析化学实验，学生除了要有明确的学习目的和端正的学习态度，还应遵循正确的实验课程学习方法。无机及分析化学实验的学习方法大致可分为以下四个方面：

① 预习与准备。学生应认真阅读实验教材和指导书，了解实验的目的、原理、步骤和

注意事项。根据实验内容和要求，学生可以制订详细的实验计划，包括实验步骤、所需仪器和试剂、预期结果等。在实验开始前，学生还应检查仪器是否完好、试剂是否齐全、标签是否清晰等，确保实验器材和试剂的质量和数量符合实验要求。在明确以上内容的基础上，学生需写出简明的预习报告。

② 实验操作与观察。学生应遵守实验室规则，严格按照实验步骤进行操作，不要随意更改或省略步骤，做到边操作、边思考、边记录，仔细观察实验现象，如实记录实验数据，深入思考产生现象的原因。同时，学生应爱护仪器设备，严守操作规程。实验完毕后，做好仪器设备的维护，使之恢复至待用状态，清理好实验台面，做好“三废”处理，养成良好的实验习惯。

③ 数据分析与撰写报告。实验报告是对实验的总结和归纳，它从一定角度反映学生的学习态度、知识水平和观察问题、正确判断问题的能力。待完成实验后，学生应严格按照实验记录独立认真地完成实验报告的撰写工作，结合理论知识对实验数据进行分析和处理。实验报告应当格式正确、记录清楚、结论明确、文字简练、书写整洁。

④ 总结与反思。学生应该总结实验过程中的经验和教训，反思自己的学习方法和策略，提高自己的实验技能和水平，从而找到适合自己的学习方法，提升自我。

1.3 实验室规则

实验室是进行化学实验和研究的重要场所，为了保障实验的顺利进行和人员的安全，学生需遵循相应的实验室规章制度。

① 使用必要的个人防护用品，如实验服、护目镜、手套等。

② 在实验室门口签到，记录自己的姓名、学号、实验时间等相关信息。

③ 实验前要认真预习，明确实验目的和要求，弄懂实验原理，了解实验方法，熟悉实验步骤，写出预习报告。

④ 实验前要认真清点仪器和药品，如有破损或缺少，应立即报告指导教师，按规定手续补领。实验时如有仪器损坏，应立即主动报告指导教师，进行登记，再换取新仪器，不得擅自拿取其他位置上的仪器。

⑤ 要保持肃静，不得大声喧哗。实验应在规定的位置上进行，未经允许，不得擅自挪动。不可无故缺席实验，因故缺席未做的实验应择机补做。

⑥ 保护公共财物，小心使用仪器设备，养成节约用水、用电和用气的好习惯。每人应取用自己的仪器，不得动用他人的仪器；公用仪器和临时仪器用毕应恢复至待用状态。仪器设备如有损坏，需要及时登记并补领。

⑦ 药品应按需用量取用，自药品瓶中取出的药品不应倒回原瓶中，以免带入杂质；取用药品后，应立即盖上瓶塞，以免盖错瓶塞，污染药品，并随即将药品瓶放回原处。

⑧ 保持实验室的清洁、整齐。实验后应将仪器洗刷干净，将药品放回原处，摆放整齐，用洗净的湿抹布擦净实验台。实验室中的废纸等必须放在指定容器中，不要丢在水池中或地面上，以免堵塞水池或弄脏地面。规定回收的废液要倒入废液缸（瓶）内，以便统一处理。严禁将实验仪器、化学药品擅自带出实验室。

⑨ 实验结束后，由学生轮流值日。清扫地面和整理实验室，检查水、电、煤气开关以及门窗是否关好，经老师检查认可后方能离开实验室。

1.4 实验室安全守则

化学实验室是学习、研究化学的重要活动场所。在化学实验室中工作或学习，往往会接触到各种化学药品、电气设备、玻璃仪器，以及水、电、煤气等。在这些化学药品中，有的有毒，有的有刺激性气味，有的有腐蚀性，有的易燃、易爆，还有的可能致癌。使用不当，或操作有误、违反章程、疏忽大意，都可能造成意外事故。因此，安全教育是贯穿化学实验课及化学研究、化工生产始终的重要内容之一，是化学实验工作者要特别引以注意的大事。实验时，首先应在思想上高度重视安全问题，集中注意力，遵守操作流程，以避免任何事故的发生。

① 学生进实验室前，必须进行安全、环保意识的教育和培训。

② 严格遵守所有的实验操作规程和安全规定，坚持安全第一、预防为主。

③ 实验前要了解所使用仪器设备和化学药品的危险性、安全预防措施及紧急处理步骤。熟悉实验室环境，了解与安全有关的设施（如水、电、煤气的总开关，灭火器、眼睛冲洗设备、紧急喷淋装置等）的位置和使用方法。

④ 使用仪器前仔细阅读操作手册，熟悉正确的操作程序和紧急关机步骤，并了解可能发生的危险。仪器定期维护保养，以减少故障及危险的发生。仪器不正常或有故障时，要及时报告实验室技术人员维修，以免他人不知情使用而造成危险或加重仪器的损坏程度。

⑤ 集中精神做实验，严格遵守实验流程进行相关实验操作。实验后迅速完成清洁、物品归位等工作。粗心大意、匆忙均可能引发意外、造成伤害，不要抱有任何侥幸心理。

⑥ 容易产生有毒气体及挥发性、刺激性毒物的实验应在通风橱内进行。乙醚、乙醇、丙酮、苯等有机易燃物质，存放和使用时必须远离明火，取用完毕应立即盖好瓶塞和瓶盖放在阴凉处，并尽可能在通风橱内进行。

⑦ 使用酒精灯时，应随用随点，不用时盖上灯帽，不要用已点燃的酒精灯去点燃别的酒精灯，以免酒精溢出而失火。加热试管时，不要将试管口指向自己或他人，不要俯视正在加热的液体，以免溅出受到伤害。嗅闻气体时，鼻子不能直接对着瓶管口，而应用手把少量的气体扇向自己的鼻孔。

⑧ 使用强腐蚀性试剂时，切勿溅在衣服和皮肤上，取用时要戴橡胶手套和防护眼镜。稀释浓硫酸时，应将浓硫酸慢慢倒入水中，而不能将水倒入浓硫酸中，以免酸液溅出。

⑨ 使用有毒试剂（如重铬酸钾、钡盐、铅盐等）时，应严防进入口内或接触伤口，实验后废液应回收，集中统一处理，不能将有毒药品随便倒入下水管道。

⑩ 金属钾、钠等活泼金属应保存在煤油或液状石蜡中，白磷、黄磷应保存在水中，取用时必须用镊子，严禁用手拿。

⑪ 绝不允许将各种化学药品随意混合，以免发生意外。自行设计的实验，需与指导教师讨论后方可进行。

⑫ 实验室内严禁饮食和吸烟，实验完毕，应及时洗净双手。

1.5 实验室事故的处理

实验室应配备医药箱，以便在发生意外事故时临时处置使用。医药箱应配备如下药品和工具：

① 急救药品：包括消毒剂、止血剂、止痛药、消炎药等，用于紧急处理伤口和突发疾病。

② 包扎用品：绷带、胶带、三角巾等，用于伤口的包扎和固定。

③ 救护工具：夹板、颈托等，用于处理不同类型的伤病。

④ 医用敷料：如创可贴、纱布等，用于覆盖和保护伤口。

⑤ 自动体外除颤器（AED）：是一种便携式的急救设备，用于对心搏骤停患者进行除颤。

⑥ 医疗指南和手册：包括急救流程、紧急处理方法等，为现场救护人员提供指导。

实验室发生事故时，应立即按照相应措施进行紧急处理。

1.5.1 玻璃器皿割伤处理

要仔细观察伤口有无玻璃碎粒，若伤口不大，可处理完玻璃碎粒后抹上红药水再用创可贴粘贴。如伤口较大，应先做止血处理（如扎止血带或按紧主血管）以防止大量出血，然后急送医疗单位。

1.5.2 热损伤及化学性眼损伤事故处理

① 烫伤：及时用大量清水冲洗降温，涂烫伤药膏；严重者迅速送医救治。

② 灼伤：迅速脱下伤者被污染衣物，立即用大量清水冲洗，保持创伤部位的洁净，酸类用3%～5% $NaHCO_3$ 洗，碱类用1%～2%硼酸液洗，最后用清水洗；严重时消毒、擦干后涂烫伤油膏，送医院救治。

③ 眼部溅入：应就近立即用大量清水或生理盐水冲洗，时间不少于15min，处理后送医救治。

1.5.3 化学品溅出及中毒事故处理

① 化学物质溅出的应急处理方案：应立即屏住呼吸，撤离现场，将门全部关上；及时向指导教师和实验室负责人报告；脱去被污染的衣物，及时用大量的水冲洗至少5min并保持创伤面的洁净，冲洗后相应地用碳酸氢钠（针对酸性物质）或硼酸（针对碱性物质）进行中和；如果大量危险气体、烟、雾或蒸气被释放，应该待在通风处或尽可能远离空气中有化学物质的地方；视情况的轻重将伤者送入医院就医。

② 吸入中毒的应急处理方案：迅速将患者搬离中毒场所至空气新鲜处；保持患者安静，并立即松解患者衣领和腰带，以维持呼吸道畅通，并注意保暖；严密观察患者的一般状况，尤其是神志、呼吸和循环系统功能等；送入医院就医。

③ 经皮肤中毒的应急处理方案：将患者立即移离中毒场所，脱去被污染衣物，迅速用清水洗净皮肤，黏稠的毒物则宜用大量肥皂水冲洗；遇水能发生反应的腐蚀性毒物如三氯化磷等，需先用干布或棉花抹去，再用水冲洗；送入医院就医。

④ 误食中毒的应急处理方案：反复漱口，视情况用0.02%～0.05%高锰酸钾溶液或5%活性炭溶液等催吐，中毒者大量饮用温开水、稀盐水或牛奶，以减少毒素的吸收，送入医院就医。

1.5.4　化学品泄漏事故处理

① 进入现场的救援人员必须配备必要的个人防护器具。救援人员严禁单独行动，要有监护人，必要时用水枪掩护。

② 组织现场人员撤离。

③ 事故中心区应严禁火种、切断电源，采用合适的材料和技术手段堵住泄漏处：

a. 围堤堵截：筑堤堵截泄漏液体或者将泄漏液体引流到安全地点。

b. 稀释与覆盖：向有害物蒸气云喷射雾状水，加速气体向高空扩散；对于液体泄漏，可用泡沫或其他覆盖物品覆盖外泄的物料，在其表面形成覆盖层，抑制其蒸发。

c. 收容：用沙子、吸附材料、中和材料等吸收中和。

d. 废弃：将收集的泄漏物移交有资质的单位进行处理。

1.5.5　气体钢瓶事故处理

① 气体泄漏时应立即关闭阀门，对可燃气体用砂石或二氧化碳、干粉等灭火器进行灭火，同时设置隔离带以防火灾事故蔓延。对受伤人员立即实行现场救护，伤势严重的立即送往医院。

② 气体钢瓶中有毒气体泄漏时，抢险人员须佩戴防毒面具或口罩、氧气呼吸器等进行呼吸防护，进入现场处理事故和救助人员。

③ 气体钢瓶爆炸时，所有人员须立即撤离现场并报警，等待救援。

1.5.6　火灾事故处理

① 火灾发现人员要保持镇静，立即切断或通知相关部门切断电源；迅速向实验室负责人、保卫处及公安消防部门（119）电话报警，报警时要讲明发生火灾的地点、燃烧物质的种类和数量、火势情况、报警人姓名和电话等详细情况。

② 按照“先人员、后物资，先重点、后一般”的原则抢救被困人员及贵重物资；疏散其他人员；关闭门窗防止火势蔓延。

③ 对于初起火灾应根据其类型，采用不同的灭火器具进行灭火。

④ 对压缩气体和液化气体火灾事故，应立即切断现场电源、关闭阀门。

⑤ 对有可能发生爆炸、爆裂、喷溅等特别危险需紧急撤退的情况，应按照统一的撤退信号和撤退方法及时撤退。

1.5.7　触电事故处理

若遇到人员触电，应及时在现场采取积极措施保护伤员生命。首先要使触电者迅速脱离电源，越快越好。触电者脱离电源前，救护人员不准用手直接触及伤员。使伤者脱离电源的方法：

① 切断电源开关或拔下电源插头；

② 若电源开关较远来不及切断，可用干燥的木棍、竹竿等绝缘物挑开触电者身上的电线或带电设备；

③ 可用几层干燥的衣服将手包住，或者站在干燥的木板上，拉触电者的衣服，使其脱

离电源。

触电者脱离电源后，应观察其神志是否清醒。神志清醒者，应使其就地躺平，严密观察，暂时不要站立或走动；如神志不清，应使其就地躺平，确保其气道通畅，并于5s时间间隔呼叫伤员或轻拍其肩膀，以判定伤员是否意识丧失。禁止摇动伤员头部呼叫伤员。若触电者出现休克现象，要立即进行人工呼吸，并请医生治疗。

1.5.8 常用紧急电话

火警电话：119。急救电话：120。

1.6 化学试剂的基本常识

1.6.1 化学试剂的分类

化学试剂的分类方法较多。根据物质的种类，可分为无机试剂、有机试剂；根据存在状态，可分为固体试剂、液体试剂；根据使用用途，可分为通用试剂、专用试剂；根据危险性，可分为危险试剂、非危险试剂等。从贮存和使用角度，通常按照物质的种类和试剂的危险性两种方法对其进行分类。

我国按照纯度的不同将化学试剂分为不同的等级。试剂的纯度对实验结果的准确度影响很大，不同等级试剂的用途也不相同。表1.1为我国化学试剂等级分类及适用范围。

表1.1 化学试剂等级分类及适用范围

试剂等级	试剂规格	标签颜色	符号	适用范围
一级	优级纯	绿色	GR	精密分析和科学研究
二级	分析纯	红色	AR	一般分析和科学研究
三级	化学纯	蓝色	CP	工业分析和教学实验
四级	实验试剂	黄色	LR	一般制备实验和实验辅助试剂

除表1.1中所列试剂外，还有具有专门用途的特殊规格试剂。例如，基准试剂常用作滴定分析中的基准物，色谱试剂是指色谱分析专用的试剂或溶剂。表1.2为我国专用化学试剂种类及适用范围。

表1.2 专用化学试剂种类及适用范围

试剂种类	标签颜色	符号	适用范围
色谱试剂	—	GC	气相和液相色谱分析
生化试剂	咖啡色	BR	配制生物化学检验试剂
生物染色剂	玫瑰红色	BS	配制微生物标本染色液
指示剂	—	Ind	配制指示剂溶液
pH基准缓冲物质	—	—	配制pH标准缓冲溶液

同一种试剂，纯度不同，规格不同，价格相差很大。应根据实验的具体要求，本着节约的原则选用不同规格的试剂，不可盲目追求高纯度而造成浪费，同时也不可随意降低规格而影响测定结果的准确度。

1.6.2 化学试剂的使用

（1）取用原则

实验室中一般只贮存固体试剂和液体试剂，气体物质都是需要时再临时制备。在使用任何化学试剂时，首先要遵循“三不”原则，即不要直接闻药品的气味、不能用手触摸药品、不能用口尝药品的味道。此外，取用药品时还需秉持节约原则，即严格按照实验规定的用量取用药品；如果没有说明用量，一般按最少量（1～2mL）取用液体，固体只需盖满试管底部即可；最大量，液体不超过容器容积的1/3，固体不超过1/2。对于实验取用后剩余的药品既不能放回原试剂瓶，也不能随意丢弃，更不能带出实验室，而是要放在指定的容器中。

（2）固体试剂的取用

粉末状试剂或粒状试剂一般用牛角药匙或塑料药匙取用。药匙有大小之分，用量较多且容器口径大者，可选大号药匙；用量较少或容器口径小者，可选小号药匙，并尽量送入容器底部。粉末状试剂容易散落，或沾在容器口和壁上，取用时可以用药匙（或者纸槽）。操作要领是“一斜、二送、三直立”，即先将试管倾斜，把盛药品的药匙（或者纸槽）小心地送入试管底部，再使试管直立起来。块状固体可用镊子夹取送入容器。取用试剂的镊子或药匙务必擦拭干净，更不能一匙多用，用后也应擦拭干净，不留残物，最好每种试剂设置一个专用药匙。

（3）液体试剂的取用

取用不定量（较多）液体时可直接倾倒，但需遵循“一倒、二向、三挨、四靠”原则，具体操作为：瓶塞必须倒放在桌面上以防止药品腐蚀实验台或污染药品；贴标签的一面必须朝向手心处，防止药液沿瓶口流出腐蚀标签；直接倾倒时试管倾斜45°，瓶口必须紧挨试管口，缓慢倾倒防止药液损失；倒完液体后，瓶口靠一下试管口，防止最后一滴药品沿瓶壁流下，要立即盖紧瓶塞，并把瓶子放回原处，标签朝向外面。

取用少量的液体时需使用胶头滴管，具体操作为：胶头滴管应在容器的正上方垂直滴入；胶头滴管不要接触容器壁；取液后的滴管，应保持橡胶胶帽在上，不要平放或倒置，防止液体倒流，污染试剂或腐蚀橡胶胶帽；滴瓶上的滴管不能用水冲洗，也不能交叉使用。

取用定量的液体时应根据要求选用量筒、滴定管或移液管。

取用有毒试剂时必须在教师的指导下进行，或严格遵照规则取用。

（4）酸碱指示剂的使用

酸碱指示剂是用来判别物质的酸碱性、测定溶液酸碱度或容量分析中用来指示达到滴定终点的物质。一般来说，酸碱指示剂都是有机弱酸或弱碱，它们在一定的pH范围内变色灵敏，易于观察，故其用量很小，一般为每10mL溶液加入1滴指示剂。

酸碱指示剂的种类很多，除大家熟知的石蕊、酚酞、甲基橙外，还有甲基红、甲基紫、百里酚蓝、溴酚蓝、百里酚酞等。它们的变色范围不同，用途也有所不同。容量分析中，为了某些特殊需要，除用单一的指示剂外，也常用混合指示剂。表1.3是一些常用酸碱指示剂及变色范围。

表 1.3 常用酸碱指示剂及变色范围

指示剂	变色范围(pH)	酸色	碱色	浓度
甲基紫	0.13～0.5	黄	绿	0.1%的水溶液
甲酚红	0.2～1.8	红	黄	0.04%的 50%乙醇溶液
百里酚蓝	1.2～2.8	红	黄	0.1%的 20%乙醇溶液
溴酚蓝	3.0～4.6	黄	蓝	0.1%的 20%乙醇溶液
甲基橙	3.1～4.4	红	黄	0.1%的水溶液
溴甲酚绿	3.8～5.4	黄	蓝	0.1%的 20%乙醇溶液
甲基红	4.4～6.2	红	黄	0.1%的 60%乙醇溶液
石蕊	5.0～8.0	红	蓝	0.05%～1%的水溶液
溴百里酚蓝	6.0～7.6	黄	蓝	0.1%的 20%乙醇溶液
酚酞	8.0～9.6	无	红	0.1%的 90%乙醇溶液
百里酚酞	9.4～10.6	无	蓝	0.05%的 90%乙醇溶液

使用试液时，一般用胶头滴管滴入 1～2 滴试液于待检溶液中，振荡后观察颜色的变化。

使用试纸时，任何情况下都不能将试纸投入或伸入待检溶液中。只能用洁净的玻璃棒将蘸取的待检液滴在放于玻璃片上的试纸条中间，观察变化稳定后的颜色。用 pH 试纸检验溶液的酸碱度时，试纸绝不能润湿。滴上待检液 30s 后，应将其所显示的颜色与标准比色卡（板）对照得出结果。不能用试纸直接检验浓硫酸等有强烈脱水性物质的酸性或碱性。

指示剂有其各自的变色范围，但是其变色范围并不是恰好位于 pH 为 7 左右。另外，各种指示剂在变色范围内会显示出逐渐变化的过渡颜色；再者，各种指示剂的变色范围的幅度也不尽相同。因此，在酸碱中和滴定中，为降低终点时的误差，不同类别的酸碱滴定应当选用适宜的指示剂。一般是：强酸滴定强碱或强碱滴定强酸时，可选用甲基橙、甲基红或酚酞作指示剂；强碱滴定弱酸时，需选用百里酚酞为指示剂；强酸滴定弱碱时，应当选择溴甲酚绿或溴酚蓝。

1.6.3 化学试剂的保存

化学试剂没有保质期的具体要求和界限，确定试剂是否变质主要是凭经验和做新旧试剂对比实验。但化学试剂的管理通常要求妥善保存，做到“八防”（防挥发、防潮、防变质、防毒害、防光、防震、防鼠害、防火）。化学试剂的具体保存原则如下所示。

① 所有化学药品的容器都要贴上清晰永久的标签，以标明内容物及其潜在危险。

② 所有化学药品都应具备物品安全数据清单。

③ 对于在储存过程中不稳定或易形成过氧化物的化学药品需加注特别标记。

④ 化学药品应储存在合适的高度，通风橱内不得长期储存化学药品。

⑤ 装有腐蚀性液体容器的储存位置应当尽可能低，并加垫收集盘，以防倾洒引起安全事故。

⑥ 将不稳定的化学品分开储存，标签上标明购买日期。将有可能发生化学反应的药品试剂分开储存，以防相互作用产生有毒烟雾、火灾，甚至爆炸。

⑦ 不得将腐蚀性化学品、毒性化学品、有机过氧化物、易自燃品和放射性物质保存在一起，特别是漂白剂、硝酸、高氯酸和过氧化氢。

1.7 实验室三废的处理

在化学实验室中会遇到各种有毒的废渣、废液和废气（简称三废），如不加处理随意排放，就会对周围的环境、水源和空气造成污染，形成公害。通过处理消除公害、变废为宝、综合利用，是实验室工作的重要组成部分。

1.7.1 废气的处理

产生少量有毒气体的实验应在通风橱内进行，通过排风设备排到室外，避免污染室内空气。通风橱排气口应以保证对外排气不影响附近居民身心健康为原则，排气口朝向应避开居民点并有一定高度，使之易于扩散。产生毒气量大的实验必须备有吸收或处理装置。

1.7.2 废液的处理

（1）含汞废液的处理

含汞盐的废液先调 pH 值至 8～10，加入过量硫化钠，使其生成硫化汞沉淀，再加入共沉淀剂硫酸亚铁，生成的硫化亚铁将水中的悬浮物硫化汞微粒吸附而共沉淀，排出清液，残渣用焙烧法回收汞或再制成汞盐。

（2）含铅、镉废液的处理

铅、镉离子在 pH 值高的溶液中能沉淀下来，因此对含铅、镉废液的处理通常采用混凝沉淀法、中和沉淀法。首先用碱或石灰乳将废液 pH 值调至 9，使废液中的 Pb^{2+}、Cd^{2+} 生成 $Pb(OH)_2$ 和 $Cd(OH)_2$ 沉淀，然后加入硫酸亚铁作为共沉淀剂，沉淀物可与其他无机物混合进行烧结处理，清液可排放。

（3）含铬废液的处理

铬酸洗液经多次使用后，六价铬逐渐被还原为三价铬，同时洗液被稀释，酸度降低，氧化能力逐渐降低至不能使用。此废液可在 110～130℃下不断搅拌，加热浓缩，除去水分，冷却至室温，边搅拌边缓缓加入高锰酸钾粉末（1L 加入约 10g 高锰酸钾），直至溶液呈深褐色或微紫色，加热至有二氧化锰沉淀出现，稍冷，用玻璃砂芯漏斗过滤，除去二氧化锰沉淀后即可使用。

（4）含砷废液的处理

含砷废液中加入氯化钙或消石灰，调节并控制废液 pH 值为 8～9，生成砷酸钙和亚砷酸钙沉淀，再加入 $FeCl_3$，因有 Fe^{3+} 存在时可起共沉淀作用。也可将含砷废液 pH 值调至 10 以上，加入硫化钠，与砷反应生成难溶、低毒的硫化物沉淀。有少量含砷气体产生的实验，应在通风橱中进行，使有毒气体及时排出室外。

（5）含铜废液的处理

酸性含铜废液以 $CuSO_4$ 废液和 $CuCl_2$ 废液最为常见，一般可采用硫化物沉淀法进行处理（pH 值调至约为 6），也可用铁屑还原法回收铜。碱性含铜废液，如含铜氨腐蚀性废液等，其浓度较低且含有杂质，可采用硫酸亚铁还原法处理。

1.7.3 废渣的处理

实验中出现的固体废物不能随便放置，以免发生事故，能放出有毒气体或能自燃的危险废料不能丢进废品箱内和排进下水管道中；不溶于水的固体废物不能直接倒入垃圾桶，必须将其在适当的地方焚烧或用化学方法处理成无害物；碎玻璃和其他有棱角的锐利废料，不能丢进废纸篓内，要收集于特殊废品箱内处理。

第二章

化学实验常用仪器及其使用方法

配套数字资源

2.1 电子分析天平

电子分析天平是一种高精度的称量仪器，广泛应用于化学、制药、食品等领域的实验室中，用于准确称量和分析物质的质量，如图 2.1 所示。它是根据电磁力平衡原理，称量盘通过支架连杆与一个线圈相连，该线圈置于固定的永久磁铁——磁钢之中，当线圈通电使自身产生的电磁力与磁钢的磁力作用时，便产生向上的作用力。当该作用力与称量盘中称量物的重力达到平衡时，线圈通入的电流与重力成正比，利用该电流大小可计量称量物的质量。线圈上电流大小的自动控制与计量是通过天平的位移传感器、调节器及放大器实现的。当盘内物重变化时，与称量盘相连的支架连杆带动线圈同步下移，位移传感器将此信号检出并传递，经调节器和电流放大器调节线圈电流大小，使其产生向上的力推动称量盘及称量物恢复到原来的位置，重新达到线圈电磁力与称量物重力平衡的状态，此时的电流可用于计量物体重量。

图 2.1 电子分析天平

电子分析天平具有准确度高、显示快速清晰、自动化程度高、适用范围广等诸多优点。根据精度的不同，电子分析天平可分为超微量电子天平、微量天平、半微量天平和常量电子天平等。各种电子分析天平的按键大同小异，主要有 ON/OFF——电源开关、CAL——调校键、F——功能键、CF——清除键、PRINT——打印键（数据输出）、TARE——去皮键。

2.1.1 使用方法

① 准备工作。在使用电子分析天平之前，先确保仪器处于稳定状态，仪器表面清洁无尘。同时，检查仪器是否有损坏或松动的部件，并及时进行维修或更换。

② 水平调节。调整地脚螺栓的高度，使水平仪内的气泡位于圆环中央。

③ 开机。天平首次接通电源或长时间断电后再开机，至少需要预热 30min。接通电源，按开关键 ON/OFF 直至全屏自检。

④ 校准。在开始使用之前，应对电子天平进行校准，确保其准确度和可靠性。校准过程可根据仪器的说明书进行操作，通常需要使用标准物质进行校准。

⑤ 称量。使用去皮键 TARE，除皮清零，放置样品进行称量。

⑥ 关机。若较长时间不再使用天平，应关机，切断电源，拔掉电源线。若较短时间内还需使用天平，一般不用关闭显示器，可省去预热的时间。实验全部结束后，关闭显示器，切断电源。不用时盖上天平罩，防止灰尘，保持天平洁净。

2.1.2 注意事项

① 电子分析天平应置于大理石台面的实验台上，在使用时应确保称量环境稳定，避免空气流动或者震动干扰称量结果。

② 不要任意移动天平的位置。如果天平发生故障，应立即报告指导教师。

③ 电子分析天平通常对温度敏感，应避免将其放置在直接受热或者阳光直射的地方，以免影响称量结果。被称量物的温度也应与室温相同，不得称量过热或挥发性的试剂，尽量消除引起天平示值变动的因素。

④ 称量时，为避免发生超载和保证在天平上更快地称量，可在天平称量之前先在托盘天平上预称。样品质量不得超过天平的最大载重量。不允许在天平上称量具有腐蚀性的物体。不可将药品直接放在天平盘上称量。称量过程中，必须在天平门完全关上后再称量读数。同一个实验的多次称量必须使用同一台天平。

⑤ 开、关侧门，取、放称量物等操作，都必须轻开轻关、轻拿轻放。

⑥ 称量完毕后，用小毛刷清扫天平盘和天平底座，清扫时切勿将残留的称量物扫入中央传感器孔。关上天平门，罩好天平罩，切断电源。

⑦ 定期对电子分析天平进行校准，确保仪器的准确度和稳定性。

⑧ 做好天平使用情况登记。

2.1.3 称量方法

常用的称量方法有直接称量法、固定质量称量法和差减称量法。

（1）直接称量法

直接称量法适用于一些在空气中无吸湿性的试样或物品，如金属、合金、小烧杯、坩埚等。称量时将表面皿或其他称量容器放于称量盘中央，去皮，然后将试样置于称量容器中，天平显示的数值即为试样的质量。

（2）固定质量称量法

固定质量称量法又称增量法，常用于称量某一固定质量的试剂或试样。这种称量方法操作速度较慢，适用于称量不易吸潮、在空气中能稳定存在的粉末状或小颗粒样品（样品颗粒应小于 0.1mg，以便容易调节其质量）。

其操作程序如下：先称出容器（如表面皿、称量纸）的质量，再用药匙将试样慢慢加入盛放试样的容器中，当所加试样与指定质量相差不到 10mg 时，极其小心地将盛有试样的药匙伸向容器上方 2～3cm 处，药匙的另一端顶在掌心上，用拇指、中指及掌心拿稳药匙，并用食指轻弹勺柄，将试样慢慢抖入容器中，直至达到所需称量的质量。此操作必须十分仔细，若不慎多加了试样，则需用药匙取出多余的试样，再重复上述操作直到符合要求为止。

（3）差减称量法

差减称量法又称减量称量法。此法称取试样的量是由两次称量之差而求得的，适用于称取易吸水、易氧化或易与 CO_2 等反应的样品。此法比较简便、快速、准确，在化学实验中常用来称取待测样品和基准物，是常用的一种称量法。它与上述两种方法不同，称取样品的质量只要控制在一定要求范围内即可。

其操作程序如下：从干燥器中取出称量瓶（注意戴手套或用纸带夹住称量瓶，不要让手指直接接触及称量瓶和瓶盖），打开瓶盖，用药匙加入适量试样（一般为称一份试样量的整数倍），盖上瓶盖。称出称量瓶加试样后的准确质量。将称量瓶从天平上取出，在接收容器的上方倾斜瓶身，用称量瓶瓶盖轻敲瓶口上部使试样慢慢落入容器中，瓶盖始终不要离开接收器上方。当倒出的试样接近所需量时，一边继续用瓶盖轻敲瓶口，一边逐渐将瓶身竖直，使黏附在瓶口上的试样落回称量瓶，然后盖好瓶盖，准确称其质量。两次质量之差即为试样的质量。按上述方法连续递减，可称量多份试样。有时一次很难得到合乎质量范围要求的试样，可重复上述称量操作 1～2 次。

2.2 恒温水浴锅

恒温水浴锅是实验室中常用的一种以液体为传热介质的恒温装置，如图 2.2 所示，因具备温度可控、控温稳定等优点，被广泛应用于生物、遗传、病毒、医药、环保、卫生、生化等领域。根据使用场合和温度范围的不同，恒温水浴锅可以分为低温恒温水浴、室温恒温水浴和高温恒温水浴三种类型。一台恒温水浴锅可以有多个加热水槽，称为水浴锅的“孔”，根据加热水槽的数量可将其分为单孔水浴锅、双孔水浴锅、四孔水浴锅、六孔水浴锅等。

图 2.2 恒温水浴锅

2.2.1 使用方法

① 水浴锅应放在固定的平台上，电源电压必须与产品要求的电压相符，电源插座应采用三孔安全插座。

② 在水槽内加入清洁水至总高度 1/2～2/3 处。

③ 打开电源开关，电源指示灯亮表示电源接通。

④ 按下温度控制器的调控按钮，此时数字显示的温度为实际测定温度。旋转温度调节旋钮，观察显示数值，选择所需工作温度。

⑤ 再次按温度设定按钮，此时数字显示的温度为水槽内测定的温度。加热指示灯亮，仪器进入自动恒温控制状态。

⑥ 当水槽内测定温度达到设定温度时，加热中断，加热指示灯灭，在标准环境下通电 60min 后，温度即可保持稳定。

2.2.2 注意事项

① 注水或使用过程中，不要将水溅入电器箱内，以防发生危险事故。

② 仪器工作过程中，不要用手触摸 U 形加热管，以防烫伤。

③ 仪器使用时必须先注水后通电，不得缺水和空烧，以防加热管损坏和危险事故发生。

④ 使用完毕，待水冷却后再将水放掉，并擦拭干净，以保护加热管和防止结垢。保持仪器清洁干燥，更利于延长仪器使用寿命。

2.3 离心机

2.3.1 工作原理

当含有细小颗粒的悬浮液静置不动时，由于重力场的作用使得悬浮的颗粒逐渐下沉。颗粒越重，下沉越快，反之，密度比液体小的颗粒就会上浮。微粒在重力场下移动的速度与微粒的大小、形态和密度有关，并且又与重力场的强度及液体的黏度有关。离心分离就是利用离心机转子高速旋转产生的强大的离心力，加快液体中颗粒的沉降速度，把样品中不同沉降系数和浮力密度的物质分离开。离心机如图 2.3 所示。离心力 F 的大小取决于离心转子的角速度 ω(r·min^{-1})、物质颗粒的质量 m(mg) 和物质颗粒距离心轴的距离 r(cm)。它们之间的关系是：

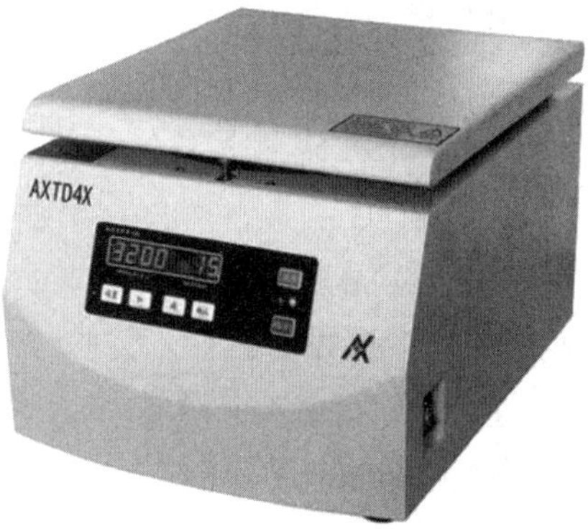

图 2.3 离心机

$$F=m\omega^2 r$$

为方便起见，F 常用相对离心力，也就是地心引力的倍数表示。即把 F 的数值除以重力加速度 g(9.8m·s^{-2}) 得到离心力是重力的多少倍，称作多少个 g。例如离心机转头平均半径是 6cm，当转速是 60000r·min^{-1} 时，离心力是 240000g，表示此时作用在被离心物质上的离心力是日常地心引力的 24 万倍。

2.3.2 分类与选择

根据离心机的工作原理和使用场景，可以分为以下几种类型：常规离心机、高速离心机、超速离心机。

在选择离心机时，需要考虑实验的需求、样品的性质、旋转速度和离心力场等因素。根据实验需求，可以选择不同类型的离心机。例如，对于一般的化学实验，常规离心机就已经足够；对于需要更高离心力场的实验，可以选择高速或超速离心机。此外，还需要考虑样品的性质，如浓度、体积、密度等，以及所需的分离效果和时间等因素。

2.3.3 使用方法

① 准备。打开离心机上盖，将离心试管对称放入离心机内，盖好机器上盖并锁住。注意管内盛装的液体不能超过其容积的三分之二，如果分离的样品只有一个，需在与其对称的位置放入一个盛有等质量水的离心试管，以保持离心机的转动平衡。

② 接通电源。将电源线接入单相三线插座，电源指示灯亮，转速显示屏显示数字“000”(有记忆功能的离心机将显示上次使用时的转速)，时间显示窗显示数字“000”。

③ 设置转速。按住或点动加速器或减速器，根据需要设置相应转速。离心开始后速度显示窗闪烁显示预置转速，3s后自动显示实际转速。

④ 设置定时。按住或点动加时键或减时键，按要求设置离心时间。

⑤ 启动。按启动键启动，机器开始运转，启动灯亮、停止灯熄，经短时间后自动平稳地达到预置转速。当在运转中更改转速时，可按照第③步重复操作。

⑥ 停机。离心结束，时间显示窗显示“000”，自动停机。当转速显示窗显示“000”时，机器发出鸣叫声，以示提醒。如在运转中需停机时则按停止键停止。

2.3.4 注意事项

① 为确保安全和离心效果，仪器必须放置在坚固水平的台面上，离心机上盖不得放置任何物品；样品必须对称放置，并在开机前确保已拧紧螺母。

② 使用前应检查转子是否有伤痕、腐蚀等现象，发现有疑问立即停止使用；开机运转前务必拧紧转头的压紧螺帽，以免高速旋转的转头飞出造成事故。

③ 转速设定不得超过最高转速，以确保机器安全运转。

④ 当转速显示为“000”同时机器发出鸣叫声后，方可打开离心机上盖，取出试样。如下次继续分离同类样品，所需转速、定时相同时，重复使用方法中④或⑤的操作。

⑤ 不得在机器运转过程中或转子未停稳的情况下打开盖门，以免发生事故。

⑥ 离心机一次运行最好不要超过60min。

⑦ 运行完毕，向下按电源开关使机器处于断电状态，取下电源线，擦拭离心机内壁防止生锈。

2.4 pH计

2.4.1 仪器

pH计又称酸度计，是一种通过电位法准确测定溶液pH的电子仪器，它主要是利用一对电极在不同pH的溶液中产生不同的直流毫伏电动势，将此电动势输入至电位计后，经过电子的转换，最后在显示器上指示出测量结果。pH计通常由指示电极、参比电极和精密电位计三部分组成。为了提高精确度，某些仪器还配有温度补偿调节器和定位调节仪进行校正。

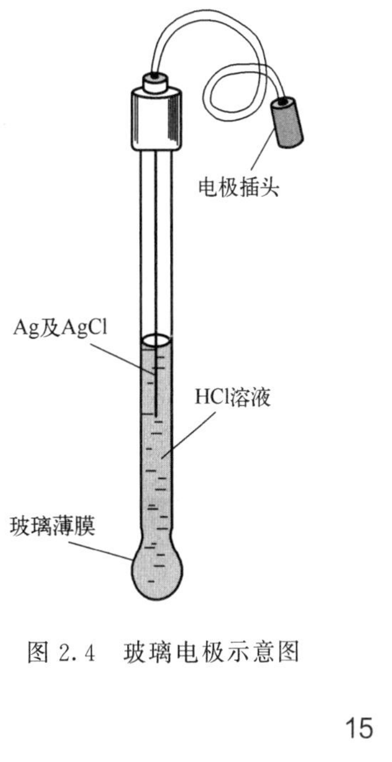

图 2.4 玻璃电极示意图

指示电极，常用玻璃电极（图 2.4），是由玻璃管组成的。它的下端呈球形，是用一种特种玻璃吹制而成的玻璃薄层（或称为玻璃薄膜），内装有 $0.1mol \cdot L^{-1}$ HCl 溶液（或一定pH的缓冲溶液），溶液中插入一根覆盖有AgCl的银丝，它的电极电势 $\varphi_{(玻璃)}$ 服从能斯特方程，在298.15K时，可表示为：

$$\varphi_{(\text{玻璃})}=\varphi^{\ominus}_{(\text{玻璃})}+0.0592\lg\frac{c(\mathrm{H^+})}{c^{\ominus}}$$

对给定的玻璃电极，$\varphi^{\ominus}_{(\text{玻璃})}$ 为一常数，$c(\mathrm{H^+})$ 为溶液的氢离子浓度。

参比电极，常用甘汞电极（图 2.5），内部装有 KCl 溶液以及由汞、甘汞（Hg_2Cl_2）和 KCl 溶液制成的糊状物，其电极电势 $\varphi_{(\text{甘汞})}$ 在给定温度下较为稳定，并为已知值。

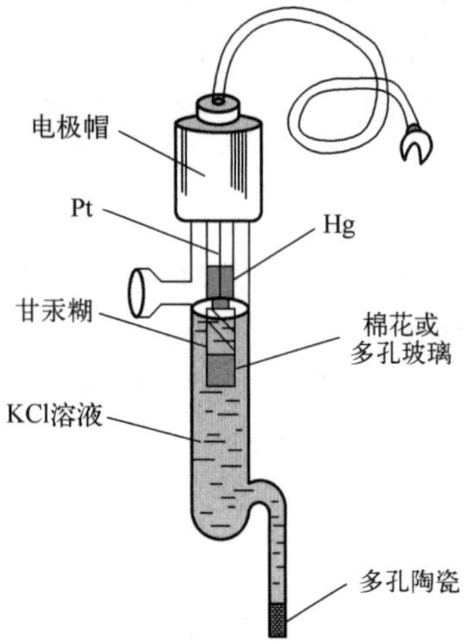

图 2.5　甘汞电极示意图

由上述两种电极与待测溶液所组成的原电池可用下列式子表示：

$$(-)\mathrm{Ag}\,|\,\mathrm{AgCl}\,|\,\mathrm{HCl}(0.1\mathrm{mol\cdot L^{-1}})\,|\,\text{玻璃膜}\,|\,\text{溶液}$$
$$\|\,\mathrm{KCl}(\text{饱和})\,|\,\mathrm{Hg_2Cl_2}\,|\,\mathrm{Hg(Pt)}(+)$$

298.15K 下，其电动势 E 为两电极电势 $\varphi_{(\text{甘汞})}$ 与 $\varphi^{\ominus}_{(\text{玻璃})}$ 之差。

$$E=\varphi_{(\text{甘汞})}-\varphi_{(\text{玻璃})}$$
$$=\varphi_{(\text{甘汞})}-\left[\varphi^{\ominus}_{(\text{玻璃})}+0.0592\lg\frac{c(\mathrm{H^+})}{c^{\ominus}}\right]$$
$$=\varphi_{(\text{甘汞})}-[\varphi^{\ominus}_{(\text{玻璃})}-0.0592\mathrm{pH}]$$
$$\mathrm{pH}=\frac{E-\varphi_{(\text{甘汞})}+\varphi^{\ominus}_{(\text{玻璃})}}{0.0592}$$

实际使用时，可借助已知 pH 的标准缓冲溶液对仪器进行校准，在 pH 计上进行调整，使 E 和 pH 的关系满足上式，然后再测量溶液的 pH，可不必算出 $\varphi^{\ominus}_{(\text{玻璃})}$ 的具体数值。

温度对 pH 测定值的影响可根据能斯特方程式予以校正或通过所装配的温度补偿器补偿。

为了使用方便，目前的酸度计大多配置 pH 复合电极，见图 2.6。把 pH 玻璃电极和外参比电极（一般用 Ag-AgCl 电极）合为一体装在一根电极塑料管中，底部露出的玻璃球泡有保护套加以保护，电极头存放于保护液（一般为饱和氯化钾溶液）中。使用 pH 复合电极时应注意：

① pH 复合电极使用前必须浸泡，因为玻璃球泡是一种特殊的玻璃膜，在玻璃膜表面有一层很薄的水合凝胶层，它只有在充分湿润的条件下才能与溶液中的 H^+ 有良好的响应。同时，玻璃电极经过浸泡，可以使不对称电势大大下降并趋向稳定。对于 pH 复合电极而言必须浸泡在含 KCl 的 pH＝4.00 的缓冲溶液中，这样才能对玻璃球泡和液体接界同时起作用。

浸泡的时间根据敏感膜的厚薄、敏感膜的形状及电极老化程度而定。厚的敏感膜的电极使用时间较长，其浸泡时间也较长，一般为 8～24h。切忌浸泡在蒸馏水或去离子水中。浸泡方法不对可能会破坏电极性能。当复合 pH 电极浸泡在蒸馏水或去离子水中时外参比溶液会经过液接界渗漏到蒸馏水或去离子水中，此时溶解在 KCl 溶液中的 Ag 离子配合物在外界 Cl^- 浓度突然降低到接近于零的情况下会重新生成 AgCl，沉淀在液接界部位，阻塞液接界，使外参比溶液不能正常渗漏，造成液体接界电位不稳定，电极内阻增高电极性能变坏，严重时会使电极无法工作。

② 电极下端的玻璃球泡很薄，使用时要特别小心，不要碰坏。

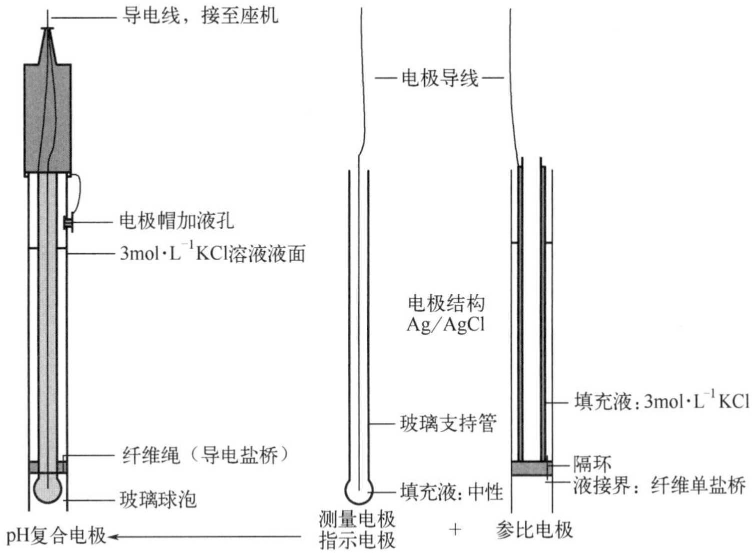

图 2.6 pH 复合电极示意图

③ 更换测量溶液前，需洗净电极，再用吸水纸吸干。

④ 电极不用时，洗净后套上装有保护液的保护套。

2.4.2 使用方法

实验室 pH 计（图 2.7）的型号主要有 pHS-2 型、pHS-3 型等，虽然结构和精密度不同，但基本原理相似。不同的 pH 计，其操作方法大同小异，具体操作可参看各仪器的使用说明书。现就大致步骤作简单介绍。

图 2.7 pH 计

2.4.2.1 开机

① 电源线插入电源插座。

② 按下电源开关，电源接通后，预热 30min。

2.4.2.2 标定

仪器使用前先要标定，常规测量采用一点标定法，精确测量采用两点标定法。一般来说，仪器在连续使用时，每天至少要标定一次。

(1) 一点标定法

① 仪器接上复合电极，用蒸馏水冲洗电极，然后浸入缓冲溶液中。

② 将“斜率”电位器顺时针旋到底（100%位置），调节温度电位器，使温度指示值与被测溶液的实际温度值一致。

③ 再将“选择”开关置“pH”挡，调节“定位”电位器，使显示的 pH 值为该温度下缓冲溶液的标准值，仪器标定结束，此时“定位”等各个旋钮不能再动就可测量未知的被测溶液。

(2) 两点标定法

① 仪器接入复合电极，“斜率”电位器顺时针旋至最大值，将电极浸入 pH=6.86 的缓

冲溶液中，先测量缓冲溶液的温度，随后将温度电位器调节到与被测溶液的实际温度一致。

② 将“选择”置“pH”挡，调节“定位”电位器使 pH 值显示的数值为该缓冲溶液在此温度下的标准值。

③ 如被测未知溶液是酸性溶液，则将电极从 pH=6.86 的缓冲溶液中取出，用蒸馏水冲洗干净，然后插入 pH=4.00 的缓冲溶液中，调节“斜率”电位器，使数值为该温度下的标准 pH 值；如被测溶液为碱性溶液，则应选用 pH=9.18 的缓冲溶液作为第二次标定调节“斜率”，使数显为该温度下标准 pH 值。

④ 反复进行上述②、③两步骤，直到不用调节“定位”和“斜率”而两种缓冲液都能达到标准值为止。

一般情况下，在 24h 内仪器不需要再标定。但若遇到下列情况之一，则仪器需要重新标定：

① 溶液温度与标定时的标准缓冲溶液温度有较大变化。

② 电极干放较长时间。

③ 更换了新的电极。

④“定位”旋钮有变动或可能有变动。

⑤ 测量过 pH 值较大（>12）或较小（<2）的溶液。

⑥ 测量含有氟化物且 pH<7 的溶液之后。

2.4.2.3 测量溶液 pH 值

① 定位调节旋钮不变。

② 用蒸馏水清洗电极头部，用滤纸吸干。

③ 把电极浸入被测溶液中，用玻璃棒搅拌溶液，使溶液均匀，在显示屏上读出溶液的 pH 值。

④ 测量结束后，将电极浸泡在 $3mol \cdot L^{-1}$ KCl 溶液中，或及时套上保护套，套内装少量 $3mol \cdot L^{-1}$ KCl 溶液以保护电极球泡。

2.4.3 注意事项

① 玻璃电极的下端球形玻璃薄层极薄，切忌与硬物接触，使用时必须小心操作。

② 复合电极的敏感部位是下端的玻璃球泡，在不使用时，一般要浸在 $3mol \cdot L^{-1}$ KCl 溶液中。新的电极或干放时间较长的电极应在使用前置于 pH=4 的缓冲溶液（$3mol \cdot L^{-1}$ KCl）中 24h，以便活化电极敏感部位。

③ 电极插头上的有机玻璃管具有良好的绝缘性能，切忌与化学药品或油污接触。

④ 不可使玻璃球沾有油污。若发生这种情况，则可依次将玻璃球浸入乙醇、乙醚（四氯化碳）、乙醇中，最后用去离子水淋洗，并浸泡于去离子水中。

⑤ 使用中，必须用滤纸片轻轻吸干沾附玻璃电极上的残余水滴，切勿用滤纸片擦玻璃球以免擦破玻璃球或滤纸纤维黏附玻璃薄层表面，使电极性能受损。

⑥ 测量强碱性溶液的 pH 值时，应尽快操作，测量完毕后立即用去离子水淋洗电极，以免碱液腐蚀玻璃。

⑦ 仪器经标定后，在使用过程中一定不要碰动定位、斜率调节和温度调节旋钮，以免仪器内设定的数据发生变化。

⑧ 测量时，电极的引入导线要保持静止，否则会引起测量不稳定。

2.5　分光光度计

2.5.1　原理

分光光度计是用于测量物质对光的吸收程度，并进行定性、定量分析的仪器。当一束平行单色光照射到任何均匀、非散射的介质（如溶液）时，光的一部分被介质吸收，一部分透过溶液，一部分被器皿的表面反射，如图 2.8 所示。

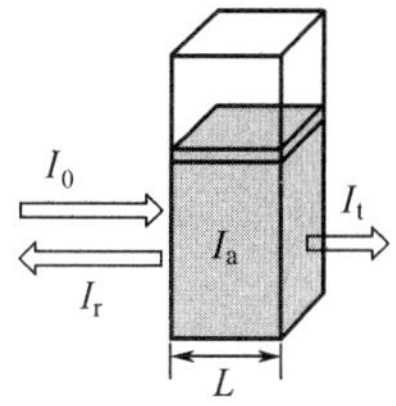

图 2.8　光照射均匀、非散射介质示意图

如果入射光的强度为 I_0，吸收光的强度为 I_a，出射光的强度为 I_t，反射光的强度为 I_r，则有：

$$I_0=I_a+I_t+I_r$$

在分光光度测定中，放置溶液的比色皿都是采用相同材质的光学玻璃制成的，发射光的强度基本上是不变的（一般约为入射光强度的 4%），其影响可以互相抵消，于是上式可以简化为：

$$I_0=I_a+I_t$$

出射光的强度 I_t 与入射光的强度 I_0 之比叫作透射比，以 T 来表示，即：

$$T=\frac{I_t}{I_0}$$

当 I_0 一定时，T 越大，说明溶液的透射比越大，透过溶液的光强度 I_t 就越大，而溶液对光的吸收程度就越小。

溶液对光的吸收程度除了用透射比 T 表示外，还可以用吸光度（A）来表示，其与透射比 T 互为负对数关系，即：

$$A=-\lg T=-\lg\frac{I_t}{I_0}$$

吸光度 A 越大，表明溶液对光的吸收就越多。吸光度 A 与该物质的浓度 c、摩尔吸光系数 ε 和液层厚度 L 之间遵循朗伯-比尔定律（Lambert-Beer Law），即：

$$A=\varepsilon cL$$

式中，ε 为摩尔吸光系数，$L\cdot mol^{-1}\cdot cm^{-1}$；$L$ 为液层厚度，cm；c 为溶液浓度，$mol\cdot L^{-1}$。当入射光波长、溶液的性质和溶液温度一定时，吸光度与液层厚度和溶液的浓度成正比。当液层厚度也一定时，溶液的吸光度与溶液的浓度成正比。

2.5.2　仪器结构

如图 2.9 所示，分光光度计一般由光源、单色器、吸收池、检测器和读出显示装置五部分组成。

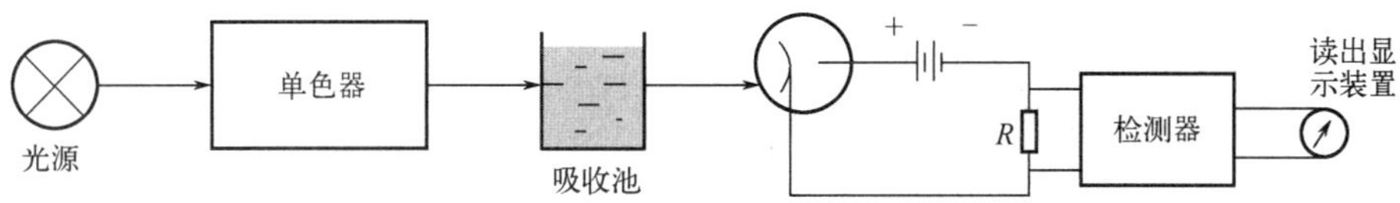

图 2.9　分光光度计结构示意图

（1）光源

对光源的基本要求是在操作区域内能够发射具有足够的辐射强度、良好的稳定性，且辐射能量基本不随波长变化的连续光谱。

一般在可见光区采用白炽光源，如钨灯等，其适用范围为 320～2500nm。由于钨灯受热时会造成钨蒸发损耗，因此可加入适量卤素或卤化物构成卤钨灯延长使用寿命。紫外光区常采用氢灯或氘灯作为光源。氘灯是紫外光区应用最广泛的一种光源，其光谱分布与氢灯类似，但光强度比相同功率的氢灯要大 3～5 倍。

（2）单色器

单色器是将光源发射的复合光分解成单色光并可从中选出任一波长单色光的光学系统。单色器一般由入射狭缝、准直元件、色散元件、聚焦元件和出射狭缝等组成，其核心部分是分光的色散元件。因为棱镜和光栅的分光性能好，能分出很窄的光谱通带，辐射纯度高，使用方便，所以最常用的色散元件是棱镜和光栅。但棱镜的色散率随波长而改变，而光栅也会因不同的衍射级造成光谱重叠，所以现代较好的分光光度计往往采用双单色器，既包括光栅又包括棱镜，这样可以明显减少杂散光，提高分辨力。

（3）吸收池

吸收池又叫比色皿，是用于盛放待测溶液和决定透光液层厚度的器件，主要有石英吸收池和玻璃吸收池两种。石英吸收池适用于紫外及可见光区，而玻璃吸收池只能用于可见光区。为了减少反射损失，吸收池的光学面必须完全垂直于光束。

（4）检测器

检测器的作用就是将前面产生的光信号转变成电信号，并要求在测定的光谱范围内具有较高的灵敏性，对辐射能量的响应呈线性，且响应快。当前应用较多的检测器有硅光电池、光电管和光电倍增管。

（5）读出显示装置

读出显示装置可将检测器输出信号进一步放大，然后用记录仪反映出来。

2.5.3 使用方法

图 2.10 分光光度计

实际使用分光光度计（图 2.10）时，无论选用何种测量方式，都必须遵循以下基本操作步骤：

① 连接仪器电源线，确保仪器供电电源有良好的接地性能。

② 开启分光光度计，让其预热一段时间，通常建议预热 30min 以达到稳定工作状态。

③ 用 MODE 键设置测试方式：透射比（T）、吸光度（A）、已知标准样品浓度值（c）和已知标准样品斜率（F）。

④ 用波长选择旋钮设置所需的分析波长。

⑤ 将参比样品溶液和被测样品溶液分别倒入比色皿中，打开样品室盖，将盛有溶液的比色皿分别插入比色皿槽中，盖上样品室盖。一般情况下，参比样品放在第一个槽位中。

⑥ 将黑体置入光路中，在 T 方式下按“0%T”键，此时显示器显示“0.000”(如可自动校零点，则省略此步骤)。

⑦ 将参比样品推（拉）入光路中，按“OA/100%T”键调 OA/100%T，此时显示器显示“BLA——”直至显示“100.0”%T 或“0.000”A 为止。

⑧ 当仪器显示器显示出“100.0”%T 或“0.000”A 后，将被测样品推（拉）入光路，这时便可从显示器上得到被测样品的透射比或吸光度值。

2.5.4 注意事项

① 拿比色皿时，手指只能捏住比色皿的毛玻璃面，不要碰到比色皿的透光面，以免沾污。清洗比色皿时，一般先用水冲洗，再用蒸馏水洗净。如比色皿被有机物沾污，可用盐酸-乙醇混合洗涤液（1∶2）浸泡片刻，再用水冲洗。不能用碱溶液或氧化性强的洗涤液清洗比色皿，以免损坏。也不能用毛刷清洗比色皿，以免损伤它的透光面。每次做完实验后，应立即洗净比色皿。比色皿外壁的水用擦镜纸或细软的吸水纸吸干，以保护透光面。

② 测定有色溶液吸光度时，一定要用有色溶液洗比色皿内壁几次，以免改变有色溶液的浓度。另外，在测定一系列溶液的吸光度时，通常都按由稀到浓的顺序测定，以减小测量误差。

③ 在实际分析工作中，通常根据溶液浓度的不同，选用液槽厚度不同的比色皿，使溶液的吸光度控制在 0.2～0.7。

④ 在使用分光光度计进行测定的过程中，为避免光电管因受光连续照射而疲劳，在没有测量时，应用黑体挡在光路上。仪器在预热、间歇期间，要将比色皿暗箱盖打开，以防光电管受光时间过长而疲劳。

⑤ 连续使用时间不应超过 2h，最好是间歇 30min 再使用。

第三章

实验数据处理

配套数字资源

3.1 实验数据记录

在化学实验过程中，不仅要准确测量有关物理量，还要及时正确地记录数据并加以归纳总结，最后才能以适当的方式表达实验的准确结果。实验数据的记录一般有人工采集和自动采集两种方式。在以化学反应手段为主的无机及分析化学实验中，大多采用人工采集的方式。在数据记录过程中应保证数据的完整性、客观性和真实性，有以下几点要求需要注意：

① 使用蓝色或黑色钢笔、碳素笔记录，不得使用铅笔或易褪色的笔记录。

② 每位学生应有一本编有页码的实验记录本，不得记在纸片或其他本子上后再抄写。

③ 使用标准化的单位和符号，确保数据的精确性和可比性。原始记录的字迹要工整、清晰、完整，不得任意涂改、贴盖。如数据确需更改时，应在错数上画两条平行横线，在其上方写上正确的数据。

④ 记录实验时间及有关实验条件，如温度、湿度、仪器等。对一些重要的实验现象也应一并记录。

⑤ 记录内容包括检测过程中出现的问题、异常现象及处理方法等说明。

⑥ 确保实验数据记录的完整性和连贯性，如使用标题、编号和日期等来记录。

3.2 测量误差

3.2.1 误差与偏差

(1) 误差

误差（E）是指测量值（x）与真实值（x_T）之间的偏离。误差在测量工作中是普遍存在的。即使采用最先进的测量方法，使用最先进的精密仪器，由技术最熟练的工作人员来测量，测量值与真实值也不可能完全符合。测量的误差越小，表明测量值与真实值越接近。

误差有两种表示方法：绝对误差（E_a）和相对误差（E_r）。绝对误差是测量值与真实值之差，即：

$$E_a - x - x_T$$

绝对误差的单位与测量值的单位相同。当测量值大于真实值时，误差为正值，表示测定结果偏高；误差为负值，表示测定结果偏低。

相对误差是指绝对误差相当于真实值的百分率，表示为：

$$E_r=\frac{E_a}{x_T}\times100\%=\frac{x-x_T}{x_T}\times100\%$$

相对误差有大小、正负之分。相对误差反映的是误差在真实值中所占的比例大小，因此在绝对误差相同的条件下，待测组分含量越高，相对误差越小；反之，相对误差越大。

（2）偏差

在实际工作中，一般需要对试样进行多次平行测定，以求得分析结果的算术平均值，这通常使用偏差来进行衡量。偏差（d）即为测量值（x_i）与平均值（$\overline{x}$）的差值。偏差也有绝对偏差（d_i）和相对偏差（d_r）之分。

绝对偏差表示每次测量值 x_i 与平均值 $\overline{x}$ 之差，即：

$$d_i=x_i-\overline{x}$$

相对偏差表示绝对偏差占平均值的百分比，即：

$$d_r=\frac{d_i}{\overline{x}}\times100\%=\frac{x_i-\overline{x}}{\overline{x}}\times100\%$$

相对偏差越小，说明测量结果的重现性越好。为了说明测量结果的精密度，最好以多次测量结果的平均偏差（$\overline{d}$）或相对平均偏差（$\overline{d}_r$）来表示，即：

$$\overline{d}=\frac{|d_1|+|d_2|+\cdots+|d_n|}{n}=\frac{\sum_{i=1}^{n}|d_i|}{n}$$

$$\overline{d}_r=\frac{\overline{d}}{\overline{x}}\times100\%$$

当一批测量数据的分散程度较大时，仅从平均偏差还不能看出测量结果的好坏，还须采用标准偏差（s）来衡量。标准偏差又称均方根偏差，能反映一个数据集的离散程度。标准偏差越小，这些值偏离平均值就越少，反之亦然。

$$s=\sqrt{\frac{d_1^2+d_2^2+\cdots+d_n^2}{n-1}}=\sqrt{\frac{\sum_{i=1}^{n}(x_i-\overline{x})^2}{n-1}}$$

用标准偏差表示精密度比用平均偏差好，因为将单次测量的偏差平方后，较大的偏差能得到更显著的反映。

3.2.2 准确度与精密度

准确度表示测量值与真实值的接近程度，应用误差来衡量。误差越小，分析结果的准确度越高；误差越大，准确度越低。

精密度表示几次平行测定结果之间的相互接近程度，应用偏差来衡量，偏差越小表示精密度越好。在分析化学中，有时用重现性和再现性来表示不同情况下分析结果的精密度。前者表示同一分析人员在同一条件下所得分析结果的精密度，后者表示不同分析人员或不同实验室之间在各自的条件下所得结果的精密度。

精密度很高，测定结果的准确度不一定高。精密度低，说明测定结果不可靠，此时再考虑准确度就没有意义了。因此，准确度高一定要求精密度高，即精密度是保证准确度的前提。

3.2.3 系统误差与随机误差

在定量分析中，对于各种原因导致的误差，根据误差的来源和性质的不同可以分为系统误差和随机误差两大类。

（1）系统误差

系统误差是由某种固定的原因造成的，具有重复性、单向性。理论上，系统误差的大小、正负是可以测定的，所以系统误差又称可测误差。根据系统误差产生的具体原因，可将其分为以下几类：

① 方法误差。这种误差是由不适当的实验设计或所选择的分析方法不恰当造成的。例如，重量分析中沉淀的溶解损失、共沉淀和后沉淀等，滴定分析中反应不完全、有副反应发生、干扰离子的影响、滴定终点与化学计量点不一致等，都会引起测定结果系统偏高或偏低。

② 仪器和试剂误差。仪器误差来源于仪器本身不够精确，如天平砝码质量、容量器皿刻度和仪表刻度不准确等。试剂误差来源于试剂或蒸馏水不纯，如试剂和蒸馏水中含有少量的被测组分或干扰物质，会使分析结果系统偏高或偏低。

③ 操作误差。在进行分析测定时，实验人员的操作不够正确所引起的误差为操作误差。例如，称样前对试样的预处理不当，对沉淀的洗涤次数过多或不够，灼烧沉淀时温度过高或过低，滴定终点判断不当，等等。

④ 主观误差。又称个人误差。这种误差是由实验人员本身的一些主观因素造成的。例如，在滴定分析中辨别滴定终点颜色时，有人偏深，有人偏浅；在读滴定管刻度时，个人习惯性地偏高或偏低等。

（2）随机误差

随机误差亦称偶然误差，它是由某些难以控制且无法避免的偶然因素造成的。例如，测定过程中环境条件（温度、湿度、气压等）的微小变化，分析人员对各份试样处理时的微小差别等。这些不可避免的偶然因素，使分析结果在一定范围内波动而引起随机误差。随机误差是由一些不确定的偶然原因造成的，其大小和正负不定，有时大，有时小，有时正，有时负。因此，随机误差是无法测量的，是不可避免的，也是不能加以校正的。随机误差的产生难以找出确定的原因，似乎没有规律性，但是当测量次数足够多时，从整体看，随机误差是服从统计分布规律的，因此可以用数理统计的方法来处理。

3.3 有效数字及运算规则

3.3.1 有效数字位数的确定

为了得到准确的分析结果，不仅要准确地测量，还要正确地记录和运算。因为实验中记录的数据不仅表示了数值的大小，同时也反映了测量仪器的精确程度。记录的数据所保留的有效数字位数，应与所用仪器的精确度相适应，任何超过或低于仪器精确度的有效位数都是不恰当的。

有效数字是指在分析工作中实际上能测量到的数字，它可以用来表示量的多少，反映测量的准确程度。在化学实验中，任何一个物理量的测定，其准确度都是有一定限度的。例如，用分析天平称量同一试样的质量，甲得到 9.8654g，乙得到 9.8653g，丙得到 9.8655g，这些 5 位数中，前 4 位数字都是很准确的，第 5 位数字是由标尺的最小分刻度估计出来的，稍有差别。第 5 位数字称为可疑数字，但它并不是臆造的，所以记录数据时应保留它，这 5 位数字都是有效数字。对于可疑数字，除非特别说明，通常可理解为它可能有±1 个单位的误差。

有效数字的位数直接影响测定的相对误差。在测量准确度的范围内，有效数字位数越多，表明测量越准确，但超过了测量准确度的范围，过多的位数是没有意义的，而且是错误的。实验中常见仪器的精密度如表 3.1 所示。

表 3.1　常用仪器的精密度

仪器名称	精密度	示例	有效数字位数
托盘天平	0.1g	20.1g	3 位
电子天平	0.0001g	3.9876g	5 位
10mL 量筒	0.1mL	6.3mL	2 位
滴定管	0.01mL	12.34mL	4 位
移液管	0.01mL	5.00mL	3 位
容量瓶	0.01mL	50.00mL	4 位
pH 计	0.01	5.99	3 位

关于有效数字位数的确定，有以下几条原则需遵循：

① 一个量值只保留一位不确定的数字，在记录测量值时必须记一位不确定的数字，且只能记一位。

② 数字 1～9 都是有效数字，当 0 只用来确定小数点位置时不是有效数字。例如，1.0002 是 5 位有效数字，0.0012 则是 2 位有效数字。

③ 不能因为变换单位而改变有效数字的位数。例如：0.0123g 是 3 位有效数字，用毫克（mg）表示时应为 12.3mg，用微克（μg）表示时则应写成 $1.23\times10^4\mu g$，但不能写成 12300μg，因为这样表示比较模糊，有效数字位数不确定。

④ 在分析化学计算中，常遇到倍数、分数关系。这些数据都不是测量所得到的，因此它们的有效数字位数可以认为没有限制。

⑤ 在化学实验中还经常遇到 pH、pK_a 等对数值，其有效数字位数取决于小数部分数字的位数，这是因为整数部分只代表该数的方次。例如，pH＝12.3 换算为 H^+ 浓度时，应为 $[H^+]=5.0\times10^{-13}$，有效数字位数是 2 位。

3.3.2　有效数字的修约规则

在处理数据的过程中，涉及的各测量值的有效数字位数可能不同，因此需要按下面所述的修约规则确定各测量值的有效数字位数。各测量值的有效数字位数确定之后，就要将它后面多余的数字舍弃。修约的原则是既不因保留过多的位数使计算复杂，也不因舍掉任何位数使准确度受损。舍弃多余数字的过程称为“数字修约”，按照国家标准采用“四舍六入五成双”规则。

“四舍六入五成双”规则规定：当测量值中被修约的数字等于或小于 4 时，该数字舍去；等于或大于 6 时，则进位；等于 5 时，要看 5 前面的数字，若是奇数则进位，若是偶数则将 5 舍掉，即修约后末位数字都成为偶数；若 5 的后面还有不是“0”的任何数，则此时无论 5 的前面是奇数还是偶数，均应进位。根据这一规则，将下列测量值修约为四位有效数字时，结果应为：

$$0.12344 \Rightarrow 0.1234$$

$$0.12346 \Rightarrow 0.1235$$

$$0.12345 \Rightarrow 0.1234$$

$$0.12355 \Rightarrow 0.1236$$

$$0.123451 \Rightarrow 0.1235$$

修约数字时，只允许对原测量值一次修约到所要求的位数，不能分几次修约。例如，将 0.7348 修约为两位有效数字，不能先修约为 0.735，再修约为 0.74，而应一次修约为 0.73。

3.3.3 有效数字的运算规则

不同位数的几个有效数字在进行运算时，所得结果应保留几位有效数字与运算的类型有关。

(1) 加减法

几个数据相加或相减时，有效数字位数的保留应以小数点后位数最少的数据为准，其他的数据均修约到这一位。这是因为小数点后位数最少的那个数的绝对误差最大。例如：

$$0.123+12.34+1.2345=?$$

由于每个数据中最后一位数有 ± 1 的绝对误差，即 0.123 ± 0.001、12.34 ± 0.01、1.2345 ± 0.0001，其中以小数点后位数最少的 12.34 的绝对误差最大，在加合的结果中总的绝对误差取决于该数，所以先将其他数据修约到与该数相同的小数位数再计算，即：

$$0.12+12.34+1.23=13.69$$

(2) 乘除法

几个数据相乘除时，有效数字的位数应以几个数中有效数字位数最少的那个数据为准。这是因为有效数字位数最少的那个数的相对误差最大。例如：

$$0.123 \times 12.34 \times 1.2345=?$$

这三个数的相对误差分别为：

$$\pm \frac{0.001}{0.123} \times 100\% \approx \pm 0.8\%$$

$$\pm \frac{0.01}{12.34} \times 100\% \approx \pm 0.08\%$$

$$\pm \frac{0.0001}{1.2345} \times 100\% \approx \pm 0.008\%$$

因 0.123 的相对误差最大，所以应以此数的位数为标准将其他各数均修约为 3 位有效数字，然后相乘，即

$$0.123\times12.3\times1.23=1.86$$

在乘除法的运算中，经常会遇到 9 以上的大数，如 9.00、9.89 等。它们的相对误差的绝对值约为 0.1%，与 10.02 和 11.03 这些四位有效数字的数值的相对误差绝对值接近，所以通常将它们当作四位有效数字的数值处理。

在计算过程中，为提高计算结果的可靠性，可以暂时多保留一位数字，而在得到最后结果时，则应舍弃多余的数字，使最后计算结果恢复与准确度相适应的有效数字位数。现在由于普遍使用计算器运算，虽然在运算过程中不必对每步的计算结果进行修约，但应注意根据其准确度要求，正确保留最后计算结果的有效数字位数。

3.4　一元线性回归方程与相关系数

在分析化学实验中经常使用标准曲线法（也称校正曲线法或工作曲线法）来获得未知溶液的浓度。以吸光光度法为例，标准溶液的浓度与吸光度 A 之间的关系，在一定范围内，可以用直线方程描述，这就是朗伯-比尔定律。但是由于测量仪器本身的精密度及测量条件的微小变化，即使同一浓度的溶液，两次测量结果也不完全一致。因而各测量点对于以朗伯-比尔定律为基础所建立的直线，往往会有一定的偏离，这就需要用数理统计的方法找到一条最接近各测量点的直线，它对所有测量点来说误差是最小的，因此这条直线是最佳的标准曲线。那么如何得到这一条直线？如何估计直线上各点的精密度以及数据间的相关关系呢？较好的方法是对数据进行回归分析，即一元线性回归。

3.4.1　一元线性回归方程

回归直线可用如下方程表示：

$$y=a+bx$$

式中，a 为直线的截距；b 为直线的斜率。

设作标准曲线时取 n 个实验点 (x_1, y_1)，(x_2, y_2)，(x_3, y_3)，…，(x_n, y_n)，则每个实验点与回归直线的误差可用下列式子表示：

$$E_i=[y_i-(a+bx_i)]^2$$

回归直线与所有实验点的误差即为：

$$E=\sum_{i=1}^{n}E_i=\sum_{i=1}^{n}[y_i-(a+bx_i)]^2$$

要使所确定的回归方程和回归直线最接近实验点的真实分布状态，则 E 必然取极小值。在分析校正时，可取不同的 x_n 值测量 y_n，用最小二乘法估计 a 与 b 值，使 E 值达到极小值。用数学上求极值的方法，可推出 a 和 b 的计算式为：

$$a=\frac{\sum_{i=1}^{n}y_i-b\sum_{i=1}^{n}x_i}{n}=\overline{y}-b\overline{x}$$

$$b=\frac{\sum_{i=1}^{n}(x_i-\overline{x})(y_i-\overline{y})}{\sum_{i=1}^{n}(x_i-\overline{x})^2}$$

式中，$\overline{x}$、$\overline{y}$ 分别为 x 和 y 的平均值。当直线的截距 a 和斜率 b 确定之后，一元线性回归方程及回归直线就确定了。

3.4.2 相关系数

在实际工作中，当两个变量间并不是严格的线性关系，数据的偏离较严重时，也可以求得一条回归直线，但这条回归直线是否有意义，可用相关系数来检验。

相关系数的定义式为：

$$r=b\sqrt{\frac{\sum_{i=1}^{n}(x_i-\overline{x})^2}{\sum_{i=1}^{n}(y_i-\overline{y})^2}}=\frac{\sum_{i=1}^{n}(x_i-\overline{x})(y_i-\overline{y})}{\sqrt{\sum_{i=1}^{n}(x_i-\overline{x})^2\sum_{i=1}^{n}(y_i-\overline{y})^2}}$$

相关系数的物理意义如下：

① 当两个变量之间存在完全的线性关系时，所有的 y_i 值都在回归直线上时，$r=1$。

② 当两个变量 y 与 x 之间完全不存在线性关系时，$r=0$。

③ 当 r 值在 0～1 之间时，表示两变量 y 与 x 之间存在相关关系。r 值愈接近 1，线性关系愈好。

3.5 利用软件绘制曲线

图表是显示和分析复杂数据的理想方式，精美清晰的图表能使实验报告大为增色。目前，多采用 Excel 和 Origin 软件对实验结果进行分析，下面主要简单介绍 Origin 软件在处理实验数据中的应用。

Origin 操作简便，采用直观的、图形化的、面向对象的窗口菜单和工具栏操作，容易上手。Origin 有专业级的图表处理功能、强大的实验数据分析功能以及尽善尽美的图形展示功能。

Origin 是基于 Windows 平台用于数据分析、工程绘图的软件。Origin 是一个多文档界面应用程序，将用户的所有工作都保存在后缀名为 .opj（或 .opju）的项目文件中。保存项目文件时，各子窗口也随之一起存盘。另外各子窗口也可以单独保存，以便被其他项目文件调用。一个项目文件可以包括多个子窗口，子窗口可以是工作表（Worksheet）窗口、绘图（Graph）窗口、数图（Function Graph）窗口、矩阵（Matrix）窗口和版面设计（Layout Page）窗口等。此外，项目文件中的各窗口相互关联，可以实现数据实时更新，即如果工作表中的数据被改动之后，其变化能立即反映到其他各窗口，比如绘图窗口中所绘数据点可以立即得到更新。

Origin 软件具有两大类功能：绘图和数据分析。Origin 绘图基于绘图模板软件本身提供了 60 余种二维和三维绘图模板，并允许用户自己定制模板。绘图时只要选择所需要的模板就能绘制出精美的图形。Origin 数据分析包括数据的排序、调整、计算、统计、傅里叶变换、各种自带函数的曲线拟合以及用户自定义函数拟合等各种数学分析功能。此外，Origin 可以和各种数据库软件、办公软件、图像处理软件等进行方便的链接，实现数据共享；可以用标准 ANSI C 等高级语言编写数据分析程序，以及用内置的 Origin C 语言或 Lab

Talk 语言编程进行数据分析和作图等。

利用 Origin 软件绘制图表的主要步骤如下所示：

① 安装好软件后，双击桌面上的图标，进入 Origin 软件界面（图 3.1），然后在 A(X)、B(Y) 中输入实验数据（图 3.2）。

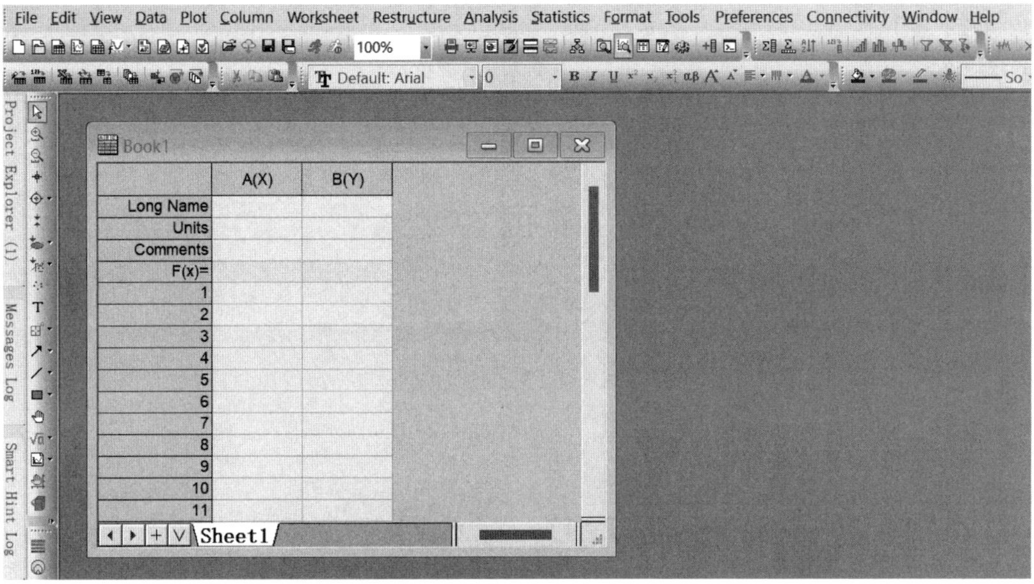

图 3.1　Origin 软件界面

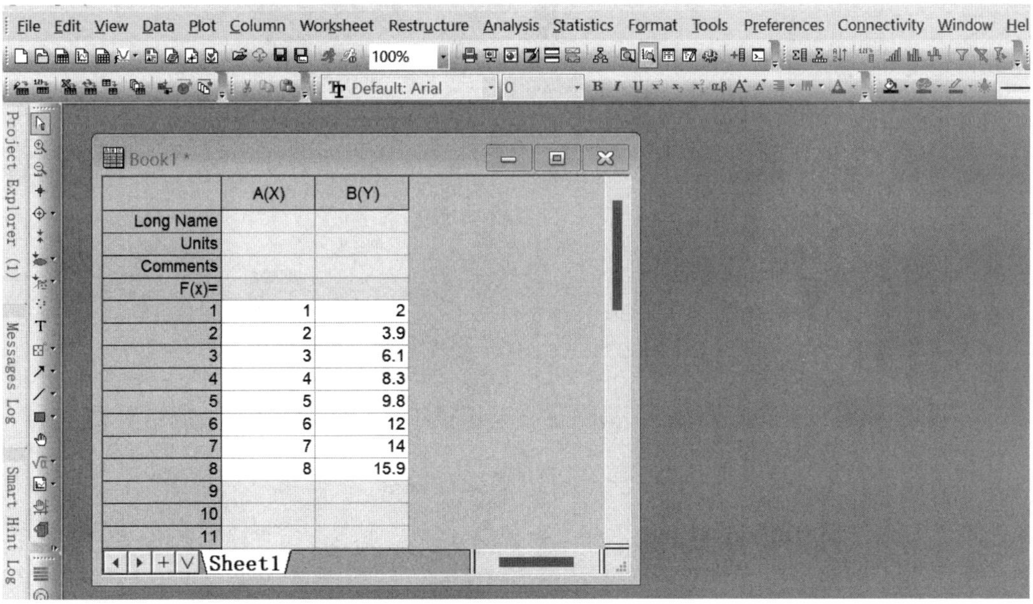

图 3.2　数据输入

② 绘图。选中 A(X)、B(Y) 两列数据，点击左下角的图标，即可得到散点图 3.3。

双击图中字母“A”，将其改为“X”，双击图中字母“B”，将其改为“Y”［图 3.4 (a)］；双击 X 轴或 Y 轴实线，出现如图 3.4 (b)～图 3.4 (e) 所示的对话框，在这里可以

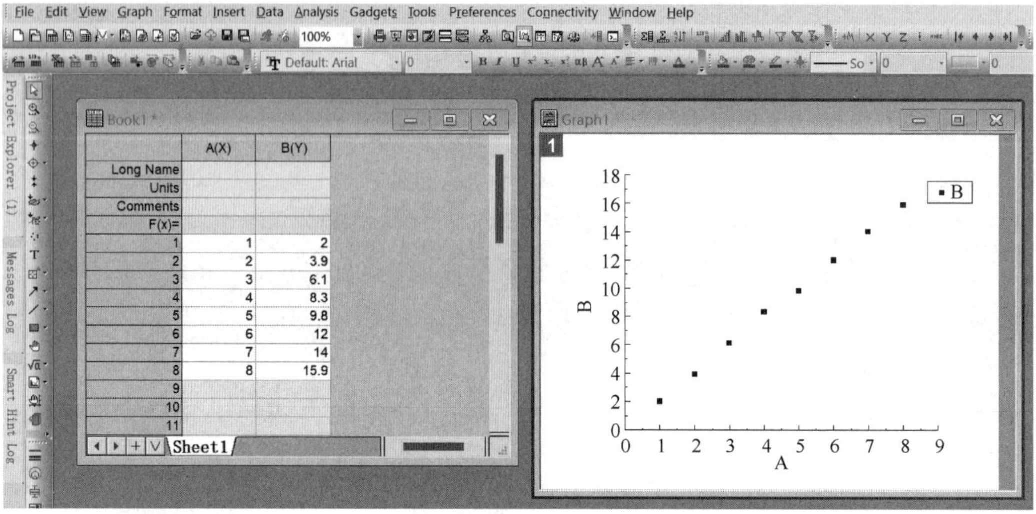

图 3.3 散点图绘制

对坐标轴的比例、范围等参数进行修改，点击“OK”，即可得到图 3.4（f）。

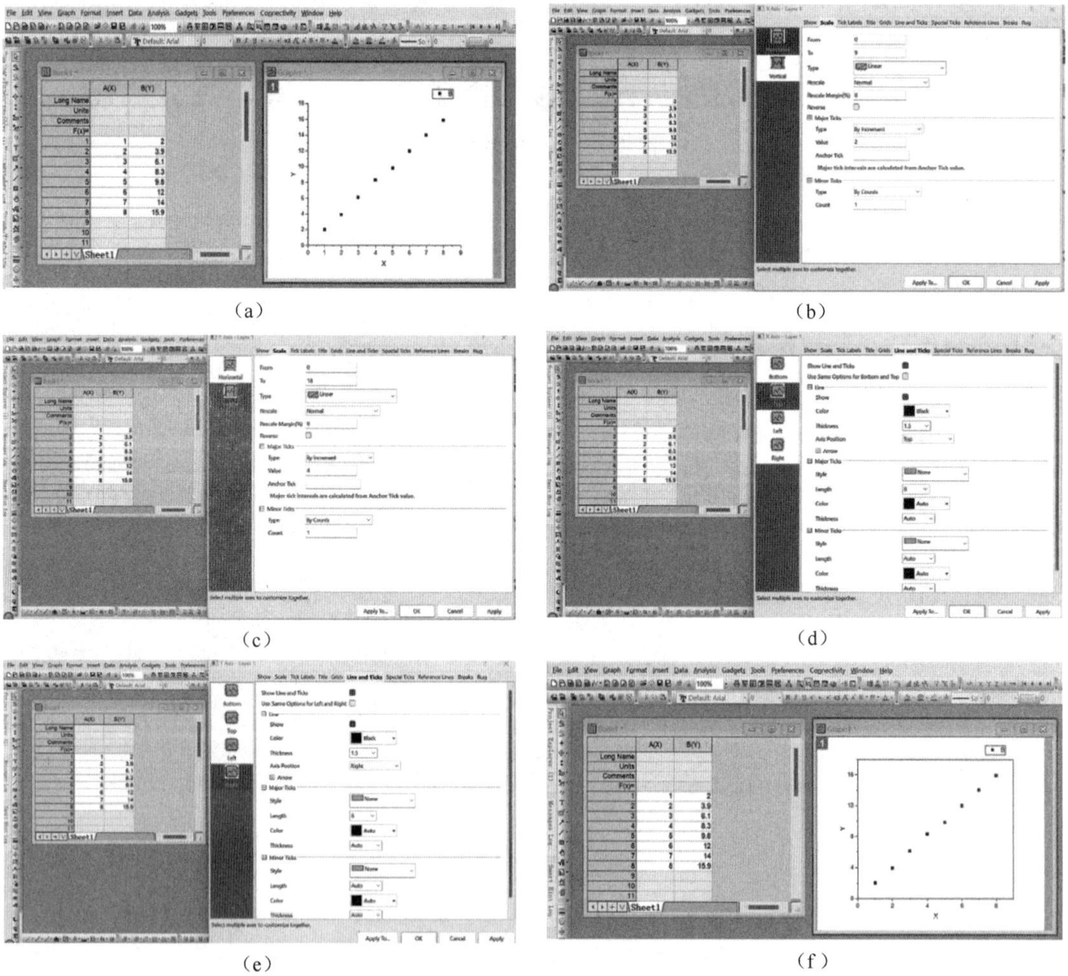

图 3.4 坐标轴数据修改

③ 数据拟合。在主菜单上点击“Analysis”，选择“Linear Fit”进行拟合，如图 3.5 (a)。从图中可得拟合曲线的斜率、截距以及相关系数，点击左侧按钮，输入拟合公式，保存所得的数据图［图 3.5 (b)］，完成曲线绘制。

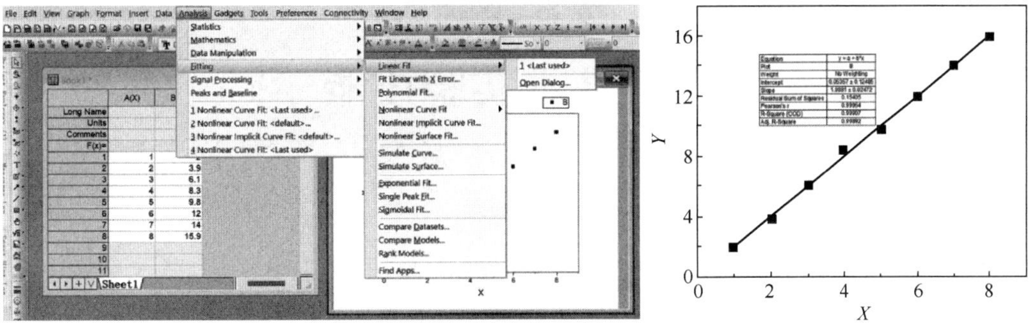

(a)　　(b)

图 3.5　数据拟合

第四章

化学基本实验技能

配套数字资源

4.1 常用玻璃器皿的洗涤与干燥

4.1.1 实验室常用玻璃器皿

化学实验中会用到各种各样的器皿，其中大部分为玻璃制品。有的玻璃仪器用作反应容器，有的用作计量容器，有的用于结晶、过滤、萃取、蒸馏等化学实验操作。根据其性能划分，玻璃器皿分为可加热的（如试管、烧杯、锥形瓶、烧瓶等）和不可加热的（如量筒、试剂瓶等）。表 4.1 列出部分常用器皿的规格及用途。

表 4.1 部分常用器皿的规格及用途

名称	规　格	用　途
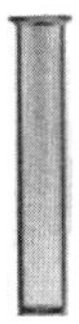 试管	普通试管无刻度，以管口外径(mm)×管长度(mm)表示，有 12mm×150mm、15mm×100mm 等规格	普通试管用于少量试剂的反应，可直接加热，加热时要用试管夹夹持，加热后不能骤冷，反应液一般不超过试管容积的 1/2
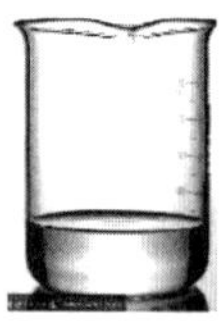 烧杯	以体积(mL)表示，常见的有 25mL、50mL、100mL、200mL、250mL、500mL、1000mL 等规格	可用于试剂量较大的反应、重结晶等，也可用作配制溶液时的容器，不能直接加热，加热时需垫石棉网，防止受热不均匀
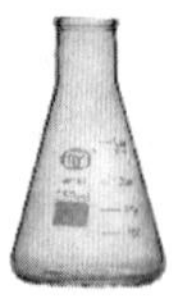 锥形瓶	以体积(mL)表示，常见的有 50mL、100mL、250mL、500mL 等规格	可用作反应容器、滴定操作的接收瓶等，不能直接加热，加热时需垫石棉网，防止受热不均匀

续表

名称	规　　格	用　　途
 圆底烧瓶	有普通型和标准磨口之分，普通烧瓶规格以体积(mL)表示，磨口烧瓶以标号表示其口径的大小	用作反应物较多且需要较长时间加热时的反应容器，但存放时需垫以合适器具，以防滚动打坏
 容量瓶	以体积(mL)表示，有磨口玻璃塞，也有配塑料塞的，常见的有 10mL、25mL、50mL、100mL、250mL 等规格	主要用于配制一定体积的准确浓度的溶液，但不能加热，不能用毛刷洗刷
 量筒	以刻度所能量度的最大体积(mL)表示，常见的有 5mL、10mL、25mL、50mL、100mL 等规格	主要用于量取一定体积的溶液，不能加热，也不能用作反应容器
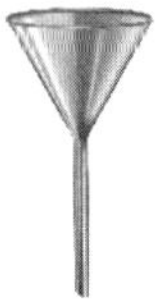 漏斗	有长颈和短颈之分，规格以口径大小表示	主要用于过滤等操作，过滤时液体不能超过其容积的 2/3，不能直接加热
 表面皿	规格以口径大小表示	主要用于盖在蒸发皿或烧杯上，防止液体溅出，但不能直接加热
 蒸发皿	有陶瓷、石英等不同材质，有平底和圆底之分，规格以口径大小表示	主要用于蒸发液体，一般放在石棉网上加热，注意防止骤冷骤热，以免破裂

续表

名称	规 格	用 途
 坩埚	有陶瓷、石英等不同材质，规格以体积(mL)表示	主要用于灼烧固体，随固体性质不同选取不同的坩埚，可直接加热，但不能骤冷
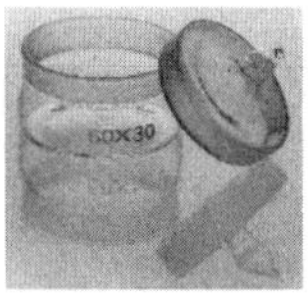 称量瓶	有“扁型”和“长型”之分，规格以外径(mm)×高度(mm)表示	主要用于准确称量一定量的固体样品，其瓶塞需配套使用，不能互换，也不能直接加热
 分液漏斗	有球形、梨形和筒形之分，以体积(mL)表示	主要用于互不相溶溶液的分离，不能直接加热，磨口瓶塞需配套使用，用时旋塞处应涂凡士林润滑
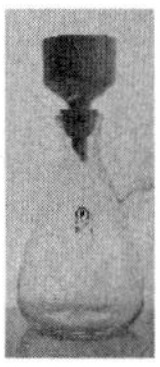 布氏漏斗和吸滤瓶	布氏漏斗以直径表示，常见的有6cm、8cm、10cm；吸滤瓶以体积(mL)表示，常见的有100mL、500mL	两者配套使用，主要用于沉淀的减压过滤操作，使用时滤纸的直径需小于漏斗的内径，使用完毕后需先将滤饼去除再停泵，以防滤液回流
 滴瓶	带有磨口玻璃塞或滴管，有无色和棕色之分，规格以体积(mL)表示	主要用于存放液体药品，瓶塞需配套使用，不能互换，存放碱液时要用橡胶塞，以防打不开

续表

名称	规　格	用　途
 玻璃棒	玻璃棒的直径通常在 1～10mm 之间，常见的规格有 1mm、2mm、3mm、5mm、10mm 等	主要用于混合、搅拌、转移、收集样品等操作

4.1.2　玻璃器皿的洗涤

使用洁净的器皿进行实验是保证得到预期结果的前提条件，但不同的实验对洁净度的要求不同，应当根据实验的需要、污物的性质和器皿的形状特征等选择适当的洗涤剂和洗涤方法。对一般实验来说，要求玻璃器皿在洗涤后，其内壁附着的水很均匀，既不聚成水滴，也不成股流下，晾干后不留水痕即可。

（1）水洗法

通过用水冲洗的方法洗去水溶性物质，这种方法通常适用于刚刚使用完，且只黏附有水溶性物质的玻璃器皿。

对试管、烧杯、量筒等普通玻璃器皿，可先注入 1/3 左右的自来水，然后选用大小合适的毛刷刷洗器皿的内外壁，再用自来水冲洗，最后用蒸馏水或去离子水冲洗干净即可。使用毛刷洗涤试管、烧杯或其他薄壁玻璃器皿时，毛刷顶端必须有竖毛，没有竖毛的不能用。洗涤试管时，注意不要用力过猛，以免毛刷底部的铁丝将试管捅破。

（2）去污粉或洗涤剂刷洗法

对于水洗无法除去的污渍，通过沾有去污粉的毛刷进行洗涤。由于去污粉中含有碳酸钠，它和洗涤剂一样，都能够除去器皿上非水溶性的油迹和污渍。去污粉中还含有白土和石英砂，刷洗时起摩擦作用，使洗涤的效果更好。经过去污粉或合成洗涤剂洗刷过的器皿，要用自来水冲洗，以除去附着在器皿上的白土、石英砂及洗涤剂。

（3）洗液洗涤法

在进行精确的定量实验时，或因对器皿的洁净程度要求更高，或因所用器皿容积精确、形状特殊，不能或无法用刷子机械地刷洗，这时就要选用适当的洗液进行清洗。无机及分析化学实验中常用的洗液有：

① 铬酸洗液。将 5～10g $K_2Cr_2O_7$ 用少量水润湿，加入 100mL 浓 H_2SO_4，边加边搅拌，必要时可稍加热促使其溶解，得到棕红色油状液体。冷却后贮于细口瓶中备用。铬酸洗液是一种酸性很强的强氧化剂，在使用过程中，红色 $K_2Cr_2O_7$ 被还原成绿色的 Cr^{3+}，失去氧化性。因此当洗液颜色变绿时，洗液即失效，应重新配制。因洗液中含浓 H_2SO_4，能强烈吸收空气中的水分，从而降低洗涤效果，故不使用时铬酸洗液应密封保存。特别注意，六价铬严重污染环境，故润洗用的洗液应倒回原瓶中，并尽量使之流尽。

② $NaOH$-$KMnO_4$ 洗液。将 10g $KMnO_4$ 溶于少量水中，在搅拌条件下，慢慢向其中注

入 100mL 10% NaOH 溶液，即可得该溶液。它主要用于洗涤油脂及有机物。洗后留在器壁上的 MnO_2 沉淀可用还原性洗液（如浓 HCl、Na_2SO_3 溶液）除去。

③ 乙醇与浓 HNO_3 混合液。它适用于洗净滴定管。先加入 3mL 乙醇，再加入 4mL 浓 HNO_3，即可得该溶液。

④ 浓 HCl 洗液。它可以洗去附着在器壁上的氧化剂（如 MnO_2）。

使用洗液是一种化学处理方法，这里只介绍了 4 种洗液，而实际问题可能是多种多样的，因此需要根据具体条件，充分运用已有的化学知识来处理实际问题。

使用洗液洗涤器皿时，先往器皿内加少量洗液（其用量约为器皿总容量的 1/5)。然后将器皿倾斜并慢慢转动，使器皿的内壁全部被洗液润湿，这样反复操作，最后把洗液倒回原来瓶内，再用水把残留在器皿上的洗液洗去。若用洗液把器皿浸泡一段时间或者用热的洗液洗，则效率更高。使用洗液时必须注意以下几点要求：

① 使用前最好先用水或去污粉将器皿预洗一下。

② 使用洗液前，应尽量把器皿内的水去除，以防洗液被稀释。

③ 洗液具有很强的腐蚀性，会灼伤皮肤和损坏衣服，使用时要特别小心，尤其不要溅到眼睛内。使用时最好戴橡胶手套和防护眼镜，万一不慎溅到皮肤或衣服上，要立即用大量水冲洗。

④ 用洗液洗涤器皿应遵守少量多次的原则，这样既节约洗液，又可提高清洗效率。

(4) 超声波清洗法

超声波清洗法是利用超声波在液体中的空化作用、加速度作用及直进流作用对液体和污物直接、间接的作用，使污物层被分散、乳化、剥离而达到清洗目的，超声波清洗法具有清洗效果好、清洁度高且全部工件清洁度一致、清洗速度快等诸多优点。

4.1.3 玻璃器皿的干燥

有些器皿洗涤干净后就可用来做实验，但有些化学实验，特别是需要在无水条件下进行的化学实验所用的玻璃器皿，常常需要干燥后才能使用。常用的干燥方法有晾干、烘干、烤干、吹干、有机溶剂干燥等。

(1) 晾干

不急用的器皿，在洗净后，可以倒立放置在实验柜内或适当的器皿架上自然晾干。倒置可以防止灰尘落入，但要注意放稳器皿。

图 4.1 电热恒温干燥箱

(2) 烘干

洗净后器皿可放在电热恒温干燥箱（简称烘箱，图 4.1）内烘干，温度控制在 105～110℃。在放进烘箱之前，应尽可能把水去除，放置时应使器皿口向上，木塞和皮塞不能与器皿一起干燥，玻璃塞应从器皿上取下，放在器皿的一旁，这样可防止器皿烘干后玻璃塞卡在器皿上拿不下来。沾有有机溶剂的玻璃器皿不能用电热恒温干燥箱干燥，以免发生爆炸。

(3) 烤干

急用的器皿可置于石棉网上用小火烤干，试管可直接用火烤，但必须使试管口稍微向下倾斜，以防水珠倒流，引起试管炸裂。

(4) 吹干

用玻璃仪器气流烘干器（图 4.2）或吹风机把容器吹干。此种干燥方法对小口容器的干燥比烘干法效率更高。洗净的玻璃容器应尽量控干水分，套在气流烘干器的出气管口，打开气流烘干器的风扇开关，再打开加热开关，几分钟内即可将容器吹干。

图 4.2　玻璃仪器气流烘干器

(5) 有机溶剂干燥

有些有机溶剂可以和水混溶，并形成沸点较低的共沸溶液，利用这个特点，可用有机溶剂带走容器中的水分，实现干燥的目的。常用的溶剂是乙醇和丙酮。在容器内加入少量乙醇或丙酮，把容器倾斜，转动容器，器壁上的水即与乙醇或丙酮混合，然后将溶剂倒出。容器内的剩余溶剂挥发后容器即干燥。

带有刻度的计量容器不能加热，因为加热会影响这些容器的精密度，常用晾干或有机溶剂干燥的方法进行干燥。但应注意，移液管、滴定管、容量瓶等定量分析容器不能使用溶剂法进行干燥，因为这会使容器产生严重的挂壁现象，影响实验结果。

4.2　量筒、滴定管、移液管、吸量管和容量瓶的使用

4.2.1　量筒

量筒是一种精度要求不太高的量取液体体积的度量仪器。量筒为竖长的圆筒形（图 4.3），上沿一侧有嘴，便于倾倒，下部有宽脚以保持稳定。圆筒壁上刻有容积量程，供使用者读取体积。一般常用的量筒有 10mL、25mL、50mL、100mL、250mL、500mL、1000mL 等多种规格，可根据需要选用。量筒越大，管径越粗，其精确度越小，由视线的偏差所造成的读数误差也越大。所以，实验中应根据所取溶液的体积，尽量选用能一次量取的最小规格的量筒。

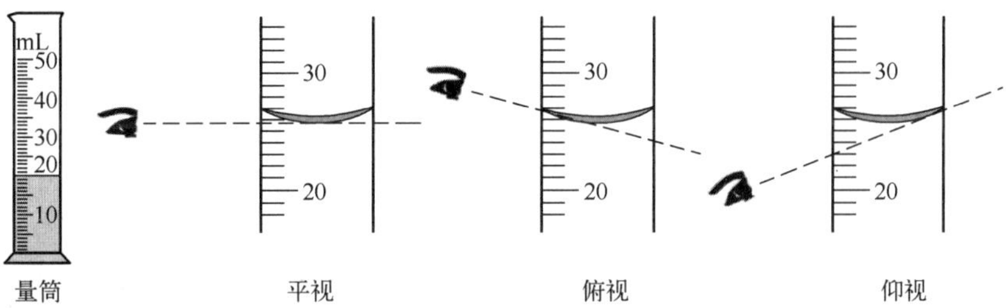

图 4.3　量筒及其读数示意图

使用量筒量取液体时，视线要与液面齐平，即视线置于液面最凹处（弯月面底部）同一水平面上观察，读取弯月面底部的刻度。

使用量筒时还需注意以下几点：

① 量筒不能用作反应容器，也不能加热或储存液体试剂。

② 量筒不能量取热溶液，也不能稀释浓酸或浓碱。

③ 量筒不能用去污粉清洗以免刮花刻度。

④ 量筒不用润洗，在设计之初就考虑到了量筒的挂壁，这部分体积是被考虑进去的，因此倒出去的体积就是所需要的体积。

⑤ 量筒量取不润湿玻璃的液体（如水银）应读取液面的最高部位。

4.2.2 滴定管

滴定管是滴定分析时用以准确度量流出的溶液体积的玻璃量器。常用的滴定管容积为50mL和25mL，其最小刻度为0.1mL，在最小刻度之间可估读出0.01mL，一般读数误差为±0.02mL。此外，还有容积为10mL、5mL、2mL和1mL的半微量和微量滴定管，最小分度值为0.05mL、0.01mL或0.005mL。

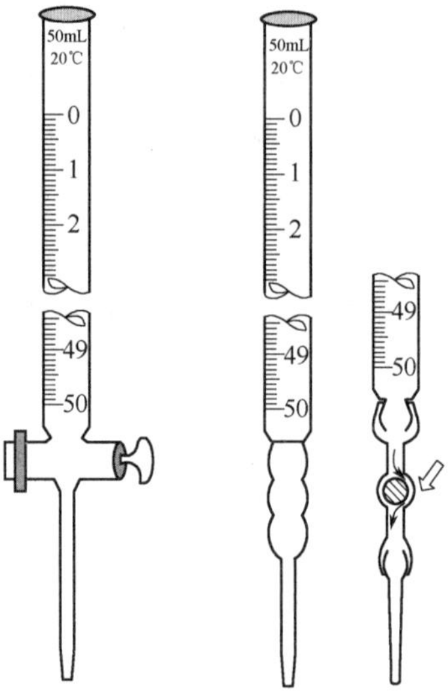

(a)酸式滴定管　　(b)碱式滴定管

图4.4　酸式滴定管和碱式滴定管

根据控制溶液流出的装置不同，滴定管可分为酸式滴定管［图4.4 (a)］和碱式滴定管［图4.4 (b)］两种。酸式滴定管的下端装有玻璃活塞，开启旋塞时，溶液即从管内流出。酸式滴定管主要用于装酸性或氧化性溶液，但不宜装碱液，因玻璃易被碱液腐蚀而黏住，以致无法转动。碱式滴定管的下端用乳胶管连接一个小玻璃管，乳胶管内有一玻璃珠，用以控制溶液的流出。碱式管主要用来装碱性溶液和无氧化性溶液，不能用来装对乳胶有侵蚀作用的酸性溶液和氧化性溶液。滴定管有无色和棕色两种。棕色的主要用来装见光易分解的溶液（如$KMnO_4$、$AgNO_3$等）。

滴定管的使用包括洗涤、涂脂、检漏、润洗、装液、气泡的排除、读数、滴定等步骤。

（1）洗涤

对无明显油污的干净滴定管，可直接用自来水冲洗或用滴定管刷蘸肥皂水或洗涤剂（但不能用去污粉）刷洗，再用自来水冲洗。刷洗时要注意，不用刷头露出铁丝的毛刷，以免划伤滴定管内壁。如有明显油污，则需用洗液浸洗。洗涤时向管内倒入10mL左右铬酸洗液（碱式滴定管将乳胶管内玻璃珠向上挤压封住管口或将乳胶管换成乳胶滴头），再将滴定管逐渐向管口倾斜，并不断旋转，使管壁与洗液充分接触，管口对着废液缸，以防洗液洒出。若油污较重，可装满洗液浸泡，浸泡时间的长短视油污情况而定。洗毕，洗液应倒回洗瓶中，洗涤后应用大量自来水淋洗，并不断转动滴定管，至流出的水无色，再用去离子水润洗三遍，洗净后的管内壁应均匀地润上一层水膜而不挂水珠。

（2）涂脂

当滴定管活塞转动不灵活时，活塞处应该涂凡士林。先取下活塞上的小橡胶圈，然后取下活塞，用软布或软纸将活塞擦拭干净，再用软布或软纸卷成小卷，插入活塞槽来回擦拭，以将内壁擦拭干净。

如图 4.5 所示，用手指蘸取少量凡士林擦在活塞的两头，沿四周各涂一薄层，使活塞孔与滴定管平行并将活塞插入活塞槽中，然后向同一方向转动活塞，直到全部透明为止，并套上小橡胶圈。套橡胶圈时，应该将滴定管放在台面上，一只手顶住活塞大头，另一只手套橡胶圈，以免活塞顶出。

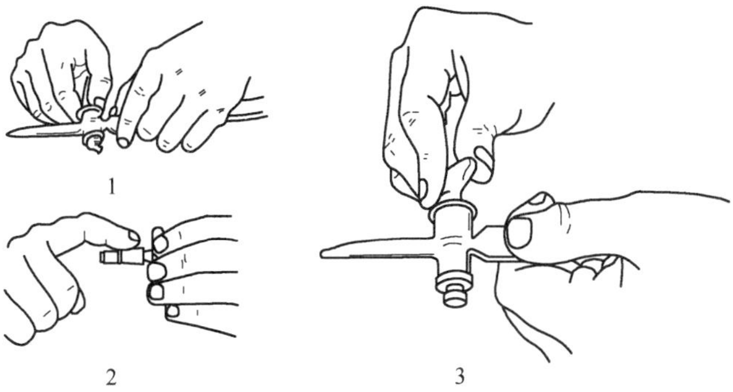

图 4.5　涂脂

如仍转动不灵活或有纹路，表明涂脂不够；如有油脂从缝挤出，表明油脂太多。遇到这两种情况，必须重新涂油。如发现活塞孔或出水口被凡士林堵塞，必须清除。如果是活塞孔堵塞，可以取下活塞，用细铜丝捅出；如果是出水口堵塞，则用水充满全管，并将出水口浸入热水中，片刻后打开活塞，使管内的水突然冲下，将熔化的油脂带出。如这样还不能解决，则可用有机溶剂（如四氯化碳）浸溶。如还不能解决，则用导线的细铜丝将堵塞物带出，操作应十分小心，转动时应轻。

（3）检漏

滴定管在使用前必须检查是否漏水。装水至零刻度线，并放置 2min，看是否漏水。对酸式滴定管，看活塞两端是否有水；2min 后，旋转活塞 180°，再看活塞两端是否有水。如果发现漏水，则酸式滴定管应该涂凡士林，碱式滴定管应更换玻璃珠或橡胶管。

（4）润洗

用自来水洗净的滴定管，首先要用蒸馏水或去离子水润洗 2～3 次，以避免残存的自来水影响测定结果。每次润洗加入 5～10mL 蒸馏水或去离子水，并打开旋塞使部分水由此流出，以冲洗出口管。然后关闭旋塞，两手平端滴定管慢慢转动，使水流遍布全管。最后边转动边向管口倾斜，将其余的水从管口倒出。

用蒸馏水或去离子水润洗后，再按照上述操作方法，用待装标准溶液润洗滴定管 2～3 次，确保待装标准溶液不会被残存的蒸馏水或去离子水稀释。每次取标准溶液前，要将瓶中的溶液摇匀，然后倒出使用。

（5）装液

关好旋塞，左手拿滴定管，略微倾斜，右手拿住瓶子或烧杯等容器向滴定管中注入标准溶液。注意不要注入太快以免产生气泡，待液面到“0”刻度附近为止，用布或纸巾擦净外壁。

（6）气泡的排除

装入标准溶液的滴定管应检查出口下端是否有气泡，如有应及时排除。其方法是：取下滴定管倾斜约 30°。若为酸式管，可用手迅速打开旋塞，反复多次，使溶液冲出带走气泡；若为碱式管，则将胶皮管向上弯曲，用两指挤压稍高于玻璃珠所在处，使溶液从管口喷出，气泡随之而排去（图 4.6）。

（7）读数

读数前，滴定管应垂直静置 1min。读数时，管内壁应无液珠，管出口的尖嘴内应无气泡，尖嘴外应不挂液滴，否则读数不准。读数方法是：取下滴定管用右手大拇指和食指捏住滴定管上部无刻度处，使滴定管保持垂直，并使自己的视线与所读的液面处于同一水平面。不同的滴定管读数方法略有不同。对无色或浅色溶液，有乳白板蓝线衬背的滴定管读数应以两弯月面相交的最尖部分为准［图 4.7（a）］。一般滴定管应读取弯月面最低点所对应的刻度。对深色溶液，则一律按液面两侧最高点相切处读取［图 4.7（b）］。初学者可使用读数卡，以使弯月面更清晰。读数卡是用贴有黑纸或涂有黑色的长方形（约 3cm×15cm）的白纸板制成的。读数卡紧贴在滴定管的后面，把黑色部分放在弯月面下面约 1mm 处，使弯月面的反射层全部成为黑色，读取黑色弯月面的最低点。

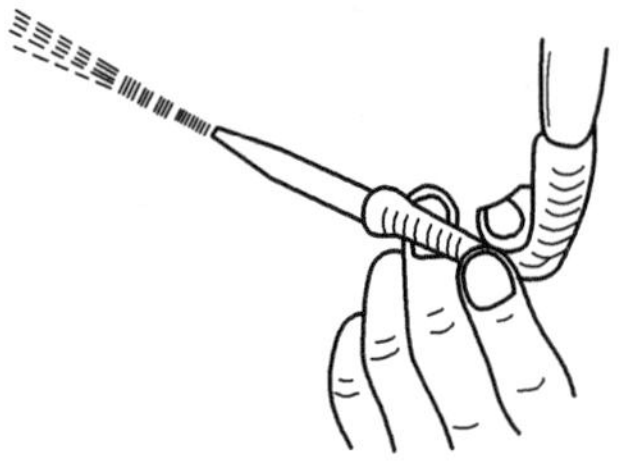

图 4.6　碱式滴定管气泡的排除

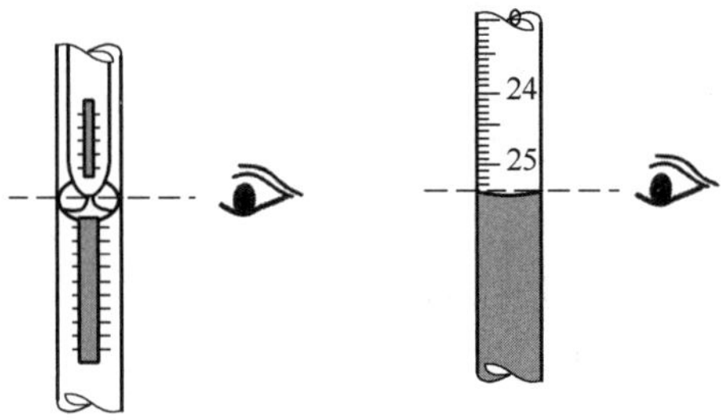

（a）无色或浅色溶液　　（b）深色溶液

图 4.7　不同溶液读数

（8）滴定

通常左手握塞、右手持瓶，边滴液边摇动锥形瓶。使用酸式滴定管时，左手握塞，注意不要将旋塞顶出，以拇指、食指、中指控制旋塞使滴定液流出［图 4.8（a）］。使用碱式滴定管时，仍以左手握管，其拇指在前，食指在后，其他三指辅助夹住出口管［图 4.8（b）］。用拇指和食指捏住玻璃珠所在部位的右上方，向右边挤乳胶管，使玻璃珠移至手心一侧，溶

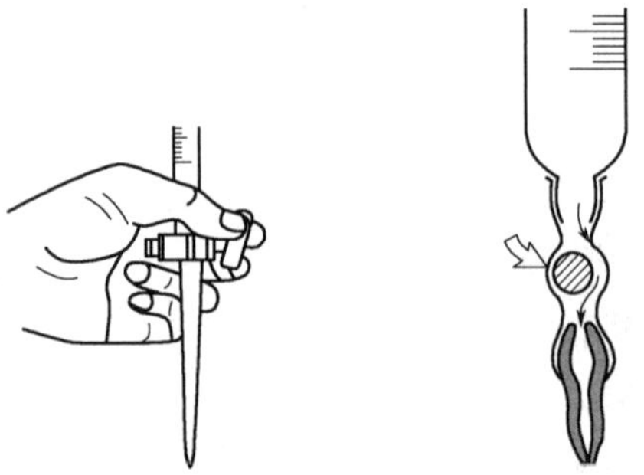

（a）酸式滴定管操作方式　　（b）碱式滴定管液体流动方式

图 4.8　酸式滴定管和碱式滴定管的滴定操作

液可从玻璃珠旁边的空隙流出。注意不要捏玻璃珠下部的乳胶管以免空气进入而形成气泡，影响读数。

开始滴定时，滴定的速率可适当快一些，但必须成滴而不能成线状流出，滴定速率以每秒 3～4 滴为宜。接近终点时，滴速要慢，以至采用半滴的方式滴定以免过量。酸式滴定管加半滴时，微开旋塞，使液滴悬挂在管尖，关闭旋塞，用锥形瓶颈内壁接触液滴引下，再用少许蒸馏水吹洗锥形瓶内壁，使附着的溶液全部流下。碱式滴定管滴加半滴时，挤出溶液悬于管尖后，应先松开拇指及食指，再用瓶壁碰靠液滴，引入瓶内，然后放开其余手指，这样可以避免管尖产生气泡，最后再用少许蒸馏水吹洗瓶壁。在滴定过程中，如果滴定液留在容器壁上，须用蒸馏水冲洗下去，以使反应进行完全。

4.2.3　移液管和吸量管

移液管［图 4.9（a）］是用来准确移取一定体积溶液的量器。移液管是一种量出式仪器，只用来测量它所放出溶液的体积。它是一根中间有一膨大部分的细长玻璃管，其下端为尖嘴状，上端管颈处刻有一标线，是所取的准确体积的标志。常用的移液管有 5mL、10mL、25mL 和 50mL 等规格。

刻度移液管是具有分刻度的直形玻璃管，又称吸量管［图 4.9（b）］，主要用于移取所需不同体积的溶液。常用的吸量管有 1mL、2mL、5mL 和 10mL 等规格。

根据所移溶液的体积和要求选择合适规格的移液管或吸量管使用。一般来说，在滴定分析中如需准确移取溶液则使用移液管，如需控制试液加入量则使用吸量管。

移液管和吸量管在使用前需先进行洗涤。由于管口较小，不能刷洗，应用铬酸洗液泡洗。其洗涤方法与滴定管相似，洗至内壁和外壁不挂水珠，并用蒸馏水润洗三次。

如图 4.10 所示，移取溶液时，一般用右手拿移液管或吸量管上端合适位置，食指靠近管上口，中指和无名指张开握住移液管或吸量管外侧，拇指在中指和无名指中间位置握在移

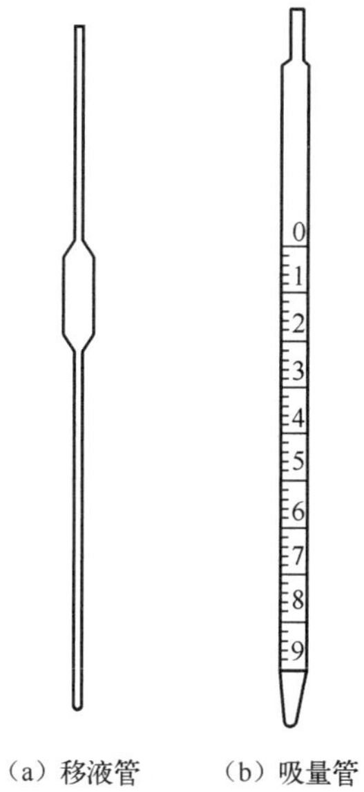

（a）移液管　　（b）吸量管

图 4.9　移液管和吸量管

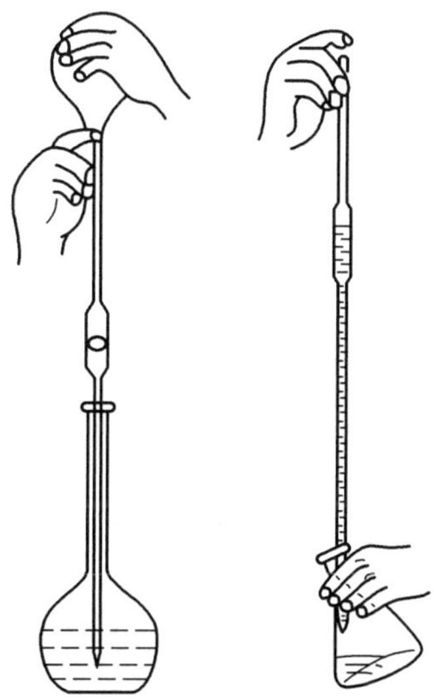

图 4.10　移取溶液操作

液管或吸量管内侧，小指自然放松，然后把管下部的尖嘴插入待吸取的溶液中。不宜插入太少，以免吸空；也不宜插入太深，以致管外壁带出的溶液过多；一般控制管尖在液面下约1cm处。左手拿洗耳球，持握拳式，将洗耳球握在掌中，尖口向下，握紧洗耳球，排出球内空气，将洗耳球尖口插入或紧接在移液管或吸量管上口，注意不能漏气。慢慢松开左手手指，将待吸溶液慢慢吸入管内，直至刻度线以上部分，移开洗耳球，迅速用右手食指堵住移液管或吸量管上口。离开液面后，用吸水纸擦去管外壁的溶液；然后将容器倾斜成约45°，管尖紧靠在容器的内壁上，略微放松右手食指（也可不断转动移液管或吸量管），使溶液缓慢平稳下降，直到溶液的弯月面下缘与刻度线相切时，立即用食指压紧管口，取出移液管或吸量管。右手改拿接收溶液的容器，并将接收容器倾斜成45°左右。将移液管或吸量管插入接收容器中，管的尖嘴紧靠在容器的内壁上，移液管应垂直，松开食指，让管内溶液自然地全部沿器壁流下，待液面下降至管尖后，等待15～30s，将管身旋动360°，即可将移液管或吸量管拿出。注意残留于管端的溶液不能吹入接收容器中。使用完毕后，移液管或吸量管应立即洗净放在移液管架上，以防管下端被污染。

4.2.4 容量瓶

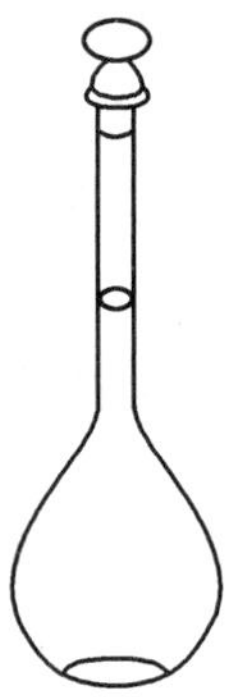
图 4.11 容量瓶

容量瓶（图4.11）是用于配制准确的一定浓度的溶液的精确仪器。它是一种带有磨口玻璃塞的细长颈、梨形的平底玻璃瓶，颈上有一标线。当瓶内液面在所指定温度下达到标线处时，其容纳的液体体积即为所标明的体积。容量瓶有多种规格，小的有5mL、25mL、50mL、100mL，大的有250mL、500mL、1000mL、2000mL等。在使用容量瓶时，有以下几点需要注意。

(1) 洗涤

首先用铬酸洗液浸泡内壁，然后依次用自来水和蒸馏水或去离子水洗净，使内壁不挂水珠。

(2) 检漏

加水至标线附近，盖好瓶塞后，用左手食指按住塞子，其余手指拿住瓶颈标线以上部分，右手指尖托住瓶底，将瓶倒立2min，如不漏水，将瓶直立，转动瓶塞180°，再倒立2min，如不漏可使用。如不漏水，先用自来水冲洗，再用蒸馏水或去离子水润洗2～3次备用。

(3) 配制标准溶液

使用容量瓶配制标准溶液时，应先将精确称重的试样放在小烧杯中，加入少量溶剂，搅拌使其溶解（若难溶，可盖上表面皿，稍加热，但必须放冷后才能转移）。

所配溶液需要定容时，应将溶液“定量转移”至容量瓶中，其操作方法见图4.12。一只手将玻璃棒悬空插入容量瓶标线以下，另一只手拿烧杯，烧杯嘴紧靠玻璃棒，倾斜烧杯，使溶液沿玻璃棒慢慢流入。玻璃棒的下端要靠紧瓶颈内壁，注意玻璃棒不要与瓶口接触，以免溶液溢出。待溶液流完后，将烧杯嘴紧靠玻璃棒，把烧杯沿玻璃棒向上提起，并使烧杯直立，使附着在烧杯嘴上的少许溶液流入烧杯，再将玻璃棒放回烧杯中，然后用洗瓶吹洗玻璃棒和烧杯内壁，再将溶液按上述方法转移到容量瓶中。如此吹洗、转移的操作应重复数次，以保证定量转移完全。然后加纯水稀释，在稀释到接近瓶颈标线时，改用滴管加水，直到溶液的弯液面与标线相切为止，随即盖上瓶塞。一只手捏住瓶颈上端，食指压住瓶塞，另一只手三指托住瓶底，将容量瓶倒转并摇荡，以混匀溶液，再将容量瓶直立，如此重复10次左右，可使溶液充分混匀。

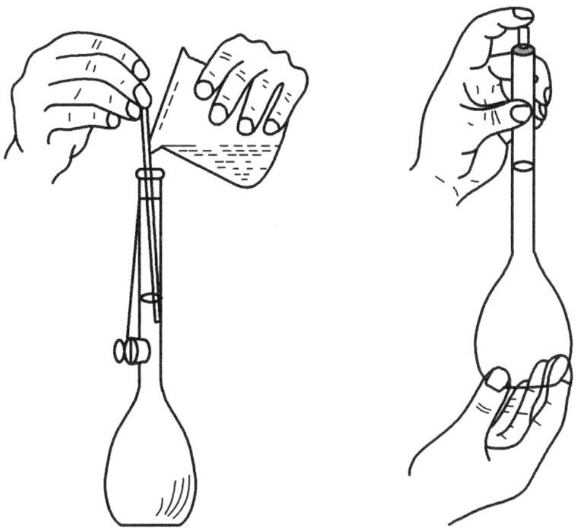

图4.12　配制标准溶液

4.3　物质的溶解、浓缩、结晶与干燥

4.3.1　溶解

从广义上说，超过两种物质混合而成为一个均匀相的过程称为溶解，而狭义的溶解则指的是一种液体对于固体、液体或气体产生物理或化学反应使其成为分子状态的均匀相的过程。物质的溶解是一个很复杂的问题，许多固体样品，特别是矿物和岩石样品，在溶解前需要用各种溶剂（或熔剂）使其分解，所以溶解样品最常用的方法有溶解法和熔融法。对于未知样品，通常先采用溶解法，即按照水、稀酸、浓酸、混合酸的顺序逐一尝试处理，找出能够完全溶解的实验条件。对于酸不能溶解的物质可考虑采用熔融法，即用固体熔剂，在较高温度下，使其在熔融状态与样品发生反应，然后再使用合适的方法，使熔融物溶解。下面主要以溶解法为例，介绍相关操作。

首先准备好干净的烧杯、玻璃棒和表面皿。玻璃棒的长度应比烧杯高5～7cm。表面皿的直径应略大于烧杯口直径。溶剂溶解试样时，先把烧杯适当倾斜，将量筒靠近烧杯壁让溶剂慢慢沿着杯壁流入，或将溶剂沿着紧靠杯壁的玻璃棒下端滴入。边加边搅拌，直至试样完全溶解。对于溶解时能产生气体的试样，应先加入少量的去离子水湿润，并盖好表面皿，再由烧杯嘴与表面皿间的狭缝滴入溶剂，用玻璃棒搅拌使其溶解。试样溶解过程需要加热时，应盖上表面皿，且只能微微加热或微沸溶解。试样溶解后，用洗瓶吹洗表面皿和烧杯内壁。

4.3.2　浓缩

浓缩是指使溶剂蒸发而提高溶液浓度的操作。当溶液很稀或所制备的物质溶解度较大时，为得到结晶，可把溶液放在蒸发皿内用水浴加热蒸发，或放于石棉网上直接加热蒸发，但应注意控制温度，防止暴沸。蒸发皿内溶液的量不得超过其容量的 2/3。随着加热的进行，水分不断蒸发，溶液逐渐被浓缩。浓缩的程度取决于溶质溶解度的大小及对晶形的要求。

4.3.3 结晶

使固体物质从溶液中析出的过程叫结晶。结晶的方法一般是加热溶液，使溶液蒸发到一定浓度（或饱和溶液）后，再将溶液冷却，之后就会有晶体析出。析出晶体的颗粒大小及纯度与冷却速度有关。

如迅速冷却热溶液或进行搅动，得到的是纯度较高的细小晶体。有时溶液已达过饱和状态仍无晶体析出，在这种情况下，可以往溶液中加入一小粒晶体作为“种子”，来促进晶体的生成。摇动容器或用玻璃棒摩擦容器壁，也可达到同样的效果。

如将溶液慢慢冷却或静置，可以得到晶形规则、颗粒较大的晶体，但晶体的纯度不高。这是因为连接着大颗粒晶体的间隙中可能包有母液或其他杂质。

首次结晶所得到的晶体纯度往往是不符合要求的，需要进行纯化，即重结晶。重结晶就是用少量溶剂使含有杂质的晶体溶解，然后再进行蒸发和结晶的过程。根据被提纯物质与杂质在溶剂中溶解度不同的原理，当一种物质（被提纯物质或杂质）还在溶液中时，另一种物质已从溶液中析出，从而达到使两者分离的目的。由此可见，选择合适的溶剂是进行重结晶的关键所在。进行重结晶用的溶剂必须具备以下条件：

① 不与被提纯物质发生化学反应。

② 被提纯物质在较高温度时的溶解度较大，而在室温或更低的温度时溶解度很小。

③ 对杂质的溶解度非常大或非常小，前一种情况是使杂质留在母液中，不随被提纯物晶体一同析出，后一种情况是使杂质在热过滤时被滤去。

④ 溶剂容易挥发（沸点较低），易与晶体分离。

⑤ 能结晶出较好的晶体。

4.3.4 干燥

干燥是利用物理或物理化学的方法除去固体、气体或液体中含有的少量水分和少量有机溶剂的方法。化学上用于配制标准溶液的基准物、重量分析中过滤得到的沉淀、有机合成中得到的含水产物，都需要经过干燥才能称量。干燥的方法通常有烘干或使用干燥剂等。

烘干常用于含结晶水的晶体或粉状物。将样品置于干燥好的小烧杯、坩埚或称量瓶等容器中，将盛有样品的容器放入加热至 120～125℃的烘箱内（注意不要把容器的盖子盖上，盖子应横搁在口上），烘 2h 左右，烘干的温度、时间根据样品的量和性质确定。结束后用坩埚钳取出容器，放于干燥器内，冷却至室温，盖好盖子即可。

干燥剂有固体状（如氧化钙、硅胶），也有液体状（如浓硫酸）。通常液态物质需要干燥时，往往将干燥剂加到被干燥物中，充分振荡、放置，使之吸干水分后取出干燥剂；若需要干燥的是气体物质，则只要将被干燥物与干燥剂放于密闭的体系中，或将被干燥气体通过装有干燥剂的干燥管或干燥塔等装置，水分就会被干燥剂吸收，达到干燥的目的。

4.4　加热与冷却

有些化学反应，往往需要在较高温度下才能进行；许多化学实验的基本操作，如溶解、蒸发、灼烧、蒸馏、回流等过程也都需要加热。相反，一些放热反应，如果不及时除去反应所放出的热，就会使反应难以控制；有些反应的中间体在室温下不稳定，反应必须在低温下才能进行；此外，结晶等操作也需要低温以减少物质的溶解，这些过程又都需要冷却。所以，化学实验中经常遇到加热和冷却操作。

4.4.1　加热

根据加热方式不同，加热装置可分为直接加热设备和间接加热设备。实验室中加热常用的设备有酒精灯、煤气灯、电加热装置、热浴装置等。

（1）酒精灯

酒精灯是实验室最常用的加热工具，其加热温度通常在 400～500℃，适用于不需要太高加热温度的实验，其构造如图 4.13 所示。

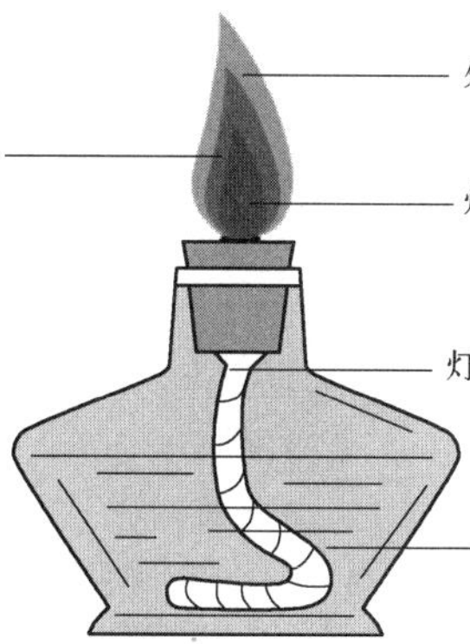

图 4.13　酒精灯的构造

酒精灯在使用时应注意以下几点：

① 新购置的酒精灯应首先配灯芯。灯芯通常由多股棉纱线拧在一起制成，插进灯芯瓷套管中。灯芯不要太短，一般浸入酒精后还要长 4～5cm。对于旧灯，特别是长时间未用的灯，在取下灯帽后，应提起灯芯瓷套管，用洗耳球或嘴轻轻地向灯内吹一下，以赶走其中聚集的酒精蒸气。再放下套管检查灯芯，若灯芯不齐或烧焦都应用剪刀修整为平头等长。

② 新灯或旧灯壶内酒精少于其容积 1/4 的都应添加酒精。酒精不能装得太满，以不超过灯壶容积的 2/3 为宜。（酒精量太少则灯壶中酒精蒸气过多，易引起爆燃；酒精量太多则受热膨胀，易使酒精溢出，发生事故。）添加酒精时可借助小漏斗，以免将酒精洒出。燃烧的酒精灯若需添加酒精，必须熄灭火焰，绝不允许燃着时加酒精。如洒出的酒精在桌上燃烧起来，需立即用湿棉布盖灭。用完酒精灯，火焰必须用灯帽盖灭，不可用嘴吹灭，以免引起灯内酒精燃烧，发生危险。

③ 新灯加完酒精后须将新灯芯放入酒精中浸泡，并移动灯芯套管使每端灯芯都浸透，然后调好其长度，才能点燃。

④ 点燃酒精灯一定要用燃着的火柴，绝不能用一盏酒精灯去点燃另一盏酒精灯，否则易将酒精洒出，引起火灾。

⑤ 加热时若无特殊要求，一般用外焰来加热器具。加热的器具与灯焰的距离要合适，过高或过低都不正确。与灯焰的距离通常用灯的垫木或铁环的高低来调节。被加热的器具必须放在支撑物（三脚架、铁环等）上或用坩埚钳、试管夹夹持，决不允许手拿仪器加热。

⑥ 加热完毕或要添加酒精需熄灭灯焰时，可用灯帽将其盖灭。如果是玻璃灯帽，盖灭后需再重盖一次，放走酒精蒸气，让空气进入，免得冷却后盖内造成负压使盖打不开；如果

是塑料灯帽，则不用盖两次，因为塑料灯帽的密封性不好。绝不允许用嘴吹灭。

⑦ 酒精灯不用时，应盖上灯帽。如长期不用，灯内的酒精应倒出，以免挥发；同时在灯帽与灯颈之间应夹小纸条，以防粘连。

⑧ 要用酒精灯的外焰加热。给玻璃仪器加热时应把仪器外壁擦干，否则仪器会炸裂；给试管中的药品加热，首先必须预热，然后再对着药品部位加热。加热时不能让试管接触灯芯，否则试管会炸裂。

(2) 煤气灯

煤气灯是利用煤气或天然气为燃料气的实验室中常用的一种加热工具。煤气和天然气一般由一氧化碳、氢气、甲烷和不饱和烃等组成。煤气燃烧后的产物为二氧化碳和水。煤气本身无色无臭、易燃易爆，并且有毒，不用时一定要关紧阀门，绝不可使其逸入室内。为提高人们对煤气的警觉和识别能力，通常在煤气中掺入少量有特殊臭味的三级丁硫醇，这样一旦漏气，马上可以闻到气味，便于检查和排除。煤气灯有多种样式，但构造原理是相同的，均由灯管和灯座组成，灯管下部有螺纹与灯座相连，如图 4.14 所示。灯管下部还有几个分布均匀的小圆孔，为空气的入口，旋转灯管即可完全关闭或不同程度地开启圆孔，以调节空气的进入量。煤气灯构造简单，使用方便，用橡胶管将煤气灯与煤气阀门连接起来即可使用。

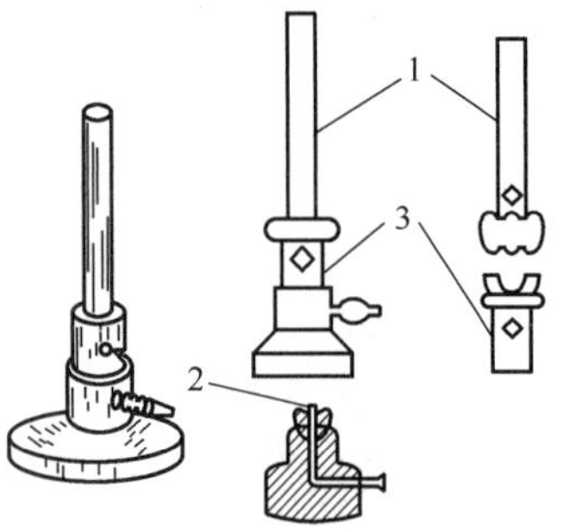

图 4.14 煤气灯

1—灯管；2—煤气出口；3—铁环

使用煤气灯时需严格按照以下步骤操作：

① 先关闭空气入口，因空气进入量大时，灯管口气体冲力太大，不易点燃。

② 擦燃火柴，将火柴从下斜方向移近灯管口。

③ 打开煤气阀门。

④ 点燃煤气灯，最后调节煤气阀门或螺旋针，使火焰高度适宜（一般高度为 4～5cm）。

煤气中的一氧化碳有毒，且当煤气和空气混合到一定比例时，遇火源即可发生爆炸，所以不用时一定要把煤气阀门关好。点燃煤气灯时一定要先划燃火柴，再打开煤气阀门。离开实验室时，要再检查煤气阀门是否关好。

(3) 电加热装置

电加热装置主要有电炉、电热板、电热套、马弗炉、管式炉等。

① 电炉。电炉是一种通过电阻丝将电能转化为热能的装置，加热温度可通过调节电阻来控制。使用时，容器和电炉之间要隔石棉网，以使容器受热均匀。电炉的使用过程中应注意以下几点：

a. 使用前注意检查各接头是否接触良好。

b. 如用变压器调节加热时，应根据电炉规格选择变压器，线路不能接错。

c. 刚接上电源时，电炉丝逐渐变红，否则应立即切断电流，进行检查。

d. 加热时，玻璃器皿不能与电炉直接接触，需放上石棉网；金属容器不能与电炉丝直接接触，以免触电。

e. 使用时不得将液体溅到红热的电炉丝上。

② 电热板、电热套。其加热原理与电炉一样。电热板的加热面积比电炉大，用于加热

体积较大或数量较多的试样。电热套用于圆底容器的加热，如圆底烧瓶等，一般用于蒸馏、回流等操作。

③ 马弗炉。又称高温炉、箱式电阻炉等，其利用电热丝或硅碳棒加热。高温马弗炉按额定温度一般分为：1000℃马弗炉、1200℃马弗炉、1300℃马弗炉、1400℃马弗炉、1600℃马弗炉、1700℃马弗炉。

④ 管式炉。利用电热丝或硅碳棒加热，温度可达1000℃以上。炉膛中插入一根耐高温的瓷管（或石英管），瓷管中再放入盛有反应物的瓷舟。反应物可在空气或其他气体氛围中受热。

（4）热浴装置

当被加热的物质需要受热均匀，又不能超过一定温度时，可用特定热浴装置间接加热。主要有水浴、油浴和沙浴等。

① 水浴。当加热温度要求不超过100℃时，可以使用水浴加热。水浴有恒温水浴和不定温水浴。

使用水浴锅的注意事项如下：

a. 水浴锅外壳必须有效接地，以保证使用安全。

b. 在加水之前，切勿按下控温开关，以防烧毁电热管。

c. 水浴锅中的存水量应保持在总体积的2/3左右，尽可能加入纯水，以防产生水垢。

d. 水浴不能做油浴、沙浴用。

② 油浴。油浴适用于温度在100～250℃的加热。

油浴锅一般由生铁铸成，有时候也用大烧杯代替。反应物的温度一般低于油浴温度20℃左右。常用作油浴液的有：

a. 植物油。如菜籽油、豆油、花生油、蓖麻油等。新加植物油受热到220℃时，会有部分分解而冒烟，故加热不宜超过220℃，用久以后可加热到220℃。为抗氧化，常加入1%的对苯二酚等抗氧化剂，抗氧化剂温度过高会发生分解，达到闪点可能燃烧，使用时要十分小心。

b. 甘油。可加热到140～150℃，温度过高会分解。

c. 硅油。硅油透明度好，达250℃时仍较稳定，但价格较高。使用硅油时，要特别注意防止着火。当油受热冒烟时，要停止加热；油浴锅外不能沾油；如遇油浴着火，要立即拆除热源，用石棉布盖灭火焰，切勿用水浇。

d. 石蜡。可加热到200℃左右，不易分解，但易着火燃烧。

③ 沙浴。80～400℃加热可以使用沙浴。沙浴即在用生铁铸成的平底铁盘上放入约一半的细沙，操作时将烧瓶或其他器皿的欲加热部位埋入沙中进行加热。加热前先将平底铁盘熔烧除去有机物。因沙子导热性差，升温慢，故沙层不能太厚。

4.4.2 冷却

在化学实验中，有些反应、分离、提纯要求在低温下进行，这就需要选择合适的制冷技术。

① 自然冷却。热的物质在空气中放置一定的时间，会自然冷却至室温。

② 吹风冷却。当实验需要快速冷却时，可用吹风机或鼓风机吹冷风冷却。

③ 水冷。最简便的冷却方法是将盛有被冷却物的容器放在冷水浴中。如果要求低于室温进行，可用水和碎冰的混合物作冷却剂，效果比单独用冰块要好，因为它能和容器更好地接触。如果水的存在不妨碍反应的进行，则可把碎冰直接投入反应物中，这能更有效地进行冷却。

实验室中常用冰（雪）盐冷却剂（表 4.2）来维持 0℃以下的低温。制冰（雪）盐冷却剂时，应把盐研细，将冰用刨冰机刨成粗砂糖状，然后按一定比例均匀混合。

表 4.2 常用冰（雪）盐冷却剂

盐类	100g 碎冰（或雪）中加入盐的质量/g	混合物能达到的最低温度/℃
NH_4Cl	25	−15
$NaNO_3$	50	−18
NaCl	33	−21
$CaCl_2 \cdot 6H_2O$	100	−29
$CaCl_2 \cdot 6H_2O$	143	−55

用干冰（固体二氧化碳）和乙醇、乙醚或丙酮的混合物，可以达到更低的温度（−80～−50℃），见表 4.3。操作时，先将干冰放在浅木箱中用木槌打碎（注意戴防护手套，以免冻伤），装入杜瓦瓶至 2/3 处，逐次加入少量溶剂，并用筷子快速搅拌成粥状。注意：一次加入溶剂过多时，干冰汽化会把溶剂溅出。由于干冰易汽化，必须随时加以补充。另外，干冰本身有相当的水分，加之空气中水的进入，溶剂使用一段时间后就变成黏结状而难以继续使用。

表 4.3 混合干冰的溶剂和制冷最低温度

溶剂	制冷最低温度/℃
乙醇	−86
乙醚	−77
丙酮	−86

4.5 固液分离与沉淀洗涤

在化合物的制备与提纯过程中，往往需要进行固体和液体分离的操作，常用的固液分离方法主要有三种，分别是倾析法、过滤法和离心分离法。

4.5.1 倾析法

如果沉淀的相对密度较大或晶体颗粒较大，静置后能较快沉降，那么常用倾析法分离和洗涤沉淀。如图 4.15 所示，操作时将沉淀上部的清液缓慢沿玻璃棒倾入另一容器中，然后在盛沉淀的容器中加入少量洗涤液，充分搅拌后静置，待沉淀沉降后倾去洗涤液，重复三遍以上即可将沉淀洗净。

4.5.2 过滤法

过滤是最常用的分离方法之一。当沉淀和溶液经过过滤器时，沉淀留在过滤器上，溶液

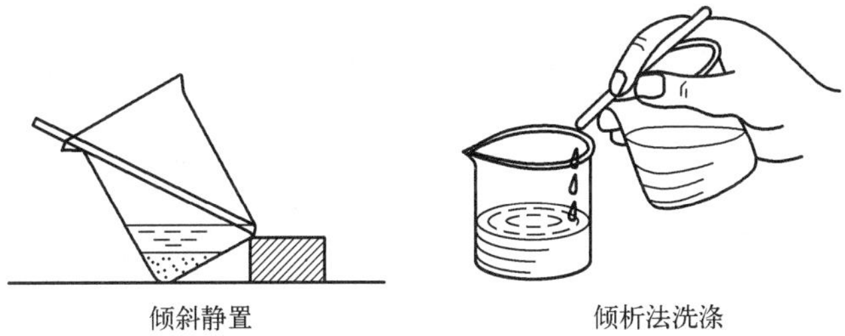

图 4.15　倾析法

通过过滤器而进入接收容器中，所得溶液为滤液，而留在过滤器上的沉淀称为滤饼。过滤时，应根据沉淀颗粒的大小、状态及溶液的性质，选用合适的过滤器，采取相应的措施。黏度小的溶液比黏度大的过滤快，热的比冷的过滤快，减压过滤比常压过滤快。如果沉淀是胶状的，可在过滤前加热破坏。常用的过滤方法有常压过滤（普通过滤）、减压过滤和热过滤三种。

（1）常压过滤

① 滤纸的规格与选择。滤纸分为定性滤纸和定量滤纸。在分析化学的质量分析实验中，需将滤纸与沉淀一起灼烧后称重，因此采用定量滤纸；在无机定性分析实验中，常用定性滤纸。即“有灰滤纸定性用，无灰滤纸定量用”。

滤纸按孔隙大小分为“快速”“中速”“慢速”三种，按直径大小分为 1cm、9cm、11cm 等。操作时应根据沉淀的性质选择滤纸的类型，如 $BaSO_4$ 为晶形沉淀，应选用“慢速”滤纸；NH_4MgPO_4 为粗晶形沉淀，宜选用“中速”滤纸；$Fe_2O_3 \cdot nH_2O$ 为胶状沉淀，需选用“快速”滤纸过滤。滤纸直径的大小由沉淀量的多少来决定，一般要求沉淀的总体积不得超过滤纸锥体高度的 1/3。滤纸的大小还应与漏斗的大小相应，一般滤纸上沿应低于漏斗上沿约 1cm。

② 漏斗的选择。普通漏斗大多是玻璃做的，但也有搪瓷、塑料做的，分长颈和短颈两种（图 4.16）。长颈漏斗颈长 15～20cm，颈的直径一般为 3～5mm，颈口处磨成 45°，漏斗锥体角度应为 60°。

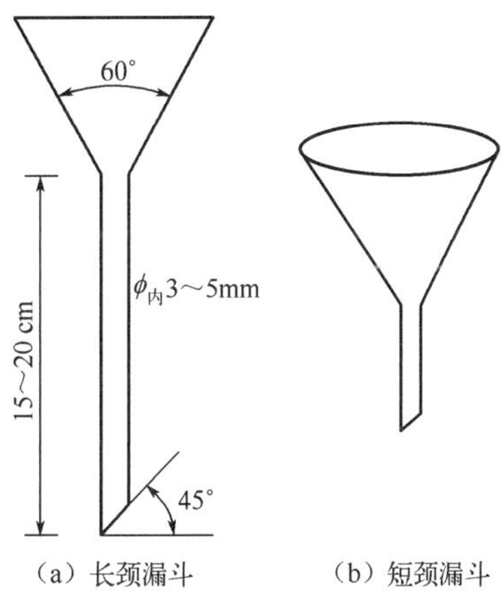

图 4.16　漏斗

③ 滤纸的折叠与使用。滤纸的折叠方法如图 4.17 所示。先把滤纸对折并按紧一半，然后再对折但不要按紧，把折成圆锥形的滤纸放入漏斗中。滤纸的边缘应低于漏斗边缘 0.5～1cm，若高出漏斗边缘，可剪去一圈。观察折好的滤纸是否能与漏斗内壁紧密贴合，若未贴

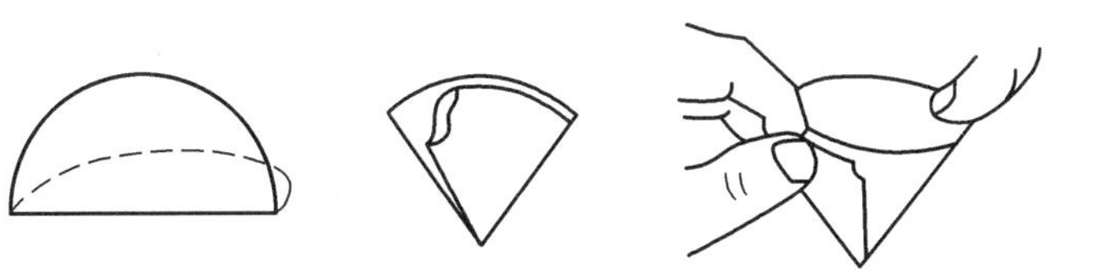

图 4.17　滤纸的折叠

合紧密，则可以适当改变滤纸的折叠角度，直至与漏斗贴紧后把第二次的折边折紧。取出圆锥形滤纸，将半边为三层滤纸的外层折角撕下一块，这样可以使内层滤纸紧密贴在漏斗内壁上。

滤纸放入漏斗后，用手按紧使之紧密贴合，然后用洗瓶加水润湿全部滤纸。用手指轻压滤纸赶去滤纸与漏斗壁间的气泡，然后加水至滤纸边缘，此时漏斗颈内应全部充满水，形成水柱。滤纸上的水已全部流尽后，漏斗颈内的水柱应仍能保持，这样便可借助液体的重力起到抽滤作用，从而加快过滤速度。

若不能形成水柱，则可用手指堵住漏斗下口，稍掀起滤纸的一边，用洗瓶向滤纸和漏斗间的空隙内加水，直到漏斗颈及锥体的一部分被水充满，然后边按紧滤纸边慢慢松开下面堵住出口的手指，此时水柱应该能形成。如仍不能形成水柱或水柱不能保持，而漏斗颈又确已洗净，则是因为漏斗颈太大。实践证明，漏斗颈太大的漏斗是形成不了水柱的，应更换漏斗。

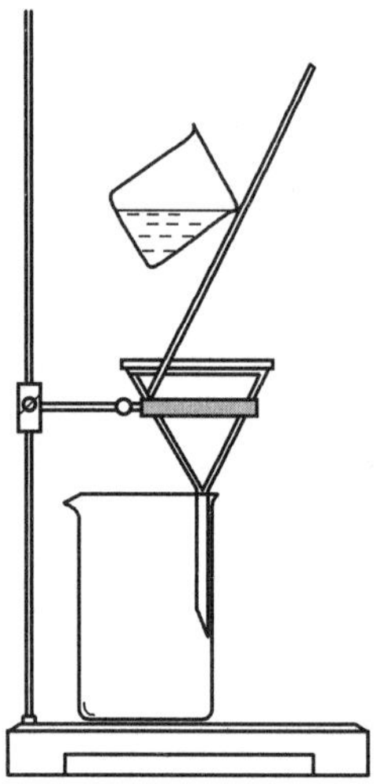

图 4.18　过滤

④ 过滤和转移。如图 4.18 所示，保持水柱的漏斗应放在漏斗架上，下面用一个洁净的烧杯承接滤液。漏斗位置的高低以过滤过程中漏斗颈的出口不接触滤液为度。过滤操作应注意以下几点：

a. 漏斗应放在漏斗架上，其高度应使漏斗的出口能靠在接收器的内壁。

b. 先转移溶液，后转移沉淀。

c. 滤纸紧贴漏斗壁，滤纸边缘低于漏斗壁，漏斗内液面低于滤纸边缘；小烧杯紧靠玻璃棒，玻璃棒下端紧靠在三层滤纸上，漏斗下端紧靠烧杯壁。

⑤ 沉淀的洗涤。沉淀转移到滤纸上以后，仍需在滤纸上进行洗涤，以除去沉淀表面吸附的杂质和残留的母液。其方法是用洗瓶吹出洗涤液，从滤纸边缘稍下部位开始，按螺旋形向下移动，将沉淀集中到滤纸锥体的下部。注意：洗涤时切勿将洗涤液冲在沉淀上，否则容易溅出。

为提高洗涤效率，应本着“少量多次”的原则，即每次使用少量的洗涤液，洗后尽量沥干，多洗几次。选用什么样的洗涤剂洗涤沉淀，应由沉淀性质而定。

晶形沉淀可用冷的稀沉淀剂洗涤，利用洗涤剂产生的同离子效应，可降低沉淀的溶解度；但若沉淀剂为不易挥发的物质，则只好用水或其他溶剂来洗涤。对非晶形沉淀，需以热的电解质液为洗涤剂，以防止产生胶溶现象，多数采用易挥发的铵盐作洗涤剂。对溶解度较大的沉淀，可采用沉淀剂加有机溶剂来洗涤，以降低沉淀的溶解度。

（2）减压过滤

减压过滤也称吸滤或抽滤，是利用真空泵中急速的水流不断把空气带走，使吸滤瓶内的压力减小，在布氏漏斗内的液面与吸滤瓶之间形成一个压力差，从而加快过滤速度。同时减压过滤也可将沉淀抽吸得更干燥，但胶体或细颗粒沉淀会透过滤纸或使滤纸堵塞，不能用减压过滤的方法分离沉淀。

如图 4.19 所示，减压过滤装置主要由布氏漏斗、吸滤瓶、安全瓶和真空泵等组成。在

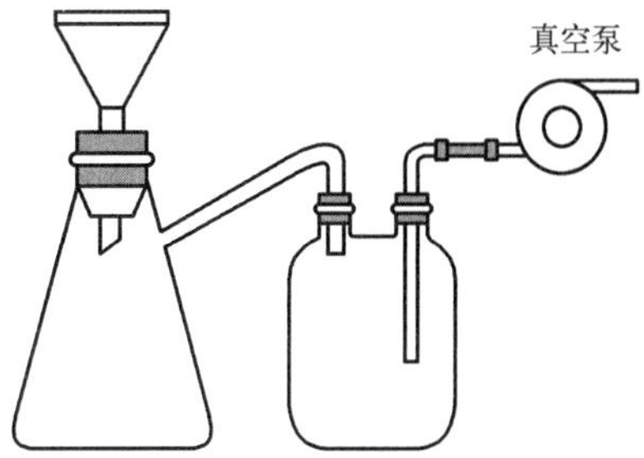

图 4.19　减压过滤装置

连接真空泵的橡胶管和吸滤瓶之间往往要安装一个安全瓶，以防止因关闭水阀或真空泵后流速的改变引起水倒吸，进入吸滤瓶将滤液污染或稀释。也正因为如此，在停止过滤时，应先从吸滤瓶上拔掉橡胶管，然后再关闭真空泵，以防止水倒吸入吸滤瓶内。安装时，布氏漏斗通过橡胶塞与吸滤瓶相连，布氏漏斗的下端斜口应正对吸滤瓶的侧管，橡胶塞与瓶口间必须紧密不漏气，吸滤瓶的侧管用橡胶管与安全瓶相连，安全瓶与真空泵侧管相连。滤纸要比布氏漏斗内径略小，但必须能全部覆盖漏斗的瓷孔。将滤纸放入并用同一溶剂将滤纸润湿后，打开水龙头或真空泵稍微抽吸一下，使滤纸紧贴漏斗的底部，然后通过玻璃棒向漏斗内转移溶液。注意加入的溶液的量不要超过漏斗容积的 2/3。打开真空泵，等溶液抽干后再转移沉淀，继续抽滤直至沉淀抽干。滤毕，先拔掉橡胶管，再关真空泵，用玻璃棒轻轻掀起滤纸边缘，取出滤纸和沉淀。滤液则由吸滤瓶上口倾出。洗涤沉淀时，应暂停抽滤，加入洗涤剂使其与沉淀充分接触后，再开真空泵将沉淀抽干。

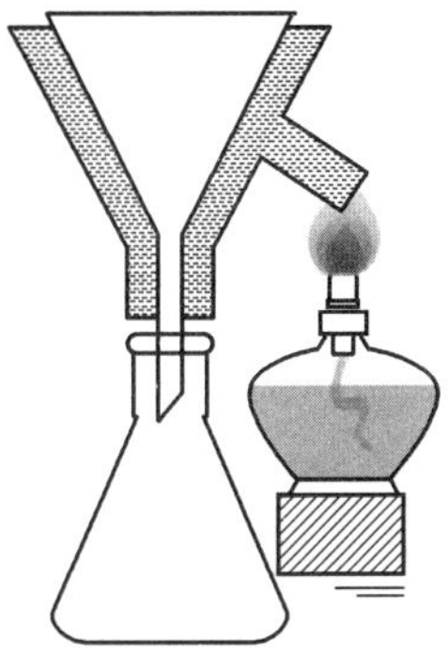

图 4.20　热过滤装置示意图

（3）热过滤

如果溶液中的溶质在温度下降时容易析出大量晶体，为避免溶质在过滤过程中留在滤纸上，就要进行热过滤。如图 4.20 所示，过滤时把玻璃漏斗放在铜质的热滤漏斗内，热滤漏斗内装有热水（水不要装得太满，以免加热至沸后溢出）以维持溶液的温度。也可以事先把玻璃漏斗在水浴上用蒸汽预热再使用。

4.5.3　离心分离法

当被分离的沉淀量很少时，常采用离心分离法。沉淀和溶液置于离心管中，放入离心机，离心机高速运转，沉淀受到离心力的作用，向离心管的底部移动。沉淀聚集于离心管管底尖端，上部为澄清溶液。离心机转动速度快，要注意安全，特别要防止在离心机运转期间因不平衡或离心管垫老化而使离心机边工作边移动，以致从实验台上掉下来；或因盖子未盖，使离心管因振动而破裂后的玻璃碎片旋转飞出，造成事故。离心操作时，把盛有沉淀与溶液混合物的离心管放入离心机的套管内，再在此套管的相对位置上的空套管内放一同样大小的离心管，内装与混合物等质量的水，以保持转动平衡。设定离心机目标转速，缓慢且匀速启动，使转速逐步提升至设定值，稳定运行实验所需时长后，按下停止键，让离心机自然降速、平稳停下。在任何情况下都不能用外力强制停止，否则会使离心机损坏，而且易发生危险。

4.6　试纸的使用

在无机化学实验中，常用试纸来定性检验一些溶液的酸碱性或某些物质（气体）是否存在。试纸的种类很多，无机化学实验中常用的有：石蕊试纸、pH 试纸、醋酸铅试纸和碘化钾-淀粉试纸。

4.6.1 石蕊试纸

石蕊试纸用于检验溶液的酸碱性，有红色石蕊试纸和蓝色石蕊试纸两种。红色石蕊试纸用于检验碱性溶液或气体，遇碱时变蓝；蓝色石蕊试纸用于检验酸性溶液或气体，遇酸时变红。

（1）制备方法

用热的乙醇处理市售石蕊以除去夹杂的红色素。倾去浸液，1 份残渣与 6 份水浸煮并不断摇荡，滤去不溶物。将滤液分成两份，一份加稀 H_3PO_4 或 H_2SO_4 至变红，另一份加稀 NaOH 至变蓝，然后将滤纸分别浸入这两种溶液中，取出后在避光且没有酸、碱蒸气的房中晾干，剪成纸条即可。

（2）使用方法

用镊子取一小块试纸放在干燥清洁的点滴板或表面皿上，用蘸有待测液的玻璃棒点在试纸的中部，观察被润湿试纸颜色的变化。如果检验的是气体，则先将试纸用去离子水润湿，再用镊子夹持横放在试管口上方，观察试纸颜色的变化。

4.6.2 pH 试纸

pH 试纸是用于检测溶液 pH 的一类试纸，其大致可分为两类。一类是广范 pH 试纸，变色范围为 pH＝1～14，用来粗略检验溶液的 pH。另一类是精密 pH 试纸，这种试纸在溶液 pH 变化较小时就有颜色变化，因而可较精确地估计溶液的 pH。根据其颜色变化范围可分为多种，如变色范围为 pH 2.7～4.7、3.8～5.4、5.4～7.0、6.9～8.4、8.2～10.0、9.5～13.0 等。可根据待测溶液的酸碱性，选用某一变色范围的试纸。

（1）制备方法

广范 pH 试纸是将滤纸浸泡于通用指示剂溶液中，然后取出、晾干，裁成小条而成的。通用指示剂是几种酸碱指示剂的混合溶液，它在不同 pH 的溶液中可显示不同的颜色。通用酸碱指示剂有多种配方，如通用酸碱指示剂 B 的配方为 1g 酚酞、0.2g 甲基红、0.3g 甲基黄、0.4g 溴百里酚蓝，溶于 500mL 无水乙醇中，滴加少量 NaOH 溶液调至黄色。这种指示剂在不同 pH 溶液中的颜色如表 4.4 所示。

表 4.4 通用酸碱指示剂 B 在不同 pH 溶液中的颜色

pH	2	4	6	8	10
颜色	红	橙	黄	绿	蓝

通用酸碱指示剂 C 的配方是 0.05g 甲基橙、0.15g 甲基红、0.3g 溴百里酚蓝和 0.35g 酚酞，溶于 66％的乙醇中。它在不同 pH 溶液中的颜色如表 4.5 所示。

表 4.5 通用酸碱指示剂 C 在不同 pH 溶液中的颜色

pH	＜3	4	5	6	7	8	9	10	11
颜色	红	橙红	橙	黄	黄绿	绿蓝	蓝	紫	红紫

（2）使用方法

与石蕊试纸使用方法基本相同。不同之处在于 pH 试纸变色后要和标准色板进行比较，方能得出 pH 或 pH 范围。

4.6.3　醋酸铅试纸

用于定性检验反应中是否有 H_2S 气体产生（即溶液中是否有 S^{2-} 存在）。

（1）制备方法

将滤纸浸入 3% $Pb(Ac)_2$ 溶液中，取出后在无 H_2S 处晾干，裁剪成条待用。

（2）使用方法

将试纸用去离子水润湿，加酸于待测液中，将试纸横置于试管口上方，如有 H_2S 逸出，遇润湿的 $Pb(Ac)_2$ 试纸后，即有黑色或亮灰色 PbS 沉淀生成，使试纸呈黑褐色并有金属光泽，发生的反应为：

$$Pb(Ac)_2 + H_2S = PbS\downarrow(\text{黑色}) + 2HAc$$

4.6.4　碘化钾-淀粉试纸

碘化钾-淀粉试纸用于定性检验氧化性气体（Cl_2、Br_2 等），其原理如下：

$$2I^- + Cl_2 = I_2 + 2Cl^-$$

$$2I^- + Br_2 = I_2 + 2Br^-$$

I_2 和淀粉作用呈蓝色，如气体氧化性很强，且浓度较大，还可进一步将 I_2 氧化成 IO_3^-（无色），使蓝色褪去，反应如下：

$$I_2 + 10Cl \quad + 6H_2O = 2HIO_3 + 10HCl$$

（1）制备方法

将 3g 淀粉与 25mL 水搅匀，倾入 225mL 沸水中，加 1g KI 和 1g $Na_2CO_3 \cdot 10H_2O$，用水稀释至 500mL，将滤纸浸入，取出晾干，裁成纸条即可使用。

（2）使用方法

先将试纸用去离子水润湿，将其横在试管口的上方，如有氧化性气体（Cl_2、Br_2 等），则试纸变蓝。

使用试纸时要注意节约，除把试纸剪成小条外，用时不要多取，用多少取多少。取用后，马上盖好瓶盖，以免试纸被污染变质。用后的试纸要放在废液缸内，不要丢在水槽内，以免堵塞下水道。

第五章

基础操作实验

实验 1　天平称量练习

配套数字资源

预习要点

1. 了解分析天平的工作原理。
2. 了解常用称量方法的使用范围。

一、实验目的

1. 学习分析天平的基本操作和常用称量方法。
2. 学会固定质量称量法、差减称量法。
3. 培养记录原始数据的习惯。
4. 学会正确运用有效数字。

二、实验原理

电子天平是最新一代的天平，是根据电磁力平衡原理，直接称量，全量程不需砝码，放上被称物后，在几秒内即达到平衡，显示读数，其称量速度快、精度高。电子天平具有自动校正、自动去皮、超载指示、事故报警等功能以及质量电信号输出功能，可与打印机、计算机联用，进一步扩展功能。尽管电子天平的价格高，但其也越来越广泛地取代了机械天平并应用在各个领域。

直接称量法：当调好天平零点后，将被称物直接放在称量盘上，按天平使用方法进行称量，所得读数即为被称物的质量，这种称量方法叫作直接称量法。此法适用于称量洁净干燥的器皿、棒状或块状的金属等。

固定质量称量法：用于称量某一固定质量的试剂（如基准物质）或试样。这种称量操作的速度很慢，适用于称量不易吸潮、在空气中能稳定存在的粉末状或小颗粒（最小颗粒应小于 0.1mg，以便容易调节其质量）样品。

差减称量法又称减量法，此法用于称量一定质量范围的样品或试剂。在称量过程中样品易吸水、易氧化或易与 CO_2 等反应时，可选择此法。由于称取试样的质量是由两次称量之差求得，故也称差减称量法。

三、实验试剂与器材

试剂：邻苯二甲酸氢钾（s，AR）、无水碳酸钙（s，AR）。

器材：分析天平、表面皿、烧杯、称量瓶、牛角匙、台秤、锥形瓶。

四、实验流程（图 5.1）

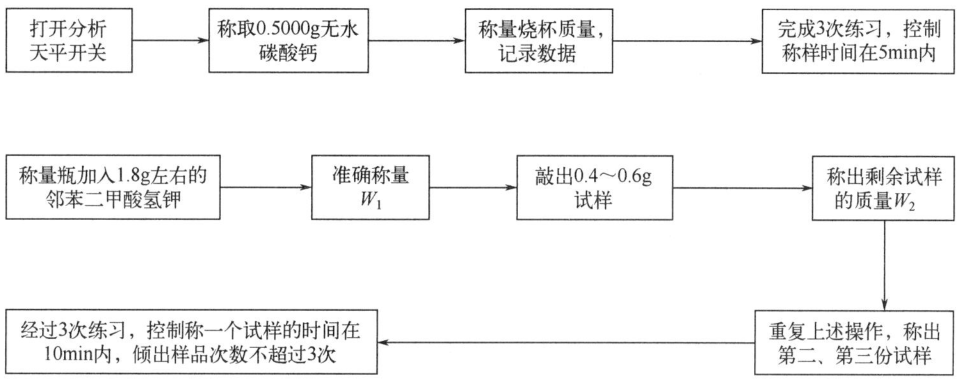

图 5.1　天平称量练习实验流程图

五、实验步骤

1. 直接质量称量法

打开分析天平开关，等自检通过，将表面皿放在称量盘中央，关上天平侧门，等读数稳定后，记录称量结果（精确至 0.1mg）。

2. 固定质量称量法

准确称取 0.5000g 无水碳酸钙 3 份，允许误差±0.2mg。

（1）在分析天平上准确称量表面皿或小烧杯的质量，记录称量数据。

（2）用牛角匙将试样慢慢加到表面皿或小烧杯的中央，直到所称质量与所需称量质量基本一致（误差范围小于 0.2mg），记录称量数据和试样的实际质量。

固定质量称量法经过 3 次练习后，要求称一个试样的时间在 5min 内。

3. 差减称量法

准确称取 0.4～0.6g（精确至 0.1mg）邻苯二甲酸氢钾 3 份。

（1）取一只洁净、干燥的称量瓶，先在台秤上粗称其质量，加入 1.8g 左右的邻苯二甲酸氢钾，然后在分析天平上准确称量（准确至 0.1mg），记下质量为 W_1。

（2）用纸带将称量瓶取出，左手用纸带操作称量瓶，右手用纸带操作称量瓶的盖子。把一洁净的 250mL 锥形瓶放在台面上，将称量瓶移到锥形瓶口上部适宜位置，用盖子轻轻敲击倾斜着的称量瓶上口，从称量瓶中小心倾斜轻敲出 0.4～0.6g（约整个试样体积的 1/4）邻苯二甲酸氢钾试样于锥形瓶中，并准确称出称量瓶和剩余试样的质量 W_2。此时已称量出第一份试样的质量（m_1），即 $m_1=W_1-W_2$。

注意：试剂转移后，将称量瓶竖直，仍在锥形瓶口上部，用称量瓶盖子敲击称量瓶上口，使称量瓶边沿的试样全部落入称量瓶中，再把称量瓶放回到分析天平的中央。

(3) 若 W_1-W_2 未达到所称范围，则再从称量瓶中倾斜轻敲试样，称出称量瓶和剩余试样的质量，直至达到称量范围的要求。若超过所称范围，则重新进行称量。

(4) 重复上述操作，称出第二、第三份试样。将锥形瓶用纸封口，编上号，记录所装试样的质量。差减称量法经过 3 次练习后，要求称一个试样的时间在 10min 内，倾出样品次数不超过 3 次。用相同方法反复操作，可称量出第二份试样的质量（m_2）和第三份试样的质量（m_3），即 $m_2=W_2-W_3$、$m_3=W_3-W_4$。

六、数据记录与处理

1. 直接称量法。

表面皿质量/g	样品质量/g

2. 固定质量称量法。

次数	容器质量/g	总质量/g	样品质量/g	加药次数 n/次
1				
2				
3				

3. 差减称量法。

记录项目	称量物质量/g	试样质量/g
(瓶＋样)粗称		
(瓶＋样)准确称	$W_1=$	
倒出第一份试样后	$W_2=$	$m_1=$
倒出第二份试样后	$W_3=$	$m_2=$
倒出第三份试样后	$W_4=$	$m_3=$

七、注意事项

1. 电子天平初次连接到交流电源后，或者在断电相当长时间以后，必须预热最少 30min。只有经过充分预热以后，天平才能达到所需的工作温度。

2. 天平使用时要检查天平是否水平。若不水平，需调整水平地脚螺丝，直到气泡位于水平仪上圆圈的中央。

3. 天平称量时应关闭侧门，天平称量时应处于平衡状态。

4. 称量时不应将试剂掉落到称量盘上。使用完天平后，检查天平上下是否清洁，若有脏物，用毛刷清扫干净。罩好防尘布罩，切断电源，填写天平使用登记簿后方可离开天平室。

八、思考题

1. 什么情况下用直接称量法称量？什么情况下用差减称量法称量？

2. 差减称量法在称量过程中能否用小勺取样？为什么？

3. 在实验中记录称量数据应精确至小数点后几位？为什么？

4. 使用分析天平时为什么需轻开轻关天平旋钮？为什么须先关天平，方可取放称量物和加减砝码？否则会引起什么后果？

5. 用差减称量法称取试样，若称量瓶内的试样吸湿，将对称量结果造成什么误差？若试样倾倒入烧杯内以后再吸湿，对称量是否有影响？

实验 2　溶液的配制与滴定实验

配套数字资源

预习要点

1. 了解酸碱指示剂的变色原理及变色范围。

2. 了解酸碱滴定的操作要点。

一、实验目的

1. 掌握酸碱溶液的配制方法。

2. 练习滴定分析的基本操作。

3. 学会酸碱滴定终点颜色变化判断。

二、实验原理

酸标准溶液通常用盐酸和硫酸来配制。因为盐酸不会破坏指示剂，同时大多数氯化物易溶于水，稀盐酸又较稳定，所以多数用盐酸来配制。如果样品需要用过量的标准酸共同煮沸时，以硫酸标准溶液为好，尤其标准酸浓度大时更应如此。

碱标准溶液常用 NaOH 和 KOH。NaOH 标准溶液应用最多，但它易吸收空气中的 CO_2 和水分，并能腐蚀玻璃，所以长期保存要放在塑料瓶中。

本实验主要是进行滴定分析基本操作的练习，重点是练习滴定操作技术，学会酸碱滴定管的使用，能正确读取读数和掌握滴定终点的控制。

三、实验试剂与器材

试剂：盐酸（$6mol \cdot L^{-1}$）、NaOH(s，AR)、酚酞指示剂（0.2%）、甲基橙指示剂（0.2%）。

器材：分析天平、酸碱滴定管、锥形瓶、量筒、细口瓶、烧杯、洗瓶、表面皿、玻璃棒、滴管。

四、实验流程（图 5.2）

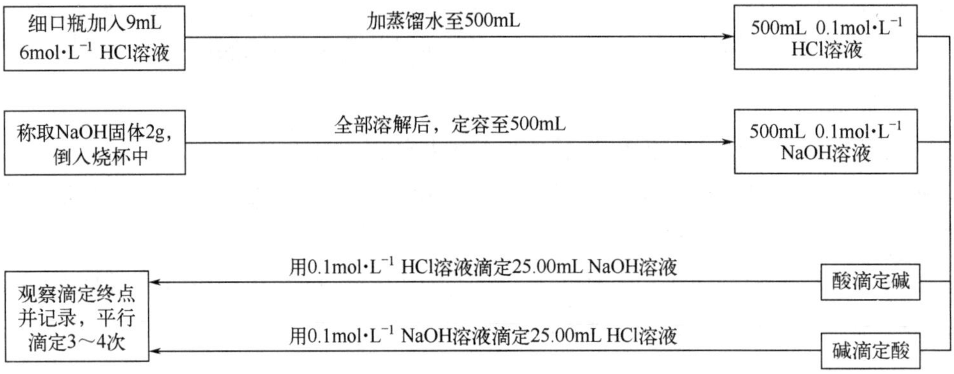

图 5.2　溶液的配制与滴定实验流程图

五、实验步骤

1. 配制 500mL 0.1mol・L^{-1}HCl 溶液

用小量筒取 9mL 6mol・L^{-1}HCl 溶液，倒入细口瓶中，加蒸馏水至 500mL 盖上塞子，贴上标签，摇匀备用。

2. 配制 500mL 0.1mol・L^{-1}NaOH 溶液

在天平上用表面皿称取固体 NaOH 2g，倒入烧杯中，加水 50mL 左右，使之全部溶解，移入 500mL 细口瓶中，再加蒸馏水至 500mL，贴上标签，摇匀备用。

3. 比较滴定

将配好的 0.1mol・L^{-1}HCl 溶液和 0.1mol・L^{-1}NaOH 溶液分别装入酸式滴定管和碱式滴定管中（注意：装管前一定要用所装溶液润洗 3 次），将酸、碱滴定管的气泡赶掉，把液面放至 0.00 刻度处。

（1）酸滴定碱。从碱式滴定管中准确地放出 25.00mL NaOH 溶液于 250mL 锥形瓶中，加 1 滴甲基橙指示剂，摇匀。用 0.1mol・L^{-1} HCl 溶液滴定，边滴定边不停地旋摇锥形瓶，使之充分反应，并注意观察溶液的颜色变化。刚开始滴定时速度可稍快些，在接近等量点时，速度应减慢，要一滴一滴地加入，甚至半滴半滴地加入。当滴入的 HCl 溶液使溶液的颜色突然由黄色变为橙色时，表示滴定终点已到。如果溶液由黄色变为红色，那么说明终点过了。练习时可以用 NaOH 溶液回滴，溶液显橙色为终点。如果溶液由红色又变为黄色，说明终点又过了，还需要再用 HCl 溶液回滴，这样反复滴定，以达到能准确控制终点的目的。

最后正式滴定，不许回滴，分别记录 NaOH、HCl 溶液消耗的体积，平行滴定 3～4 次，并计算它们的体积比。要求相对平均偏差不超过 0.2%，否则重做。

（2）碱滴定酸。从酸式滴定管中准确地放出 25.00mL HCl 溶液于锥形瓶中，加 1 滴酚酞指示剂，溶液显无色，摇匀，用 0.1mol・L^{-1}NaOH 溶液滴定至粉红色，约 30s 不褪色，表示为终点。

如果红色较深，说明终点已过，应该用 HCl 溶液回滴，滴定至无色，然后再用 NaOH

溶液滴定至粉红色，30s 不褪色，视为终点。反复练习，直到准确控制终点为止。正式滴定，分别记录 NaOH、HCl 溶液消耗的体积，平行滴定 3～4 次，并计算它们的体积比。要求相对平均偏差≤0.2%。

六、实验数据记录与处理

1. 酸滴定碱实验记录。

测定次数	NaOH 终读数	NaOH 初读数	V_{NaOH}/mL	HCl 终读数	HCl 初读数	V_{HCl}/mL	V_{NaOH}/V_{HCl}
Ⅰ							
Ⅱ							
Ⅲ							
平均值							
相对平均偏差 $\overline{d}_r$/%							

2. 碱滴定酸实验记录。

测定次数	HCl 终读数	HCl 初读数	V_{HCl}/mL	NaOH 终读数	NaOH 初读数	V_{NaOH}/mL	V_{NaOH}/V_{HCl}
Ⅰ							
Ⅱ							
Ⅲ							
平均值							
相对平均偏差 $\overline{d}_r$/%							

注：相对平均偏差 $\overline{d}_r=\dfrac{\sum_{i=1}^{n}|x_i-\overline{x}|}{n\overline{x}}$。

七、注意事项

1. 在使用强酸、强碱时要注意安全，要戴防护手套。
2. 标准溶液在转移过程中（倒入滴定管或用移液管吸取），中间不得再经过其他容器。
3. 倒 HCl 等试剂时，手心要握住试剂瓶上的标签部位，以保护标签。

八、思考题

1. 滴定管在装标准溶液前为什么要用标准溶液润洗 3 次？滴定用的锥形瓶要不要润洗？为什么？
2. 为什么用 HCl 溶液滴定 NaOH 时选用甲基橙指示剂，而用 NaOH 滴定 HCl 溶液时选用酚酞指示剂？
3. 标准溶液的浓度应保留几位有效数字？
4. 从滴定管中流出半滴溶液应该怎样操作？

实验 3 酸碱标准溶液的配制与标定

配套数字资源

预习要点

1. 了解分析化学中“量”的概念，了解“含量”“纯度”的概念。
2. 了解酸碱标准溶液浓度的标定原理。
3. 学习有效数字概念及有效运算，了解“基准试剂”概念及其选择条件。

一、实验目的

1. 掌握 NaOH 标准溶液、HCl 标准溶液的配制和标定。
2. 掌握酸碱滴定管的使用，掌握酚酞指示剂、甲基橙指示剂滴定终点颜色变化的判断。

二、实验原理

NaOH 有很强的吸水性且能吸收空气中的 CO_2，因而市售 NaOH 中常含有 Na_2CO_3。反应方程式为：

$$2NaOH + CO_2 = Na_2CO_3 + H_2O$$

故先将 NaOH 固体溶解后配制成约 $0.1mol \cdot L^{-1}$ 的溶液，其具体浓度由基准试剂进行标定。

标定碱溶液的基准物质很多，常用的有草酸（$H_2C_2O_4 \cdot 2H_2O$）、苯甲酸（C_6H_5COOH）和邻苯二甲酸氢钾（$HOOCC_6H_4COOK$，简写为 KHP）等。最常用的是邻苯二甲酸氢钾，滴定反应如下：

$$HOOCC_6H_4COOK + NaOH = NaOOCC_6H_4COOK + H_2O$$

计量点时由于弱酸盐的水解，溶液呈弱碱性，因此应采用酚酞作为指示剂。

空白试验是指在不加入试样的情况下，按与测定试样相同的步骤和条件进行的试验。其可消除或减少由试剂、蒸馏水或器皿带入的杂质所造成的系统误差。试验所得结果称为空白值。从试样的测定结果中扣除空白值，就可得到比较可靠的分析结果。酸碱滴定法是以酸碱中和反应为基础的滴定分析方法，在酸碱滴定中，空白试验的作用主要是用来校正由试剂等引起的测定误差，这时空白试验的空白值通常很小。

由于浓盐酸容易挥发，不能直接用它们来配制具有准确浓度的标准溶液，因此配制 HCl 标准溶液时，只能先配制成近似浓度的溶液，然后用基准物质标定它们的准确浓度，或者用另一已知准确浓度的标准溶液滴定该溶液，再根据它们的体积比计算该溶液的准确浓度。

标定 HCl 溶液的基准物质常用的是无水 Na_2CO_3，其反应式如下：

$$Na_2CO_3 + 2HCl = 2NaCl + CO_2 \uparrow + H_2O$$

滴定至反应完全时，溶液的 pH 为 3.89，通常选用甲基橙溶液作指示剂。

三、实验试剂与器材

试剂：邻苯二甲酸氢钾（基准试剂）、NaOH(s，AR)、酚酞指示剂（$10g \cdot L^{-1}$，1g 酚酞溶于适量乙醇中，再稀释至 100mL)、甲基橙指示剂 (0.2%)、无 CO_2 蒸馏水、浓盐酸 (AR)、无水碳酸钠 (s，AR)。

器材：酸碱滴定管、烧杯、量筒、塑料试剂瓶、锥形瓶、称量瓶、分析天平、移液管、烘箱。

四、实验流程（图 5.3）

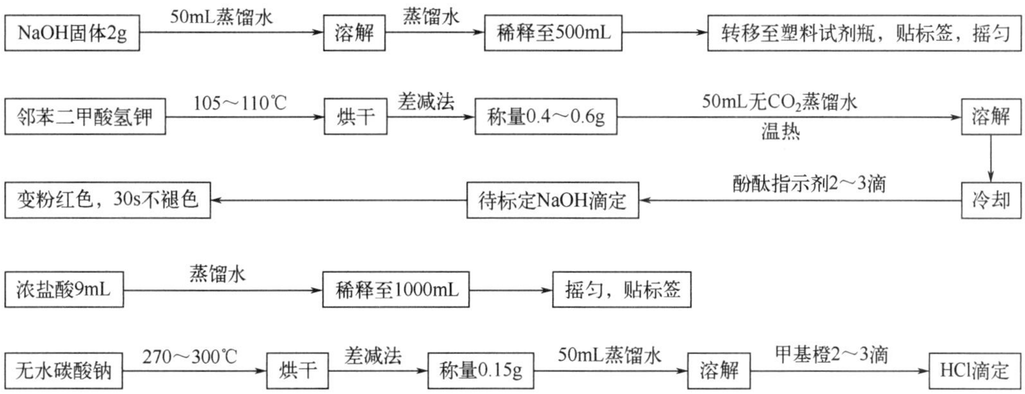

图 5.3　酸碱标准溶液的配制与标定实验流程图

五、实验步骤

1. 0.1mol・L^{-1} NaOH 标准溶液的配制

在天平上用表面皿称取 NaOH 固体 2g，倒入烧杯中，加纯净水 50mL 左右，使之全部溶解，加纯净水稀释至 500mL，倒入 500mL 塑料试剂瓶，贴上标签，摇匀备用。

2. 0.1mol・L^{-1} NaOH 标准溶液的标定

将基准邻苯二甲酸氢钾加入干燥的称量瓶内，于 105～110℃烘至恒重，用差减法准确称取邻苯二甲酸氢钾 0.4～0.6g (精确至 0.1mg)，置于 250mL 锥形瓶中，加 50mL 无 CO_2 蒸馏水，温热使之溶解，冷却，加酚酞指示剂 2～3 滴，用待标定的 0.1mol・L^{-1} NaOH 溶液滴定，直到溶液呈粉红色，30s 不褪色。同时做空白试验。平行测定 3 份，控制相对平均偏差不大于 0.2%。

NaOH 标准溶液的浓度计算公式为：

$$c_{\mathrm{NaOH}}=\frac{\dfrac{m_{\mathrm{KHP}}}{M_{\mathrm{KHP}}}\times 1000}{V_{1,\mathrm{NaOH}}-V_{2,\mathrm{NaOH}}}$$

式中，m_{KHP} 为邻苯二甲酸氢钾的质量，g；M_{KHP} 为邻苯二甲酸氢钾的摩尔质量，g・mol^{-1}；$V_{1,\mathrm{NaOH}}$ 为氢氧化钠标准滴定溶液的用量，mL；$V_{2,\mathrm{NaOH}}$ 为空白试验中氢氧化钠标准滴定溶液的用量，mL。

3. 0.1mol・L^{-1} HCl 溶液的配制

用量筒量取浓盐酸 9mL，倒入预先盛有适量水的试剂瓶中，加水稀释至 1000mL，摇匀，贴上标签。

4. 0.1mol·L^{-1} HCl 溶液浓度的标定

用差减法准确称取约 0.15g 在 270～300℃干燥至恒量的基准无水碳酸钠，置于 250mL 锥形瓶中，加 50mL 水使之溶解，再加 2 滴甲基橙指示剂，用配制好的 HCl 溶液滴定至溶液由黄色转变为橙色，即为滴定终点。由 Na_2CO_3 的质量及实际消耗的 HCl 溶液的体积，计算 HCl 溶液的准确浓度。同时做空白试验。平行测定 3 份，控制相对平均偏差不大于 0.2%。

HCl 标准溶液的浓度计算公式：

$$c_{HCl}=\frac{\frac{m_{Na_2CO_3}}{M_{Na_2CO_3}}\times 1000}{V_{1,HCl}-V_{2,HCl}}$$

式中，$m_{Na_2CO_3}$ 为无水碳酸钠的质量，g；$M_{Na_2CO_3}$ 为无水碳酸钠的摩尔质量，g·mol^{-1}；$V_{1,HCl}$ 为盐酸标准滴定溶液的用量，mL；$V_{2,HCl}$ 为空白试验中盐酸标准滴定溶液的用量，mL。

六、数据记录与处理

1. NaOH 溶液的浓度标定。

项目	1	2	3
m_{KHP}/g			
$V_{1,NaOH}$/mL			
$V_{2,NaOH}$/mL			
c_{NaOH}/(mol·L^{-1})			
$\bar{c}_{NaOH}$/(mol·L^{-1})			
相对平均偏差$\bar{d}_r$/%			

注：$M_{KHP}=204.2$g·mol^{-1}，相对平均偏差 $\bar{d}_r=\frac{\sum_{i=1}^{n}|x_i-\bar{x}|}{n\bar{x}}$。

2. HCl 溶液的浓度标定。

项目	1	2	3
$m_{Na_2CO_3}$/g			
$V_{1,HCl}$/mL			
$V_{2,HCl}$/mL			
c_{HCl}/(mol·L^{-1})			
$\bar{c}_{HCl}$/(mol·L^{-1})			
相对平均偏差$\bar{d}_r$/%			

注：$M_{Na_2CO_3}=105.9$g·mol^{-1}，相对平均偏差 $\bar{d}_r=\frac{\sum_{i=1}^{n}|x_i-\bar{x}|}{n\bar{x}}$。

七、注意事项

1. 干燥至恒重的无水碳酸钠有吸湿性，因此在标定中精密称取基准无水碳酸钠时，宜采用差减法称取，并应迅速将称量瓶加盖密闭。

2. 在滴定过程中产生的二氧化碳使终点变色不够敏锐，因此，在溶液滴定进行至临近终点时，应将溶液加热煮沸，以除去二氧化碳，待冷至室温后，再继续滴定。

八、思考题

1. 作为标定的基准物质应具备哪些条件？

2. 欲溶解 Na_2CO_3 基准物质时，加水 50mL 应以量筒量取还是用移液管吸取？为什么？

3. 本实验中所使用的称量瓶、烧杯、锥形瓶是否必须都烘干？为什么？

4. 标定 HCl 溶液时为什么要称 0.15g 左右的 Na_2CO_3 基准物？称得过多或过少有何不好？

第六章

无机化学实验

实验4 粗食盐的提纯

配套数字资源

预习要点

1. 了解粗食盐中杂质的去除原理与方法。
2. 了解离子的定性鉴定原理与方法。

一、实验目的

1. 学习提纯粗食盐的原理和方法。
2. 掌握溶解、过滤、蒸发、浓缩、结晶、干燥等基本操作。
3. 了解 SO_4^{2-}、Ca^{2+}、Mg^{2+} 等离子的定性鉴定。

二、实验原理

粗食盐中的不溶性杂质（如泥沙等）可通过溶解和过滤的方法除去。粗食盐中的可溶性杂质主要是 Ca^{2+}、Mg^{2+}、K^+ 和 SO_4^{2-} 等，选择适当的试剂使它们生成难溶化合物的沉淀而被除去。

（1）在粗盐溶液中加入过量的 $BaCl_2$ 溶液，除去 SO_4^{2-}：

$$Ba^{2+}+SO_4^{2-} = BaSO_4\downarrow$$

过滤，除去难溶化合物和 $BaSO_4$ 沉淀。

（2）在滤液中加入 Na_2CO_3 溶液，除去 Mg^{2+}、Ca^{2+} 和沉淀 SO_4^{2-} 时加入的过量 Ba^{2+}：

$$Mg^{2+}+2OH^- = Mg(OH)_2\downarrow$$

$$Ca^{2+}+CO_3^{2-} = CaCO_3\downarrow$$

$$Ba^{2+}+CO_3^{2-} = BaCO_3\downarrow$$

过滤除去沉淀。

（3）溶液中过量的 Na_2CO_3 可以用盐酸中和除去。

（4）粗盐中的 K^+ 和上述的沉淀剂都不起作用。由于 KCl 的溶解度大于 NaCl 的溶解度，且含量较少，因此在蒸发和浓缩过程中，NaCl 先结晶出来，而 KCl 则留在溶液中。

三、实验试剂与器材

试剂：粗食盐（市售）、$HCl(6mol \cdot L^{-1})$、$HAc(6mol \cdot L^{-1})$、$NaOH(6mol \cdot L^{-1})$、$BaCl_2$（$1mol \cdot L^{-1}$）、Na_2CO_3（饱和）、$(NH_4)_2C_2O_4$（饱和）、镁试剂。

器材：电子天平、烧杯、量筒、玻璃棒、试管、普通漏斗、漏斗架、布氏漏斗、真空泵、吸滤瓶、蒸发皿、石棉网、酒精灯、药匙、滤纸、pH 试纸。

四、实验流程（图 6.1）

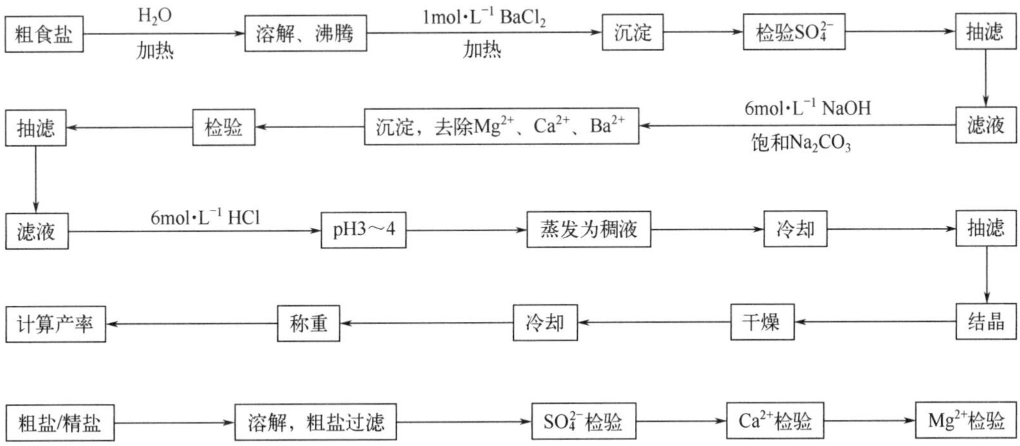

图 6.1 粗食盐的提纯实验流程图

五、实验步骤

1. 粗食盐的提纯

（1）在电子天平上称取 10.0g 粗食盐，放在 20mL 烧杯中，加入 70mL 水，搅拌并加热使其溶解。至溶液沸腾时，在搅拌下逐滴加入 $1mol \cdot L^{-1}$ $BaCl_2$ 溶液至沉淀完全（约 2mL）。继续加热 2～5min，使 $BaSO_4$ 的颗粒长大而易于沉淀和过滤。

为了试验沉淀是否完全，可将烧杯从石棉网上取下，待沉淀下降后，取少量上层清液于试管中，滴加几滴 $6mol \cdot L^{-1}$ HCl，再加几滴 $1mol \cdot L^{-1}$ $BaCl_2$ 检验。用布氏漏斗进行减压过滤，保留滤液。

（2）在滤液中加入 2 滴 $6mol \cdot L^{-1}$NaOH 和 2mL 饱和 Na_2CO_3 溶液，加热至沸，待沉淀下降后，取少量上层清液放在试管中，滴加 Na_2CO_3 溶液，检查有无沉淀生成。如不再产生沉淀，用布氏漏斗进行减压过滤，保留滤液。

（3）在滤液中逐滴加入 $6mol \cdot L^{-1}$HCl，直至溶液呈微酸性为止（pH 为 4～5）。

（4）将滤液倒入蒸发皿中，用小火加热蒸发，浓缩至稀粥状的稠液为止，切不可将溶液蒸干。

（5）冷却后，用布氏漏斗过滤，尽量将结晶抽干。将结晶放回蒸发皿中，小火加热干燥。干燥时应不断地用玻璃棒搅动，以免结块。直至 NaCl 晶体不沾玻璃棒为止。

（6）将精食盐冷至室温，称重。最后把精盐放入指定容器中。计算产率。

2. 产品纯度的检验

取粗盐和精盐各 1g，分别溶于 5mL 蒸馏水中，将粗盐溶液过滤。两种澄清溶液分别盛于三支小试管中，组成三组，对照检验它们的纯度。

(1) SO_4^{2-} 的检验。在第一组溶液中分别加入 2 滴 $6mol \cdot L^{-1}$ HCl，使溶液呈酸性，再加入 3～5 滴 $1mol \cdot L^{-1}$ $BaCl_2$，如有白色沉淀，证明 SO_4^{2-} 存在，记录结果，进行比较。

(2) Ca^{2+} 的检验。在第二组溶液中分别加入 2 滴 $6mol \cdot L^{-1}$ HAc 使溶液呈酸性，再加入 3～5 滴饱和的 $(NH_4)_2C_2O_4$ 溶液。如有白色 CaC_2O_4 沉淀生成，证明 Ca^{2+} 存在。记录结果，进行比较。

(3) Mg^{2+} 的检验。在第三组溶液中分别加入 3～5 滴 $6mol \cdot L^{-1}$ NaOH，使溶液呈碱性，再加入 1 滴镁试剂。若有天蓝色沉淀生成，证明 Mg^{2+} 存在。记录结果，进行比较。

镁试剂是一种有机染料，在碱性溶液中呈红色或紫色，但被 $Mg(OH)_2$ 沉淀吸附后，则呈天蓝色。

六、数据记录及处理

1. 精盐质量＝__________ g。
2. 收率＝精盐质量/粗盐质量＝__________。

七、注意事项

1. 注意保持天平的整洁。
2. 食盐溶液浓缩时切不可蒸干。
3. 普通过滤与减压过滤的正确使用方法与区别。

八、思考题

1. 加入 70mL 水溶解 20g 食盐的依据是什么？加水过多或过少有什么影响？
2. 提纯后的食盐溶液浓缩时为什么不能蒸干？
3. 本实验当中除去杂质步骤是先除 SO_4^{2-}，再除 Ca^{2+}、Mg^{2+}，能否先除 Ca^{2+}、Mg^{2+}，再除 SO_4^{2-}？

实验 5 醋酸标准解离常数和解离度的测定

配套数字资源

预习要点

1. 了解测定醋酸的标准解离常数和解离度的原理。
2. 了解如何使用酸度计。

一、实验目的

1. 学习标准解离常数和解离度的概念。
2. 掌握酸度计、滴定管和移液管的操作方法。

3. 正确测定醋酸的标准解离常数和解离度。

二、实验原理

醋酸是弱电解质，在溶液中存在着下列解离平衡：

$$HAc \rightleftharpoons H^+ + Ac^-$$

其标准解离常数 $K_a^\ominus$ 的表达式为：

$$K_a^\ominus = \frac{([H^+]/c^\ominus)([Ac^-]/c^\ominus)}{(c-[H^+])/c^\ominus}$$

式中，$[H^+]$、$[Ac^-]$、$[HAc]$ 分别为 H^+、Ac^-、HAc 的平衡浓度，$c^\ominus$ 为标准浓度（即 $1.00mol \cdot L^{-1}$），在单纯的 HAc 溶液中，若以 c 代表 HAc 的起始浓度，则 $[HAc]=c-[H^+]$，而 $[H^+]=[Ac^-]$，代入上式，得：

$$K_a^\ominus = \frac{([H^+]/c^\ominus)^2}{(c-[H^+])/c^\ominus}$$

另外，HAc 的解离度 α 可表示为：

$$\alpha = [H^+]/c$$

本实验用酸度计测定已知浓度 HAc 溶液的 pH，代入标准解离常数表达式、解离度公式，即可求得 $K_a^\ominus$、α。

三、实验试剂与器材

试剂：HAc($0.10mol \cdot L^{-1}$)、NaAc($0.10mol \cdot L^{-1}$)、未知浓度的 HAc 溶液、NaOH 标准溶液（$0.10mol \cdot L^{-1}$）、酚酞指示剂（$2.0g \cdot L^{-1}$）。

器材：酸度计、烧杯、移液管、滴定管、容量瓶。

四、实验流程（图 6.2）

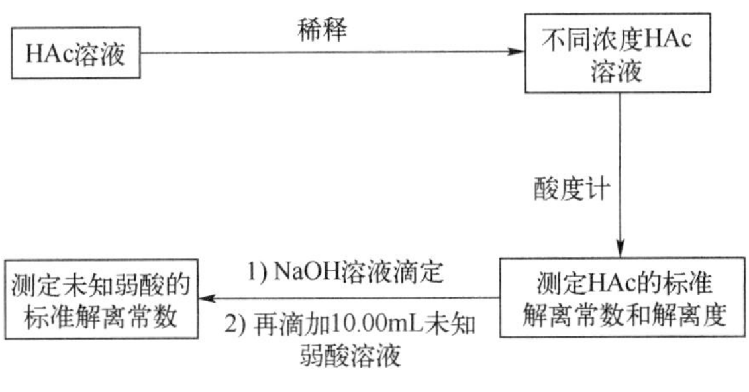

图 6.2　醋酸标准解离常数和解离度的测定

五、实验步骤

1. 醋酸标准解离常数和解离度的测定

(1) 配制不同浓度的醋酸溶液。用移液管分别移取 5.00mL、10.00mL、25.00mL 已知浓度的 HAc 溶液于三只 50mL 容量瓶中，用蒸馏水稀释至刻度，摇匀。连同未稀释的 HAc 溶液可得到四种浓度不同的溶液，由稀到浓依次编号为 1、2、3、4。

用移液管移取 25.00mL HAc 溶液于 50mL 容量瓶中，再加 $0.10\mathrm{mol\cdot L^{-1}}$ NaAc 溶液 5.00mL，用蒸馏水稀释至刻度，摇匀，编号为 5。

(2) HAc 溶液的 pH 测定。用五只干燥的 50mL 烧杯，分别盛入上述五种溶液各 30mL，按由稀到浓的次序在酸度计上测定 pH。记录数据，算出 $K_a^{\ominus}$ 和 α。

2. 未知弱酸标准解离常数的测定

取 10.00mL 未知一元弱酸的稀溶液，用 NaOH 标准溶液滴定到终点。然后再加 10.00mL 该弱酸溶液，混合均匀，测其 pH。计算该弱酸的标准解离常数。

六、实验数据及处理

测试时温度______℃

编号	$c/(\mathrm{mol\cdot L^{-1}})$	pH	$[H^+]/(\mathrm{mol\cdot L^{-1}})$	$[Ac^-]/(\mathrm{mol\cdot L^{-1}})$	$K_a^{\ominus}$	α
1						
2						
3						
4						
5						

七、注意事项

1. 配制不同浓度的醋酸溶液时，烧杯要干燥，体积要正确量取。
2. 测定时，应由稀到浓依次进行，以减小实验误差。
3. 数据测定及处理时，要注意有效数字及单位换算。

八、思考题

1. 如果改变所测 HAc 溶液的温度，则解离度和标准解离常数有无变化？

2. 下列情况能否用近似公式 $K_a^{\ominus}=\dfrac{([H^+]/c^{\ominus})^2}{c/c^{\ominus}}$ 来计算标准解离常数。

(1) 所测 HAc 溶液浓度极稀。

(2) 在 HAc 溶液中加入一定量的 NaAc(s)。

(3) 在 HAc 溶液中加入一定量的 NaCl(s)。

3. 在本实验中，测定 HAc 的 $K_a^{\ominus}$ 值时，HAc 溶液的浓度必须精确测定；而测定未知酸的 $K_a^{\ominus}$ 值时，酸和碱的浓度都不必测定，只要正确掌握滴定终点即可。这是为什么？

实验 6　碱式碳酸铜的制备

配套数字资源

预习要点

1. 了解碱式碳酸铜的性质、应用及制备方法。
2. 熟悉减压过滤（抽滤）装置及基本操作。

一、实验目的

1. 掌握碱式碳酸铜的制备方法。
2. 理解盐类水解反应及其应用。
3. 练习减压过滤、沉淀洗涤等基本操作。

二、实验原理

碱式碳酸铜 [$Cu_2(OH)_2CO_3$]，又名铜锈、铜绿，是一种草绿色或绿色结晶物，是自然界中孔雀石的主要成分。碱式碳酸铜易溶于酸和氨水，在水中溶解度很小，分解温度为 220℃，在 100℃的水中易分解。碱式碳酸铜是一种具有广泛用途的化工产品，主要用于固体荧光粉激活剂和铜盐制造，油漆、颜料和烟火的配制，也可用作木材防腐剂、水体杀藻剂、农作物杀菌剂、饲料添加剂等。其主要的生产方法包括硫酸铜法、硝酸铜法和氨法。

本实验利用硫酸铜与碳酸钠反应制备碱式碳酸铜，反应方程式如下：

$$2CuSO_4 + 2Na_2CO_3 + H_2O = Cu_2(OH)_2CO_3 \downarrow + 2Na_2SO_4 + CO_2 \uparrow$$

反应过程中，碳酸钠水解产生 OH^-，与 Cu^{2+} 结合生成 $Cu(OH)_2$，$Cu(OH)_2$ 再与 CO_3^{2-} 反应生成碱式碳酸铜沉淀。

三、实验试剂与器材

试剂：五水合硫酸铜（s，AR）、无水碳酸钠（s，AR）。

器材：电子天平、烧杯、容量瓶、玻璃棒、量筒、真空泵、布氏漏斗、抽滤瓶、滤纸、烘箱、表面皿。

四、实验流程（图 6.3）

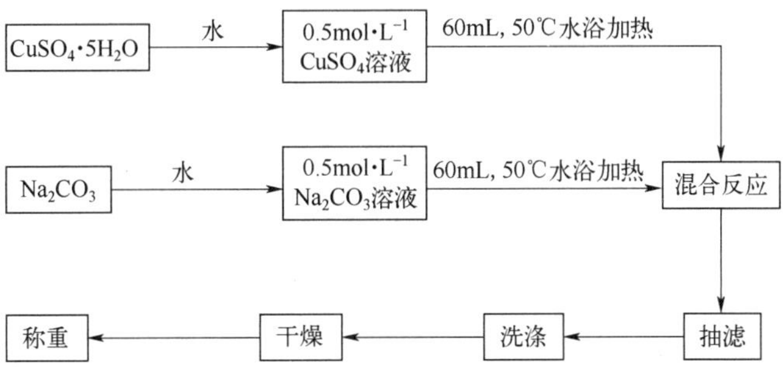

图 6.3　碱式碳酸铜的制备

五、实验步骤

1. 溶液的配制

用电子天平称取固体药品五水合硫酸铜 31.25g 和无水碳酸钠 13.25g，分别倒入两个 250mL 的烧杯中，用 100mL 左右蒸馏水溶解，再转入 250mL 容量瓶中，定容，配成

0.5mol·L^{-1} 的 $CuSO_4$ 溶液和 0.5mol·L^{-1} 的 Na_2CO_3 溶液各 250mL，静置，备用。

2. 制备碱式碳酸铜

取 60mL 0.5mol·L^{-1} 的 $CuSO_4$ 溶液于 150mL 烧杯中，再取 72mL 0.5mol·L^{-1} Na_2CO_3 溶液于另一个 150mL 烧杯中。将两个贴有标签的烧杯同时放到 50℃恒温水浴中加热，几分钟后将两个烧杯取出，将 $CuSO_4$ 溶液倒入 Na_2CO_3 溶液中，用玻璃棒搅拌，静置，待沉淀完全。

3. 减压过滤

安装好减压过滤装置，将反应混合物倒入布氏漏斗中，进行减压过滤。用少量蒸馏水洗涤沉淀 2～3 次，直至洗涤液无色。

4. 干燥称重

将滤饼转移至表面皿中，放入烘箱中，在 80℃下干燥 1 h。将干燥后的碱式碳酸铜取出，冷却至室温，称重并记录数据。

六、实验数据及处理

1. 准确记录实验现象。
2. 根据实验结果，计算碱式碳酸铜产率。

七、注意事项

1. 实验过程中需佩戴手套、口罩等防护用品，避免接触皮肤和吸入粉尘。
2. 配制溶液时，需将固体试剂完全溶解。
3. 反应过程中需缓慢加入 $CuSO_4$ 溶液，并不断搅拌，防止局部过浓。
4. 减压过滤时，需控制好真空度，避免滤纸破裂。
5. 干燥温度不宜过高，以免碱式碳酸铜分解。

八、思考题

1. 本实验中，为什么不能将 Na_2CO_3 溶液倒入 $CuSO_4$ 溶液中反应？
2. 如何提高碱式碳酸铜的产率？

实验 7　无机颜料铁黄的制备

配套数字资源

预习要点

1. 了解铁黄的使用，了解用亚铁盐制备氧化铁黄的原理和方法。
2. 学习铁黄制备过程中酸度、温度等的影响。

一、实验目的

1. 了解用亚铁盐制备氧化铁黄的原理和方法。
2. 熟练掌握溶液 pH 的调节、沉淀的洗涤、减压过滤及结晶的干燥等基本操作。

二、实验原理

氧化铁颜料由于无毒、化学性质稳定、色彩多样，是无机彩色颜料中生产量和消费量最大的一类颜料，根据色泽和成分可以分为氧化铁红、氧化铁黄和氧化铁黑。

氧化铁黄又称羟基铁黄，简称铁黄，其分子式为 FeO(OH) 或 $Fe_2O_3 \cdot H_2O$，粉末状，赭黄色，是化学性质比较稳定的碱性化合物，不溶于碱，微溶于酸，完全溶于热的浓盐酸，热稳定性较差。

铁黄由于具有良好的着色力、遮盖力，常用于建筑墙面粉刷剂、橡胶及造纸等工业的着色剂，也可作为生产铁红、铁黑的原料。同时由于铁黄无毒，可用作药片的糖衣着色剂及化妆品的添加剂。

本实验制取铁黄采用湿法亚铁盐氧化，制备过程分为两步。

1. 晶种的形成

由于铁黄为晶体，因而制取时必须先形成晶核，晶核长大成为晶种。如果没有晶种的参与，就只能得到稀薄的色浆而非颜料。形成铁黄晶种的过程大致分为两步：

① 生成氢氧化亚铁胶体。在一定温度下，向硫酸亚铁铵（或硫酸亚铁）溶液中加入氢氧化钠溶液（或氨水），立刻有胶状氢氧化亚铁生成，反应如下：

$$FeSO_4 + 2NaOH = Fe(OH)_2 \downarrow + Na_2SO_4$$

氢氧化亚铁溶解度非常小，而晶核生成的速度相当迅速，晶种无暇长大，因而将得到较细小的粒子。一般来说，细小而均匀的晶种粒子有利于在氧化阶段得到高质量的产品，因此反应需在充分搅拌下进行。

② FeO(OH) 晶核的形成要生成铁黄晶种，需将氢氧化亚铁进一步氧化，反应如下：

$$4Fe(OH)_2 + O_2 = 4FeO(OH) \downarrow + 2H_2O$$

此氧化过程俗称“发胶”，是一个复杂的过程，反应温度和 pH 必须严格控制在规定范围内，此步温度控制在 20℃左右，绝对不能超过 40℃；溶液 pH 保持在 4～4.5。若溶液 pH 接近中性或略偏碱性，则呈棕黑色；pH＞9 时会形成红棕色的铁红种；若 pH＞12，则又产生一系列过渡色相的铁氧化物，失去作为晶种的作用。

2. 铁黄的制备（氧化阶段）

氧化阶段的氧化剂主要为 $KClO_3$。另外，空气中的氧气也参加氧化反应。氧化时必须升温，温度保持在 80～85℃，控制溶液的 pH 为 4～4.5。氧化过程的化学反应如下：

$$4FeSO_4 + O_2 + 6H_2O = 4FeO(OH) \downarrow + 4H_2SO_4$$

$$6FeSO_4 + KClO_3 + 9H_2O = 6FeO(OH) \downarrow + 6H_2SO_4 + KCl$$

氧化反应过程中，沉淀的颜色起初为灰绿色，继而转变为墨绿色，进一步变为红棕色，最后成淡黄色。

三、实验试剂与器材

试剂：硫酸亚铁铵（s，AR）、氯酸钾（s，AR）、NaOH 溶液（$2mol \cdot L^{-1}$）、$BaCl_2$ 溶液（$0.1\ mol \cdot L^{-1}$）。

器材：电子天平、烧杯、量筒、恒温水浴槽、pH 试纸、真空泵、磁力搅拌器、布氏漏斗、抽滤瓶、滤纸。

四、实验流程（图 6.4）

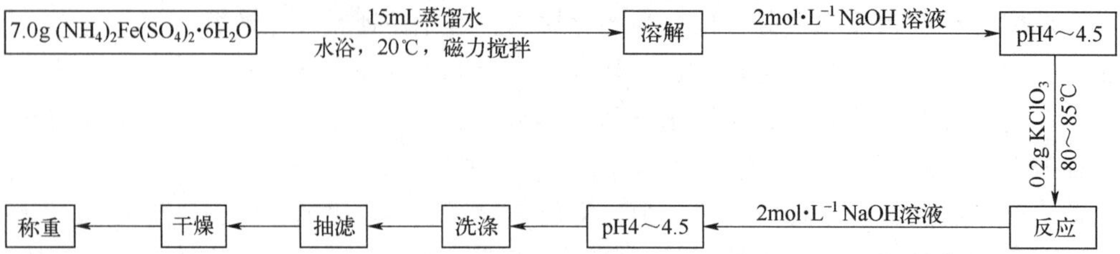

图 6.4　无机颜料（铁黄）的制备

五、实验步骤

1. 氢氧化亚铁胶体的制备

称取 7.0g $(NH_4)_2Fe(SO_4)_2\cdot6H_2O$，放在 100mL 烧杯中，加 15mL 蒸馏水，磁力搅拌 5min，在 20℃的恒温水浴中加热至溶解。检验此时溶液的 pH，边搅拌边慢慢滴加 2mol·L^{-1} NaOH，随着氧化反应的进行，溶液的 pH 为 4～4.5 时，停止加碱。观察反应过程中沉淀颜色的变化。

2. FeO(OH) 的制备（氧化过程）

取 0.2g $KClO_3$ 倒入上述溶液中，搅拌后检验溶液的 pH、将恒温水浴温度升到 80～85℃，进行氧化反应。边搅拌边不断滴加 2mol·L^{-1} NaOH 溶液，当 pH 为 4～4.5 时停止加碱。

3. 除去可溶性盐

用 60℃左右的去离子水以倾析法洗涤淡黄色颜料数次，至溶液中基本无 SO_4^{2-} 为止。

4. 减压过滤

减压过滤得黄色颜料滤饼，弃去母液（倒入回收瓶），将黄色颜料滤饼转入蒸发皿中，在水浴加热下进行烘干，称其质量，并计算产率。

六、实验数据及处理

1. 准确记录实验现象。

2. 根据实验结果，计算产率 $\eta=\dfrac{m_{FeO(OH)}/M_{FeO(OH)}}{m_{(NH_4)_2Fe(SO_4)_2\cdot6H_2O}/M_{(NH_4)_2Fe(SO_4)_2\cdot6H_2O}}$。

七、注意事项

1. 严格控制溶液 pH。
2. 倾析法洗涤时要静置分层完全后再过滤。
3. 晶种的形成过程中必须充分搅拌。

八、思考题

1. 在洗涤黄色颜料过程中如何检验溶液基本没有 SO_4^{2-}？目视观察达到什么程度算

合格？

2. 为何制得铁黄后干燥温度不能太高？

3. 如何从铁黄制备铁红、铁绿、铁棕和铁黑？

实验 8　硫酸铜晶体的制备与提纯

配套数字资源

预习要点

1. 学习硫酸铜晶体的不同制备方法。
2. 学习制备物中杂质的去除原理及去除方法。

一、实验目的

1. 掌握 $CuSO_4 \cdot 5H_2O$ 的制备方法。
2. 掌握称量、溶解、过滤、结晶等基本操作。
3. 掌握固体试剂和液体试剂的取用方法。

二、实验原理

$CuSO_4 \cdot 5H_2O$ 俗名胆矾，蓝色晶体，易溶于水，而难溶于乙醇，在干燥空气中可缓慢风化，不同温度下会逐步脱水，将其加热至 260℃以上，可失去全部结晶水而成为白色的无水 $CuSO_4$ 粉末。

$CuSO_4 \cdot 5H_2O$ 的制备方法有许多种，常见的有利用废铜粉焙烧氧化的方法（先将铜粉在空气中灼烧氧化成氧化铜，然后将其溶于硫酸而制得硫酸铜）；也可采用浓硝酸作氧化剂，用废铜与硫酸、浓硝酸反应来制备硫酸铜。

本实验通过粗 CuO 粉末和稀 H_2SO_4 来制备硫酸铜，反应式：

$$CuO + H_2SO_4 = CuSO_4 + H_2O$$

由于 $CuSO_4$ 的溶解度随温度的改变有较大变化，因此可以利用蒸发浓缩和冷却的方法得到 $CuSO_4 \cdot 5H_2O$ 晶体。

制备的粗硫酸铜中含有一些可溶性和不溶性杂质。不溶性杂质可在溶解、过滤过程中除去，可溶性杂质常用化学方法除去。其中如 Fe^{2+} 和 Fe^{3+}，一般是先将 Fe^{2+} 用氧化剂（如 H_2O_2 溶液）氧化为 Fe^{3+}，然后调节溶液 pH≈3，再加热煮沸，将 Fe^{3+} 以 $Fe(OH)_3$ 沉淀的形式除去。

$$2Fe^{2+} + 2H^+ + H_2O_2 = 2Fe^{3+} + 2H_2O$$

$$Fe^{3+} + 3H_2O = Fe(OH)_3 \downarrow + 3H^+$$

$CuSO_4 \cdot 5H_2O$ 在水中的溶解度随温度的改变有较大变化，因此可采用蒸发浓缩、冷却、结晶、过滤的方法，将粗 $CuSO_4$ 的一些杂质留在母液中而除去，得到纯度较高的水合硫酸铜晶体。

三、实验试剂与器材

试剂：H_2SO_4（3mol·L^{-1}、1mol·L^{-1}）、H_2O_2（3%）、NaOH（2mol·L^{-1}）、粗 CuO（s，AR）。

器材：烧杯、量筒、蒸发皿、玻璃棒、漏斗、布氏漏斗、抽滤瓶、酒精灯、真空泵、石棉网、铁架台、铁圈、电子天平、滤纸、pH 试纸、药匙。

四、实验流程（图 6.5）

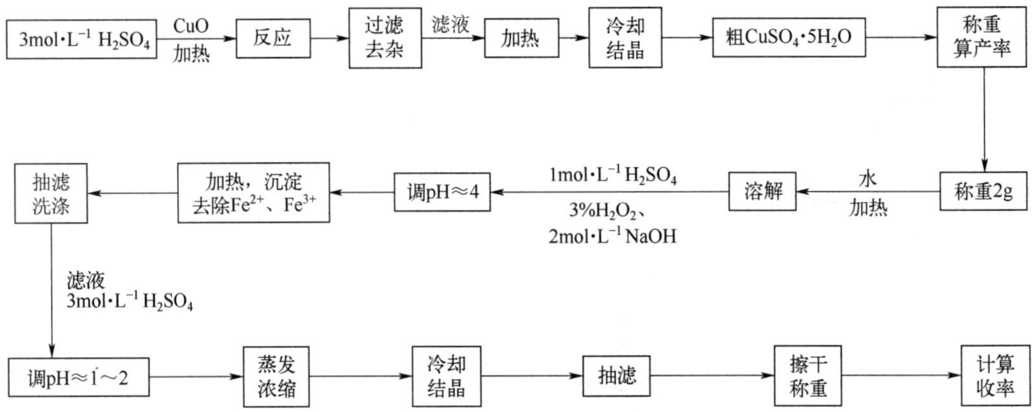

图 6.5　硫酸铜晶体的制备与提纯

五、实验步骤

1. $CuSO_4 \cdot 5H_2O$ 粗品的制备

称取 2g 粗 CuO 粉末备用。在洁净的蒸发皿中加入 10mL 3mol·L^{-1} 的 H_2SO_4 溶液，小火加热，边搅拌边用药匙慢慢加入粗 CuO 粉末，直到 CuO 不再反应为止，如出现结晶，则随时补加少量蒸馏水。反应完毕，趁热过滤，并用少量蒸馏水冲洗蒸发皿及滤渣，将洗涤液和滤液合并，转移至洁净的蒸发皿中，加热，并不断搅拌，至液面出现晶膜时停止加热，冷却后析出的蓝色晶体即为 $CuSO_4 \cdot 5H_2O$ 粗品。用药匙将晶体取出，放在表面皿上，用滤纸轻压以吸干晶体表面的水分，称重，计算产率。

2. $CuSO_4 \cdot 5H_2O$ 的提纯

称取上述粗产品 2g，放入 100mL 烧杯中，加蒸馏水 20mL，不断搅拌，小火加热使其溶解，此时若加入 2～3 滴 1mol·L^{-1} 的 H_2SO_4 溶液则可加速溶解。在溶液中慢慢加入 1mL 3%的 H_2O_2 溶液，加热，边搅拌边滴加 2mol·L^{-1} 的 NaOH 溶液来调节溶液的 pH≈4（用 pH 试纸检验），再加热一会儿，使其中的 Fe^{2+} 和 Fe^{3+} 均以 $Fe(OH)_3$ 形式沉淀，检查是否沉淀完全，减压抽滤，将滤液直接用洁净的蒸发皿收集，并用少量蒸馏水冲洗烧杯、玻璃棒及滤渣，收集滤液。

在滤液中滴加 3mol·L^{-1} 的 H_2SO_4 溶液，调节 pH 至 1～2，将溶液置于小火上缓慢蒸发，浓缩至液面出现结晶膜时停止加热。稍放置，将蒸发皿放在盛有冷水的烧杯上冷却，析

出蓝色 $CuSO_4 \cdot 5H_2O$ 晶体，减压抽滤，尽量抽干，取出晶体，并用干净滤纸轻轻挤压晶体以除去少量水分。将晶体称重，计算产率（回收母液）。

六、实验数据及处理

项　目	质量/g	产率/%	外观
CuO 粉末			
粗产品 $CuSO_4 \cdot 5H_2O$			
重结晶 $CuSO_4 \cdot 5H_2O$			

注：产率计算公式 $\eta_{粗产品}=\dfrac{m_{粗产品CuSO_4 \cdot 5H_2O}/M_{CuSO_4 \cdot 5H_2O}}{m_{CuO}/M_{CuO}}$、$\eta_{重结晶}=\dfrac{m_{粗产品CuSO_4 \cdot 5H_2O}}{m_{重结晶CuSO_4 \cdot 5H_2O}}$。

七、注意事项

1. 趁热过滤时，要先将过滤装置准备好，滤纸待抽滤时再润湿。

2. H_2O_2 应缓慢分次滴加，以免过量。

3. 加热浓缩产品时，表面有晶膜出现即可，不可将溶液蒸干。

4. 蒸发浓缩溶液可以直接加热，也可以用水浴加热的方法。选择时主要考虑溶剂、溶质的性质和溶质的热稳定性、氧化还原稳定性等。如五水合硫酸铜受热时分解：

$$CuSO_4 \cdot 5H_2O = CuSO_4 \cdot 3H_2O + 2H_2O(375K)$$
$$CuSO_4 \cdot 3H_2O = CuSO_4 \cdot H_2O + 2H_2O(386K)$$
$$CuSO_4 \cdot H_2O = CuSO_4 + H_2O(531K)$$

5. 实验中对蒸发速度的要求是其次的考虑，当希望溶液平稳地蒸发时也可用水浴加热，沸腾后溶液不会溅出，当然，蒸发速度相对要慢些。

八、思考题

1. 提纯 $CuSO_4 \cdot 5H_2O$ 产品时调节 pH≈4 的目的是什么？

2. 蒸发时为什么要将溶液的 pH 调至 1～2？

3. 实验中加热浓缩溶液时，是否可将溶液蒸干？为什么？

4. 如何计算 $CuSO_4 \cdot 5H_2O$ 晶体的理论产量？

实验 9　硫酸亚铁铵的制备及检测

配套数字资源

预习要点

1. 了解硫酸亚铁铵的制备原理及应用。

2. 了解杂质的去除原理及方法、金属离子的定性鉴定方法。

一、实验目的

1. 了解复盐的一般特征和制备方法。

2. 熟练掌握水浴加热、蒸发、结晶和减压过滤等基本操作。

3. 学习用目视比色和比浊进行限量分析的原理及方法。

4. 了解微型实验的优点。

二、实验原理

硫酸亚铁铵又称莫尔盐，是浅蓝绿色单斜晶体，作为复盐在空气中比一般亚铁盐稳定，不易被氧化，易溶于水，难溶于乙醇。在定量分析中 $(NH_4)_2Fe(SO_4)_2 \cdot 6H_2O$ 常用作氧化还原滴定法的基准物。

本实验首先用过量的 Fe 与稀 H_2SO_4 反应制得 $FeSO_4$ 溶液：

$$Fe + H_2SO_4 = FeSO_4 + H_2\uparrow$$

根据表 6.1 可以看出，在 10～70℃的温度范围内，复盐 $(NH_4)_2Fe(SO_4)_2 \cdot 6H_2O$ 在水中的溶解度比组成它的简单盐都要小得多，因此，很容易由等物质的量的浓 $FeSO_4$ 与 $(NH_4)_2SO_4$ 混合溶液制得结晶的 $(NH_4)_2Fe(SO_4)_2 \cdot 6H_2O$。

表 6.1　溶解度表　　单位：$g \cdot (100g\ H_2O)^{-1}$

盐	10℃	20℃	30℃	50℃	70℃
$FeSO_4 \cdot 7H_2O$	20.5	26.6	33.2	48.6	56.0
$(NH_4)_2SO_4$	73.0	75.4	78.0	84.5	91.9
$(NH_4)_2Fe(SO_4)_2 \cdot 6H_2O$	18.1	21.2	24.5	31.3	38.5

提纯后的 $(NH_4)_2Fe(SO_4)_2 \cdot 6H_2O$ 晶体还要进行杂质（主要为Fe^{3+}）的限量分析。限量分析是将被分析物配成一定浓度的溶液，与标准系列溶液进行目视比色或比浊，以确定杂质含量范围，如果被分析溶液颜色或浊度不深于某一标准溶液，则杂质含量就低于某一规定的限度，这种分析方法称为限量分析。

在上述目视比色法中标准系列法较为常用，其方法为利用一套由相同玻璃材料制造的一定体积和形状的比色管，把一系列不同量的标准溶液依次加入各比色管中，并分别加入等量的显色剂和其他试剂，再稀释至同等体积，即配成一套颜色由浅至深的标准色阶。把一定量的被测物质加入另一同规格的比色管中，在同样条件下显色，并稀释至同等体积，摇匀后将比色管的塞子打开，并和标准色阶进行比较，比较时应从管口垂直向下观察，这样观察的液层比从比色管侧面观察的液层要厚得多，能提高观察的灵敏度，如被测溶液与标准系列中某一溶液的颜色深度相同，则被测溶液就等于该标准溶液的浓度，若介于相邻两种标准溶液之间，则可取这两种标准溶液的平均值，这种测定方法的思路，也体现在后面的许多成分分析实验中。

三、实验试剂与器材

试剂：碎铁片（或铁屑）、Na_2CO_3 溶液（10%）、H_2SO_4 溶液（$3mol \cdot L^{-1}$）、$(NH_4)_2SO_4$（s，AR）、95%乙醇、KSCN 溶液（$1mol \cdot L^{-1}$）、Fe^{3+} 标准溶液（$0.010mg \cdot mL^{-1}$）。

器材：电子天平、布氏漏斗、吸滤瓶、锥形瓶、烧杯、蒸发皿、移液管、比色管、石棉网、表面皿、电热炉、真空泵、pH 试纸、滤纸。

四、实验流程（图 6.6）

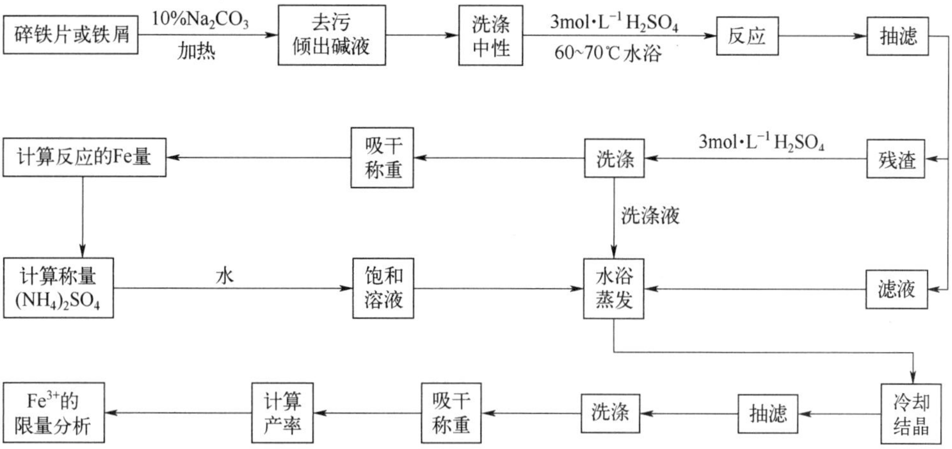

图 6.6　硫酸亚铁铵的制备及检测

五、实验步骤

1. 常量实验

（1）碎铁片的预处理。称量 4.0g 碎铁片（或铁屑）放入 150mL 锥形瓶中，加入 20mL 10%Na_2CO_3 溶液，放在石棉网上加热至沸，以除去铁片上的油污。用倾析法倾出碱液，将碎铁片（或铁屑）水洗至中性（防止在加入 H_2SO_4 后产生 Na_2SO_4 晶体混入 $FeSO_4$ 中，另外残存的碱也会消耗硫酸）。

（2）$FeSO_4$ 的制备。在盛有处理过碎铁片（或铁屑）的锥形瓶中加入 20mL 3mol·$L^{-1}$$H_2SO_4$ 溶液，放在 60～70℃的水浴中加热（在通风橱中进行）。注意控制 Fe 与 H_2SO_4 的反应不要过于激烈，应后期补充水分保持溶液原有体积，避免硫酸亚铁析出。等反应速率明显减慢时（大约需 30min），趁热减压过滤，分离溶液和残渣。如果发现滤纸上有$FeSO_4 \cdot 7H_2O$ 晶体析出，可用热蒸馏水溶解，然后用 2mL 3mol·L^{-1} H_2SO_4 溶液洗涤没有反应完的 Fe 和残渣，洗涤液合并至反应液中（加酸的目的是什么?）。过滤完后将滤液转移至蒸发皿内，没有反应完的碎铁片（或铁屑）用碎滤纸吸干后称量，计算已参加反应的 Fe 的质量。

（3）$(NH_4)_2Fe(SO_4)_2 \cdot 6H_2O$ 的制备。根据反应消耗 Fe 的质量（或生成$FeSO_4$ 的质量）计算制备 $(NH_4)_2Fe(SO_4)_2 \cdot 6H_2O$ 所需 $(NH_4)_2SO_4$ 的量［考虑到$FeSO_4$ 在过滤等操作中的损失，$(NH_4)_2SO_4$ 用量可按生成$FeSO_4$ 理论产量的 80%计算］，按计算量称取 $(NH_4)_2SO_4$ 固体以配成饱和溶液，并加入 $FeSO_4$ 溶液中，混合均匀后在水浴上加热蒸发浓缩至溶液表面出现晶膜为止，然后自然冷却至室温，即可得到浅蓝绿色的 $(NH_4)_2Fe(SO_4)_2 \cdot 6H_2O$ 晶体。减压过滤将液体尽量抽干，洗涤，取出晶体用滤纸吸干，称重，计算产率。母液与乙醇洗涤液必须分别回收。

（4）产品中Fe^{3+}的限量分析。产品的主要杂质是Fe^{3+}，根据Fe^{3+}与硫氰化钾形成血红色配离子 $[Fe(SCN)]^{2+}$ 颜色的深浅，用目视比色可确定其含Fe^{3+}的级别。

准确称取 1.0000g 左右产品，放入 25mL 比色管中，用少量不含 O_2 的蒸馏水（将蒸馏水用小火煮沸 10min 以除去所溶解的 O_2 盖上表面皿待冷却后使用）溶解。用移液管分别取

$3mol \cdot L^{-1}$ H_2SO_4 溶液与 $1mol \cdot L^{-1}$ KSCN 溶液各 1.00mL 加入比色管中，再加不含 O_2 的蒸馏水至刻度，摇匀，与标准溶液（由实验室提供）进行比较。根据比色结果，确定产品中 Fe^{3+} 含量所对应的级别（见表 6.2）。

表 6.2　不同等级 $(NH_4)_2Fe(SO_4)_2 \cdot 6H_2O$ 中 Fe^{3+} 的含量

规格	一级	二级	三级
含 Fe^{3+} 质量/(mg/g)	0.05	0.1	0.2

标准溶液的配制：用移液管依次量取每毫升含 Fe^{3+} 量为 0.010mg 的标准溶液 0.50mL、1.00mL、2.00mL，分别加到三支 25mL 比色管中，然后每支比色管各加入 1.00mL $3mol \cdot L^{-1}$ H_2SO_4 溶液和 1.00mL $1mol \cdot L^{-1}$ KSCN 溶液，最后用蒸馏水稀释至刻度并摇匀。

2. 微型实验

（1）微型仪器：微型锥形瓶（15mL）、微型烧杯（10mL）、微型布氏漏斗（口径 ϕ＝20mm、容积 V＝5mL）、吸滤瓶（ϕ＝19mm、V＝20mL）、蒸发皿（10mL）、洗耳球（代替真空泵）、点滴板、电热炉。

（2）试剂用量：碎铁片（或铁屑）0.5g、预处理用的碱（10% Na_2CO_3 溶液）3mL、反应酸（$3mol \cdot L^{-1}$ H_2SO_4 溶液）2.5mL、洗涤酸（$3mol \cdot L^{-1}$ H_2SO_4 溶液）0.3mL，$(NH_4)_2SO_4$（化学纯）用量根据反应中消耗 Fe 质量的 80% 计算。

（3）操作条件同常量实验。只是 Fe 和 H_2SO_4 的反应时间由常量实验的 30min 左右缩短至 5～10min。

（4）产品纯度检验定性检验产品中 Fe^{3+}（如何鉴定?）。

六、实验数据及处理

1. 准确记录实验现象。
2. 根据实验结果，计算硫酸亚铁铵的产率。

七、注意事项

1. 不必将所有碎铁片（或铁屑）溶解完，实验时溶解大部分碎铁片（或铁屑）即可。
2. 酸溶时要注意分次补充少量水，以防止 $FeSO_4$ 析出。
3. 注意计算 $(NH_4)_2SO_4$ 的用量。
4. 硫酸亚铁铵的制备：加入硫酸铵后，应搅拌使其溶解后再往下进行。在水浴上加热，防止失去结晶水；制备过程中要保持足够的酸度，以防止亚铁水解和被氧化。
5. 蒸发浓缩初期要不停搅拌，但要注意观察晶膜，一旦晶膜出现即停止搅拌。
6. 最后一次抽滤时，注意将滤饼压实，不能用蒸馏水或母液洗晶体。

八、思考题

1. 为什么硫酸亚铁铵在定量分析中可以用来配制亚铁离子的标准溶液?
2. 铁屑中加入 H_2SO_4 水浴加热至不再有气泡放出时，为什么要趁热减压过滤?
3. $FeSO_4$ 溶液中加入 $(NH_4)_2SO_4$ 全部溶解后，为什么要调节至 pH 为 1～2?
4. 蒸发浓缩至表面出现结晶薄膜后，为什么要缓慢冷却后再减压抽滤?
5. 洗涤晶体时为什么用 95% 乙醇而不用水?

实验 10 一种钴(Ⅲ)配合物的合成

配套数字资源

预习要点

1. 了解取代反应和氧化还原反应在金属配合物制备中的应用原理和方法。

2. 了解如何分析、判断配合物的组成。

一、 实验目的

1. 掌握制备金属配合物最常用的方法——水溶液中的取代反应和氧化还原反应，了解其基本原理和方法。

2. 对配合物组成进行初步判断，学习使用电导率仪。

3. 练习制备配合物的基本操作。

二、 实验原理

配合物的制备最常用的是取代反应和氧化还原反应。利用溶液中的取代反应来制取金属配合物，实际上就是用适当的配体来取代水合配离子中的水分子。氧化还原反应，是利用金属化合物在配体存在下发生氧化或还原反应以制得不同氧化态的金属配合物。

Co(Ⅱ)的配合物是活性的，能很快地进行取代反应，而Co(Ⅲ)的配合物是惰性的，其取代反应很慢。所以，Co(Ⅲ)配合物的制备过程一般是通过Co(Ⅱ)（实际上是它的水合配合物）和配体之间的一种快速反应生成Co(Ⅱ)的配合物，然后使它被氧化成为相应的Co(Ⅲ)配合物（配位数均为6）。

常见的Co(Ⅲ)配合物有：$[Co(NH_3)_6]^{3+}$（黄色）、$[Co(NH_3)_5H_2O]^{3+}$（粉红色）、$[Co(NH_3)_5Cl]^{2+}$（紫红色）、$[Co(NH_3)_4CO_3]^{+}$（紫红色）、$[Co(NH_3)_3(NO_2)_3]$（黄色）、$[Co(CN)_6]^{3-}$（紫红色）、$[Co(NO_2)_6]^{3-}$（黄色）等。

用化学分析方法确定某配合物的组成，通常先确定配合物的外界，然后将配离子破坏再来看其内界。配离子的稳定性受很多因素的影响，通常可用加热或改变溶液酸性来破坏它。本实验要求初步判断配合物的组成，一般用定性、半定量甚至估量的分析方法。推定配合物的化学式后，可用电导率仪来测定一定浓度配合物溶液的导电性，与已知电解质溶液进行对比，可确定该配合物化学式中含有几个离子，进一步确定该化学式。

游离的Co(Ⅱ)离子在酸性溶液中可与KSCN作用生成蓝色配合物。因其在水中解离度大，故常加入KSCN溶液或固体，并加入戊醇或乙醚以提高其稳定性，由此可用来鉴定Co(Ⅱ)离子的存在。其反应如下：

$$Co^{2+} + 4SCN^- \xlongequal{} [Co(SCN)_4]^{2-}\text{(蓝色)}$$

游离的NH_4^+可由纳氏试剂来鉴定，其反应如下：

$$NH_4^+ + 2[HgI_4]^{2-} + 4OH^- \xlongequal{} [Hg_2ONH_2]I\downarrow\text{(褐红色)} + 7I^- + 3H_2O$$

三、实验试剂与器材

试剂：NH_4Cl(s，AR)、$CoCl_3$(s，AR)、硫氰化钾（s，AR)、氨水（28%～30%，

ACS)、盐酸溶液（$6mol \cdot L^{-1}$）、过氧化氢（30%）、新配 $SnCl_2$（$0.5mol \cdot L^{-1}$）、纳氏试剂、戊醇。

器材：电子天平、烧杯、锥形瓶、量筒、研钵、漏斗、铁架台、酒精灯、试管、滴管、试管夹、漏斗架、石棉网、pH 试纸、滤纸。

四、实验流程（图 6.7）

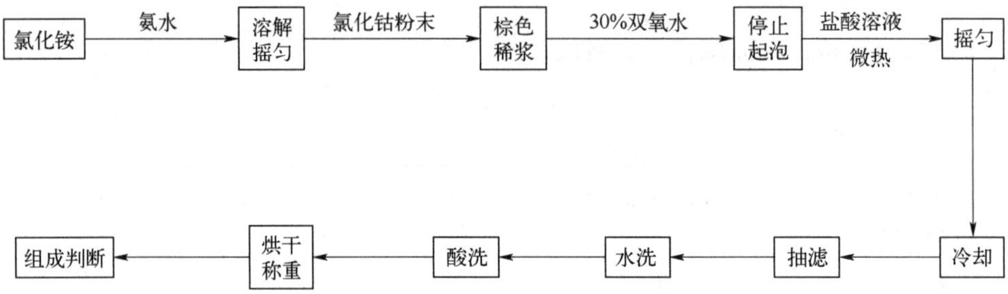

图 6.7　一种钴（Ⅲ）配合物的合成

五、实验步骤

1. Co(Ⅲ) 配合物的制备

在锥形瓶中将 1.0g 氯化铵溶于 6mL 氨水中，待完全溶解后手持锥形瓶不断振荡，使溶液均匀。分数次加入 2.0g 氯化钴粉末，边加边摇动，加完后继续摇动使溶液成棕色稀浆。再往其中滴加 30%过氧化氢 2～3mL，边加边摇动，加完后再摇动，当溶液中停止起泡时，慢慢加入 6mL 盐酸溶液，边加边摇动，并在酒精灯上微热，不能加热至沸（温度不要超过 85℃），边摇边加热 10～15min，然后在室温下冷却混合物并摇动，待完全冷却后过滤出沉淀。用 5mL 冷水分数次洗涤沉淀，接着用 5mL 冷的盐酸洗涤，产物在 10℃左右烘干并称量。

本实验关键步骤是将 Co(Ⅱ) 的配合物氧化为相应的 Co(Ⅲ) 配合物，常用的氧化剂是过氧化氢。氧化过程需不断摇动而且控制温度不要超过 85℃。

2. 配合物组成的初步判断

（1）用小烧杯取 0.5g 所制得的产物，加入 50mL 蒸馏水，混匀后用 pH 试纸检验其酸碱性。

（2）用试管取 2～3mL（1）中所得的混合液，加几滴 $0.5mol \cdot L^{-1}$ 氯化亚锡溶液，振荡后加入 1 粒（绿豆粒大小）硫氰化钾固体，振荡后再加入 1mL 戊醇，振荡后观察上层溶液的颜色。

（3）用试管取 2mL（1）中所得的混合液，再加入少量蒸馏水，得清亮溶液后，加入 2 滴纳氏试剂并观察变化。

（4）将（1）中剩下的混合液加热，看溶液变化，直至完全变成棕黑色后停止加热，冷却后用 pH 试纸检验溶液的酸碱性，然后过滤（必要时使用双层滤纸）。取得清亮液，再分别做 1 次（2）、（3）实验，观察现象与原来的有什么不同。

六、实验数据及处理

1. 通过实验推断出此配合物的组成并写出其化学式。

2. 由上述自己初步推断的化学式来配制该化合物浓度为 $0.1 mol \cdot L^{-1}$ 的溶液 100mL。用电导率仪测量其电导率，然后稀释 10 倍后再测量其电导率并记录，并确定其化学式中所含离子数。

$T=$ ℃

Co(Ⅲ)配合物浓度/($mol \cdot L^{-1}$)	0.1	0.01
电导率/($\mu S \cdot cm^{-1}$)		

七、注意事项

1. 盐酸、过氧化氢有腐蚀性，取用时要戴防护手套。
2. 氧化过程中的温度不能过高。

八、思考题

1. 本实验中如何将 Co(Ⅱ) 的配合物氧化为相应的 Co(Ⅲ)?
2. 如何确定配合物的组成?

实验 11 平衡常数的测定

配套数字资源

预习要点

1. 了解朗伯-比尔定律及其应用。
2. 学习平衡常数的相关知识，了解分光光度计的使用原理和操作方法。

一、实验目的

1. 了解比色法测定平衡常数的原理和方法。
2. 学习分光光度计的使用方法。

二、实验原理

朗伯-比尔定律（Lambert-Beer law）是分光光度法的基本定律，是描述物质对某一波长光吸收的强弱与吸光物质的浓度及其液层厚度间的关系的定律，见图 6.8。

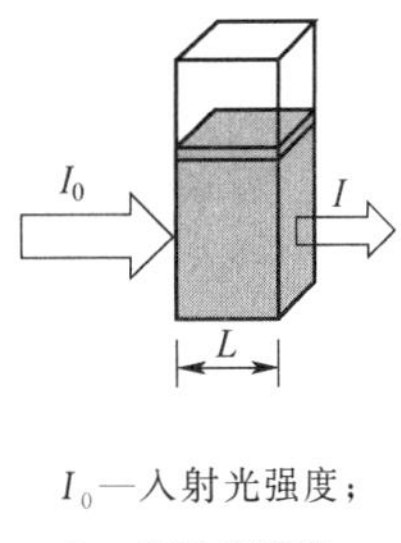

I_0—入射光强度；
I—出射光强度；
L—液层厚度
图 6.8 光的吸收示意图

当一束平行单色光垂直通过某一均匀非散射的吸光物质时，其吸光度 A 与吸光物质的浓度 c 及吸收层厚度 L 成正比，而与透光度 T 成反比。其数学表达式为：

$$A=-\lg T=-\lg \frac{I}{I_0}=\varepsilon c L$$

式中，A 为吸光度；T 为透射比（透光度），是出射光强度 I 与入射光强度 I_0 之比；ε 为摩尔吸光系数，与吸收物质的性质及入射光的波长 λ 有关；c 为吸光物质的浓度，$mol \cdot L^{-1}$；L 为吸收层厚度，cm。

对于一些能生成有色离子的反应，可利用比色法测定离子的平衡浓度，从而求得反应的平衡常数。分光光度法采用单色光进行比色分析，在指定条件下，让光线通过置于液层厚度同为 L 的溶液，此时有：

$$\frac{A'}{A}=\frac{c'}{c}$$

这样利用已知标准溶液的浓度 c'，再由分光光度计分别测出标准溶液的吸光度 A' 和待测溶液的吸光度 A，就可求得待测溶液中有色物质的浓度 c。

本实验测定的反应是：

$$Fe^{3+}(aq)+HSCN(aq)=\!=\!=[Fe(SCN)]^{2+}(aq)+H^{+}(aq)$$

其平衡常数为：

$$K=\frac{\{c_{eq}[Fe(SCN)^{2+}]/c^{\ominus}\}[c_{eq}(H^{+})/c^{\ominus}]}{[c_{eq}(Fe^{3+})/c^{\ominus}][c_{eq}(HSCN)/c^{\ominus}]}$$

待测溶液中 $[Fe(SCN)]^{2+}$ 的平衡浓度 $c_{eq}[Fe(SCN)^{2+}]$ 可通过与标准 $[Fe(SCN)]^{2+}$ 溶液比色而测得。Fe^{3+}、HSCN 以及 H^{+} 的平衡浓度 c 与其对应的起始浓度 c_0 的关系分别为：

$$c_{eq}(Fe^{3+})=c_0(Fe^{3+})-c_{eq}\{[Fe(SCN)]^{2+}\}$$

$$c_{eq}(HSCN)=c_0(HSCN)-c_{eq}\{[Fe(SCN)]^{2+}\}$$

$$c_{eq}(H^{+})\approx c_0(H^{+})$$

将各物质的平衡浓度 c 代入平衡常数公式，即可求得 K 值。

三、实验试剂与器材

试剂：KSCN(s，AR)、$Fe(NO_3)_3$(0.200 mol·L^{-1})、HNO_3(0.50 mol·L^{-1})。

器材：分析天平、玻璃棒、分光光度计、比色管、比色管架、移液管或吸量管、容量瓶、洗瓶、滤纸片、擦镜纸。

四、实验流程（图 6.9）

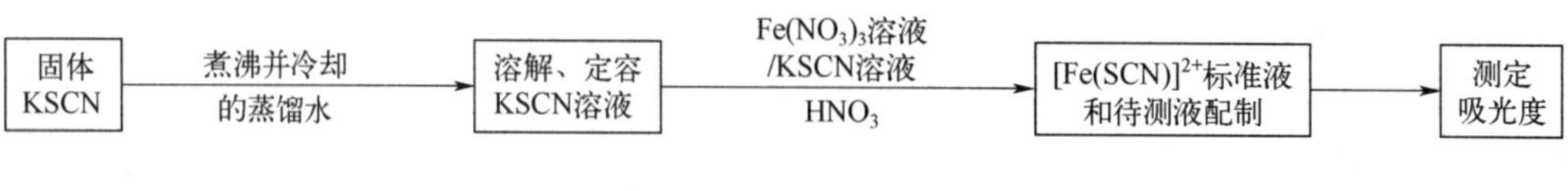

图 6.9　吸光度的测定

五、实验步骤

1. 溶液的配制

(1) 硫氰酸钾 (0.0020mol·L^{-1}) 溶液的配制。

准确称取硫氰酸钾 0.0194g，溶于煮沸并冷却的蒸馏水中，定容至 100mL。

(2) 标准 $[Fe(SCN)]^{2+}$ 溶液的配制。分别准确移取 10.00mL 0.200mol·L^{-1} $Fe(NO_3)_3$ 溶液、2.00mL 0.0020mol·L^{-1}KSCN 溶液、8.00mL 0.50mol·$L^{-1}$$HNO_3$ 溶液，注入已做好编号的干燥比色管中，轻轻摇荡，使混合均匀。

(3) 待测溶液的配制。按表 6.3 分别准确移取各溶液于 4 支干燥比色管中，配制待测溶液。

表 6.3　待测溶液的配制

项　目	溶液体积 V/mL			
	Ⅰ	Ⅱ	Ⅲ	Ⅳ
0.200mol·L^{-1} $Fe(NO_3)_3$ 溶液	5.00	5.00	5.00	5.00
0.0020mol·L^{-1} KSCN 溶液	5.00	4.00	3.00	2.00
0.50mol·L^{-1} HNO_3 溶液	10.00	11.00	12.00	13.00

2. 平衡常数的测定

在 447nm 下，以空白溶液调零，分别测定标准溶液和待测溶液的吸光度，计算其平衡常数。

六、实验数据及处理

项　目		Ⅰ	Ⅱ	Ⅲ	Ⅳ	标准
A(比色皿厚度 1cm)						
起始浓度 c_0/(mol·L^{-1})	Fe^{3+}					
	SCN					
	H^+					
平衡浓度 c/(mol·L^{-1})	$[Fe(SCN)]^{2+}$					
	Fe^{3+}					
	HSCN					
	H^+					
平衡常数 K						
室温 t=　　℃；		$\overline{K}$=				

七、注意事项

1. 为了抑制 Fe^{3+} 与水作用产生棕色的 $[Fe(OH)]^{2+}$（会干扰比色测定），反应系统中应控制较大的酸度，例如 $c(H^+)=0.50mol\cdot L^{-1}$。而在此条件下，系统中所用反应试剂（配合剂）$SCN^-$ 基本以 HSCN 形式存在。

2. $Fe(NO_3)_3$ 溶液（0.200mol·L^{-1}）是将 $Fe(NO_3)_3\cdot 9H_2O$ 溶解于 1.0mol·L^{-1} HNO_3 中配成，HNO_3 的浓度应尽量准确，以免影响 H^+ 的浓度。

3. 实验中标准 $[Fe(SCN)]^{2+}$ 溶液的配制是基于：当 $c_0(Fe^{3+}) \gg c_0(HSCN)$ 时，例如，$c_0(Fe^{3+})=0.100mol \cdot L^{-1}$，$c_0(HSCN)=0.0002mol \cdot L^{-1}$，可认为 HSCN 几乎全部转化为 $[Fe(SCN)]^{2+}$，即标准 $[Fe(SCN)]^{2+}$ 溶液的浓度等于 HSCN（或 KSCN）的起始浓度。

4. 若考虑下列平衡：

$$HSCN(aq) \rightleftharpoons H^+(aq)+SCN^-(aq)$$

$$K_a(HSCN)=0.141$$

$$K_a(HSCN)=\frac{[c_{eq}(SCN^-)/c^{\ominus}][c_{eq}(H^+)/c^{\ominus}]}{[c_{eq}(HSCN)/c^{\ominus}]}$$

则 $c_{eq}(HSCN)=c_0(HSCN)-c_{eq}\{[Fe(SCN)]^{2+}\}$ 应为：

$$c_{eq}(HSCN)+c_{eq}(SCN^-)=c_0(HSCN)-c_{eq}([Fe(SCN)]^{2+})$$

$$c_{eq}(HSCN)+K_a(HSCN)\times\frac{c_{eq}(HSCN)/c^{\ominus}}{c_{eq}(H^+)/c^{\ominus}}=c_0(HSCN)-c_{eq}([Fe(SCN)]^{2+})$$

$$c_{eq}(HSCN)=\{c_0(HSCN)-c_{eq}([Fe(SCN)]^{2+})\}/\left[1+\frac{K_a(HSCN)}{c_{eq}(H^+)/c^{\ominus}}\right]$$

设 $c_{eq}(H^+)=0.50mol \cdot mL^{-1}$，又因 $K_a(HSCN)=0.141$，则：

$$c_{eq}(HSCN)=\{c_0(HSCN)-c_{eq}([Fe(SCN)]^{2+})\}/\left(1+\frac{0.141}{0.50}\right)$$

$$c_{eq}(HSCN)\approx 0.78\{c_0(HSCN)-c_{eq}([Fe(SCN)]^{2+})\}$$

5. 比色皿用待测溶液润洗，装液量在比色皿的 2/3 左右，手持比色皿的磨砂面，用擦镜纸擦拭比色皿的光洁面。

八、思考题

1. 本实验所用 $Fe(NO_3)_3$ 溶液为何要用 HNO_3 配制？

2. 分光光度计及比色皿在使用过程中要注意什么？

实验 12　反应级数的测定

配套数字资源

预习要点

1. 学习浓度、温度、催化剂对化学反应速率的影响。

2. 学习一级反应的特点，如何正确处理实验数据。

一、实验目的

1. 了解反应级数的测定方法与原理。

2. 加深对浓度与反应速率的关系（速率方程）的理解。

3. 学会实验数据的表达与处理。

二、实验原理

一定温度下，化学反应的速率与反应物浓度的定量关系可用反应速率方程式表示。例如反应：

$$2Fe^{3+}(aq)+2I^-(aq)=\!=\!=2Fe^{2+}(aq)+I_2(aq)$$

其反应速率方程式为：

$$v=-\frac{\Delta c(Fe^{3+})}{\Delta t}=k[c(Fe^{3+})]^m[c(I^-)]^n$$

式中，k 为反应速率常数；浓度项指数的和（$m+n$）为总反应级数。或者说，该反应的级数对反应物Fe^{3+}为 m 级，对 I^- 为 n 级。对于不同的反应，m 和 n 的数值可以是正整数或分数，并包括零，它们都是由实验测得的。

测定Fe^{3+}的级数 m 时，应使温度以及 I^- 的浓度等其他反应条件保持不变，通过测定Fe^{3+}不同起始浓度 c_0 时的反应速率 v，然后以 $\lg v$ 对 $\lg c_0(Fe^{3+})$ 或以 $\ln v$ 对 $\ln c_0(Fe^{3+})$ 作图，所得直线的斜率即为 m。

$$\lg v=\lg k+m\lg c(Fe^{3+})+n\lg c(I^-)$$

本实验测定的 Δt 是时间内的平均反应速率，它是借测定消耗相同量$Na_2S_2O_3$ 所需的 Δt 来确定的。因为在反应溶液中加入的$Na_2S_2O_3$ 可使反应生成的 I_2 立即转变为无色的 I^-。

$$2S_2O_3^{2-}(aq)+I_2(aq)=\!=\!=S_4O_6^{2-}(aq)+2I^-(aq)$$

一旦溶液中的$Na_2S_2O_3$ 耗尽，反应产生的 I_2 即与淀粉作用显示特征的蓝色。

因此，只需测定从反应溶液混合至蓝色出现的时间间隔 Δt，由已知的$Na_2S_2O_3$ 的起始浓度 $c_0(S_2O_3^-)$ 即 $\Delta c(S_2O_3^-)$ 即可求得反应速率 v。

又由反应的化学计量数关系可知，反应中Fe^{3+}的物质的量与 $S_2O_3^-$ 的物质的量的消耗量相当，或者说，它们的浓度变化相等，即在时间间隔 Δt 内：

$$\Delta c(Fe^{3+})=\Delta c(S_2O_3^-)=c_0(S_2O_3^-)$$

因此，平均反应速率为：

$$\overline{v}=-\frac{\Delta c(Fe^{3+})}{2\Delta t}=-\frac{\Delta c(S_2O_3^-)}{2\Delta t}=\frac{0-c_0(S_2O_3^{2-})}{(-2)\Delta t}=\frac{c_0(S_2O_3^{2-})}{2\Delta t}$$

由反应式可知消耗的 I^- 将及时由后反应全数复原。因此，只要保持 I^- 的起始浓度恒定，在出现蓝色前的反应过程中，就可认为 I^- 的浓度不发生变化，即 I^- 的浓度可借自动调节而保持不变，这也是选择本反应来测定反应级数的优点。

同理，测定 I^- 的级数 n 时，应使温度以及Fe^{3+}的浓度等其他反应条件保持不变，通过测定 I^- 不同起始浓度时的反应速率 v，然后以 $\lg v$ 对 $\lg c_0(I^-)$ 或 $\ln v$ 对 $\ln c_0(I^-)$ 作图，所得直线的斜率即为 n。由得到的 m 和 n 值可求得总反应级数，即（$m+n$）。

三、实验试剂与器材

试剂：HNO_3（0.15mol·L^{-1}）、$Fe(NO_3)_3$（0.04mol·L^{-1}）、KI（0.04mol·L^{-1}）、$Na_2S_2O_3$（0.004mol·L^{-1}）、淀粉（1%）。

器材：烧杯、铁架台、三脚架、水浴锅、滴管、量筒、洗瓶、玻璃棒、温度计、秒表、移液管、电磁搅拌器。

四、实验流程（图 6.10）

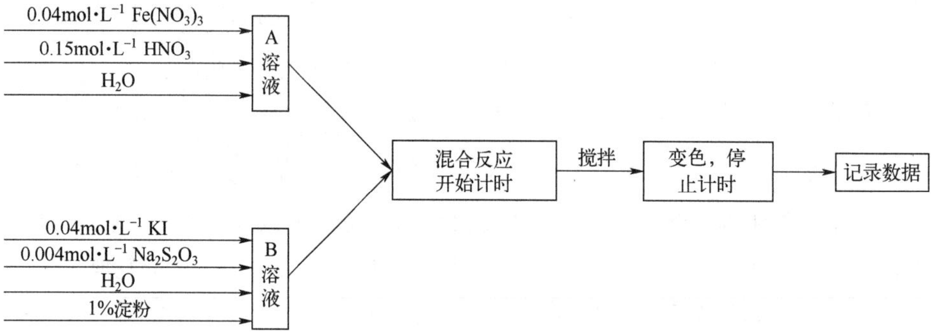

图 6.10　反应级数的测定

五、实验步骤

1. 仪器准备

取 4 支移液管，贴上标签，分别用于移取 0.04mol·L^{-1} $Fe(NO_3)_3$、0.04mol·L^{-1} KI、0.15mol·L^{-1} HNO_3 和 0.004mol·L^{-1} $Na_2S_2O_3$ 溶液。H_2O、1%淀粉溶液可分别用 50mL、10mL 的量筒量取。

2. 对反应物 Fe^{3+} 级数的测定

(1) 取 8 只烧杯分成 4 组并编号 A、B，并一一做好标记。按表 6.4 中编号Ⅰ至Ⅶ的配比，准确量取各种溶液，置于相应各烧杯中，混合均匀，配成 A 液和 B 液。

A 液由 $Fe(NO_3)_3$、HNO_3 等溶液与 H_2O 组成，B 液由 KI、$Na_2S_2O_3$、淀粉等溶液与 H_2O 组成。测定反应物 Fe^{3+} 的级数时，可借改变 4 组中 $Fe(NO_3)_3$ 溶液的体积来改变 $c_0(Fe^{3+})$，HNO_3 的体积也应作相应改变，以维持总体积不变；此时相应 4 组 B 液的配比均相同，以保持 $c(I^-)$ 不变。

表 6.4　反应级数测定的溶液配比

<table>
<tr><td rowspan="3" colspan="2">项目</td><td colspan="4">反应物 Fe^{3+} 级数的测定</td><td rowspan="2">Ⅴ</td><td rowspan="2">Ⅵ</td><td rowspan="2">Ⅶ</td></tr>
<tr><td rowspan="2">Ⅰ</td><td rowspan="2">Ⅱ</td><td rowspan="2">Ⅲ</td><td>Ⅳ共用</td></tr>
<tr><td colspan="4">反应物 I^- 级数的测定</td></tr>
<tr><td rowspan="3">V_A/mL</td><td>0.04mol·L^{-1} $Fe(NO_3)_3$</td><td>25.00</td><td>20.00</td><td>15.00</td><td>10.00</td><td>10.00</td><td>10.00</td><td>10.00</td></tr>
<tr><td>0.15mol·L^{-1} HNO_3</td><td>5.00</td><td>10.00</td><td>15.00</td><td>20.00</td><td>20.00</td><td>20.00</td><td>20.00</td></tr>
<tr><td>H_2O</td><td>20.0</td><td>20.0</td><td>20.0</td><td>20.0</td><td>20.0</td><td>20.0</td><td>20.0</td></tr>
<tr><td rowspan="2">V_B/mL</td><td>0.04mol·L^{-1} KI</td><td>10.00</td><td>10.00</td><td>10.00</td><td>10.00</td><td>15.00</td><td>20.00</td><td>25.00</td></tr>
<tr><td>0.004mol·L^{-1} $Na_2S_2O_3$</td><td>10.00</td><td>10.00</td><td>10.00</td><td>10.00</td><td>10.00</td><td>10.00</td><td>10.00</td></tr>
</table>

续表

<table>
<tr><td colspan="2" rowspan="3">项目</td><td colspan="4">反应物 Fe^{3+} 级数的测定</td><td rowspan="2">Ⅴ</td><td rowspan="2">Ⅵ</td><td rowspan="2">Ⅶ</td></tr>
<tr><td rowspan="2">Ⅰ</td><td rowspan="2">Ⅱ</td><td rowspan="2">Ⅲ</td><td>Ⅳ共用</td></tr>
<tr><td colspan="4">反应物 I^- 级数的测定</td></tr>
<tr><td rowspan="2">V_B/mL</td><td>H_2O</td><td>25.0</td><td>25.0</td><td>25.0</td><td>25.0</td><td>20.0</td><td>15.0</td><td>10.0</td></tr>
<tr><td>1%淀粉</td><td>5.0</td><td>5.0</td><td>5.0</td><td>5.0</td><td>5.0</td><td>5.0</td><td>5.0</td></tr>
</table>

(2) A、B 组试液混合后立即计时，用玻璃棒搅拌或把烧杯放在电磁搅拌器上搅拌，等溶液变蓝时停止计时，记下时间 Δt(s) 和室温（℃）。将有关数据一一记入 Fe^{3+} 级数测定表中。

(3) 重复步骤（2），依次混合第Ⅱ～Ⅳ组的反应溶液（预先估计一下哪一组的溶液混合后出现蓝色所需的时间间隔最短）。

(4) 根据实验所得有关数据，计算出相应的 $\lg c_0(Fe^{3+})$ 与 $\lg v$ 的数值，以 $\lg c_0(Fe^{3+})$ 为横坐标、$\lg v$ 为纵坐标作图，求得反应物Fe^{3+}的级数 m。

3. 反应物 I^- 级数的测定

按表 6.4 在完成编号第Ⅳ组的基础上，进行第Ⅴ～Ⅶ组的实验。因为是测定反应物 I^- 的级数，因此 A 液的配比保持不变，即Fe^{3+}溶液的体积不变。在各组配方中，依次增加 B 液中 KI 溶液的体积，H_2O 的体积也做相应的改变，以维持总体积 50mL 不变。

取 6 只烧杯做上标记，按表 6.4 中编号第Ⅴ～Ⅶ组的配比（若未做反应物Fe^{3+}级数的测定，则仍需完成编号第Ⅳ组的实验，因为它既属于反应物Fe^{3+}级数的测定，也属于反应物 I^- 级数的测定）。准确量取各种溶液。

按照测定反应物Fe^{3+}级数的同样步骤，测定室温 T 与反应时间间隔 Δt，并将有关数据一一记入反应物 I^- 级数的测定表中。

六、实验数据及处理

1. 反应物 Fe^{3+} 级数的测定。

室温（℃）：

<table>
<tr><td colspan="2">项　目</td><td>Ⅰ</td><td>Ⅱ</td><td>Ⅲ</td><td>Ⅳ</td></tr>
<tr><td rowspan="3">100mL 混合溶液中各反应物的起始浓度 c_0/(mol·L^{-1})</td><td>$Fe(NO_3)_3$</td><td></td><td></td><td></td><td></td></tr>
<tr><td>KI</td><td colspan="4"></td></tr>
<tr><td>$Na_2S_2O_3$</td><td colspan="4"></td></tr>
<tr><td colspan="2">反应时间 Δt/s</td><td></td><td></td><td></td><td></td></tr>
<tr><td colspan="2">$S_2O_3^-$ 的浓度变化 $\Delta c(S_2O_3^-)$/(mol·L^{-1})</td><td colspan="4"></td></tr>
<tr><td colspan="2">反应速率 v/(mol·L^{-1}·s^{-1})</td><td></td><td></td><td></td><td></td></tr>
<tr><td colspan="2">$\lg v$</td><td></td><td></td><td></td><td></td></tr>
<tr><td colspan="2">$c_0(Fe^{3+})$/(mol·L^{-1})</td><td></td><td></td><td></td><td></td></tr>
<tr><td colspan="2">$\lg c_0(Fe^{3+})$</td><td></td><td></td><td></td><td></td></tr>
<tr><td colspan="2">m</td><td colspan="4"></td></tr>
</table>

2. 反应物 I^- 级数的测定。

室温（℃）：

项　目		Ⅰ	Ⅱ	Ⅲ	Ⅳ
100mL 混合溶液中各反应物的起始浓度 $c_0/(mol \cdot L^{-1})$	KI				
	$Fe(NO_3)_3$				
	$Na_2S_2O_3$				
反应时间 $\Delta t/s$					
$S_2O_3^-$ 的浓度变化 $\Delta c(S_2O_3^-)/(mol \cdot L^{-1})$					
反应速率 $v/(mol \cdot L^{-1} \cdot s^{-1})$					
$\lg v$					
$c_0(I^-)/(mol \cdot L^{-1})$					
$\lg c_0(I^-)$					
n					

七、注意事项

1. 若 B 液在未与 A 液混合前出现蓝色，则表示溶液已被污染，需重新配制。
2. 混合时倾倒动作要尽量快，但又不能将溶液溅出烧杯外。烧杯内尽量勿残留溶液。

八、思考题

1. 如何测定某一反应的总反应级数？实验时应固定什么条件、改变什么条件？请结合本实验说明。

2. 实验中为什么可由反应溶液从混合到出现蓝色所需时间间隔 Δt 来求得反应速率？反应溶液出现蓝色后，反应是否就已终止？

3. 本实验反应溶液出现蓝色的时间间隔 Δt 的长短取决于哪些因素？实验中应如何操作才能较准确地测得 Δt 的数值？

4. 为什么要用 $\lg c_0(Fe^{3+})$ ［或 $\lg c_0(I^-)$］与 $\lg v$ 作图，而不用 $c_0(Fe^{3+})$、v 分别作为横坐标、纵坐标作图？

实验 13　硫酸钡溶度积的测定

配套数字资源

预习要点

1. 了解难溶电解质溶度积常数的测定原理和方法。
2. 了解电导率仪的工作原理和使用方法。

一、实验目的

1. 了解用电导率法测定难溶电解质溶度积常数的原理和方法。
2. 熟悉沉淀的生成、洗涤等基本操作。

3. 掌握电导率仪的工作原理及使用方法。

二、实验原理

在难溶电解质$BaSO_4$的饱和溶液中存在下列平衡：

$$BaSO_4 \rightleftharpoons Ba^{2+} + SO_4^{2-}$$

其溶度积为：

$$K(BaSO_4) = c(Ba^{2+})c(SO_4^{2-}) = c^2(BaSO_4)$$

由于难溶电解质的溶解度很小，很难直接测定，因此本实验利用浓度与电导率的关系，通过测定溶液的电导率，计算$BaSO_4$的溶解度$s(BaSO_4)$，从而计算其溶度积。

电导是电阻的倒数，即：

$$G = \sigma \frac{A}{l}$$

式中，G是电导，S；A是截面积，m^2；l是长度，m；σ是电导率，$S \cdot m^{-1}$。

若在测定平行电极之间溶液的电导时，面积$A = 1cm^2$，电极相距1cm，溶液浓度为$1mol \cdot L^{-1}$，则电解质溶液的电导为摩尔电导，用λ表示。当溶液浓度无限稀时，正、负离子之间的影响趋于零，摩尔电导趋于最大值，称为极限摩尔电导。实验证明，当溶液无限稀时，每种电解质的极限摩尔电导是解离的两种离子的极限摩尔电导的简单加和。对于$BaSO_4$饱和溶液：

$$\lambda_0^{\infty}(BaSO_4) = \lambda_0^{\infty}(Ba^{2+}) + \lambda_0^{\infty}(SO_4^{2-})$$

电解质溶液中摩尔电导（λ）、电导率（σ）与浓度（c）间存在着下列关系：

$$\lambda = \frac{\sigma}{c}$$

对于难溶电解质来说，它的饱和溶液可近似地看成无限稀释溶液，离子间的影响可忽略不计，这时溶液的摩尔电导为极限摩尔电导，$\lambda_0^{\infty}(BaSO_4)$可由物理化学手册查得。因此，只要测得$BaSO_4$饱和溶液的电导率$\sigma$，就可计算出$BaSO_4$的摩尔溶解度$s(BaSO_4)$。

$$s(BaSO_4) = \sigma(BaSO_4) \times \frac{1}{\lambda_0^{\infty}(BaSO_4)}(mol \cdot m^{-3}) = \sigma(BaSO_4) \times \frac{1}{1000\lambda_0^{\infty}(BaSO_4)}(mol \cdot L^{-1})$$

$$K_{SP}(BaSO_4) = \sigma(BaSO_4) \times \frac{1}{1000\lambda_0^{\infty}(BaSO_4)}$$

三、实验试剂与器材

试剂：$BaCl_2$(0.05mol·L^{-1})、H_2SO_4(0.05mol·L^{-1})、$AgNO_3$(0.1mol·L^{-1})。

器材：电导率仪、量筒、电炉、烧杯、玻璃棒、滴管、洗瓶、滤纸、石棉网、恒温水浴锅。

四、实验流程（图 6.11）

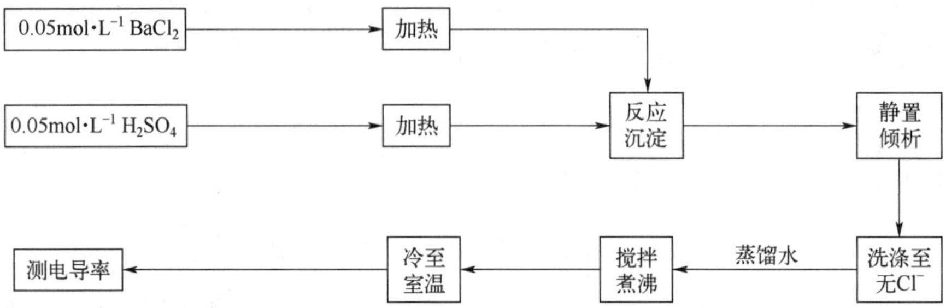

图 6.11　硫酸钡溶度积的测定

五、实验步骤

1. $BaSO_4$ 饱和溶液的制备

量取 20mL 0.05mol·L^{-1} H_2SO_4 溶液和 20mL 0.05 mol·$L^{-1}$$BaCl_2$ 溶液分别置于 100mL 烧杯中，加热近沸（到刚有气泡出现），在搅拌下趁热将 0.05mol·$L^{-1}$$BaCl_2$ 溶液慢慢（每秒 2～3 滴）滴入 H_2SO_4 溶液中，然后将盛有沉淀的烧杯放置于沸水浴中加热，并搅拌 10min，静置冷却 20min，用倾析法去掉上清液，再用近沸的蒸馏水洗涤$BaSO_4$ 沉淀，重复洗涤沉淀 3～4 次，直到检验清液中无Cl^-为止（为了提高洗涤效果，每次应尽量不留母液）。最后在洗净的$BaSO_4$ 沉淀中加入 40mL 蒸馏水，煮沸 3～5min，并不断搅拌，冷却至室温。

2. 电导率的测定

用电导率仪测定上述步骤制得的$BaSO_4$ 饱和溶液的电导率 σ。

六、实验数据及处理

室温	$\sigma(BaSO_4)/(S\cdot m^{-1})$	$K(BaSO_4)$

七、注意事项

1. 硫酸钡要充分煮沸，以除去其中的可溶性杂质，否则硫酸钡溶解度的测定值将大于其真实值。为了保证$BaSO_4$ 饱和溶液的饱和度，在测定 $\sigma(BaSO_4)$ 时一定要使盛$BaSO_4$ 饱和溶液的小烧杯中下层有$BaSO_4$ 晶体，上层是澄清液。

2. 电解质溶液电导的温度系数较大，温度变化 1 ℃，温度系数改变约 2%，测量时应注意保持恒温条件。

3. 计算所得的 $K(BaSO_4)$ 只是近似值，因为测得的$BaSO_4$ 饱和溶液电导率 $\sigma(BaSO_4)$ 包括了 H_2O 的电导率 $\sigma(H_2O)$。实验所用蒸馏水的电导率应在 $5\times10^{-4}S\cdot m^{-1}$ 左右，这样才可使 $K(BaSO_4)$ 较好地接近文献值。精确计算时，在测定 $\sigma(BaSO_4)$ 的同时还应测定制备$BaSO_4$ 饱和溶液所用的蒸馏水的电导率 $\sigma(H_2O)$，然后按下式计算：

$$K_{SP}(BaSO_4)=\left\{\frac{1}{1000\lambda_0^{\infty}(BaSO_4)}[\sigma(BaSO_4)-\sigma(H_2O)]\right\}^2$$

4. 25℃时，无限稀释的$\lambda_0^\infty(BaSO_4)=286.88\times10^{-4}(S\cdot m^2)\cdot mol^{-1}$。

八、思考题

1. 为什么在制得的$BaSO_4$沉淀中要反复洗涤至溶液中无Cl^-存在？如果不这样洗对实验结果有何影响？

2. 使用电导率仪要注意哪些操作？

实验 14　磺基水杨酸合铁（Ⅲ）配合物的组成及稳定常数的测定

预习要点

1. 了解配合物的组成和配离子的稳定常数的相关知识。
2. 学习如何正确处理实验数据。

配套数字资源

一、实验目的

1. 掌握用比色法测定配合物的组成和配离子的稳定常数的原理和方法。
2. 进一步学习分光光度计的使用及有关实验数据的处理方法。

二、实验原理

磺基水杨酸（H_3R）的一级电离常数$K_1=3\times10^{-3}$，与Fe^{3+}可以形成稳定的配合物，因溶液的pH值不同，形成配合物的组成也不同。

磺基水杨酸溶液是无色的，Fe^{3+}的浓度很稀时也可以认为是无色的，它们在pH值为2～3时，生成紫红色螯合物（有一个配位体）；pH值为4～9时，生成红色螯合物（有2个配位体）；pH值为9～11.5时，生成黄色螯合物（有3个配位体）；pH值为12时，有色螯合物被破坏而生成$Fe(OH)_3$沉淀。

测定配合物的组成常用光度计，其前提条件是溶液中的中心离子和配位体都为无色，只有它们所形成的配合物有色。本实验是在pH值为2～3的条件下，用光度法测定上述配合物的组成和稳定常数，如前所述，测定的前提条件是基本满足的；实验中用高氯酸（$HClO_4$）来控制溶液的pH值和作空白溶液（其优点主要是ClO_4^-不易与金属离子配位）。由朗伯-比尔定律可知，所测溶液的吸光度在液层厚度一定时，只与配离子的浓度成正比。通过对溶液吸光度的测定，可以求出该配离子的组成。

下面介绍一种常用的测定方法：

等摩尔系列法：即用一定波长的单色光，测定一系列变化组分的溶液的吸光度（中心离子M和配体R的总摩尔数保持不变，而M和R的摩尔分数连续变化）。显然，在这一系列的溶液中，有一些溶液中金属离子是过量的，而另一些溶液中配体是过量的；在这两部分溶液中，配离子的浓度都不可能达到最大值；只有当溶液离子与配体的摩尔数之比与配离子的组成一致时；配离子的浓度才能最大。由于中心离子和配体基本无色，只有配离子有色，所

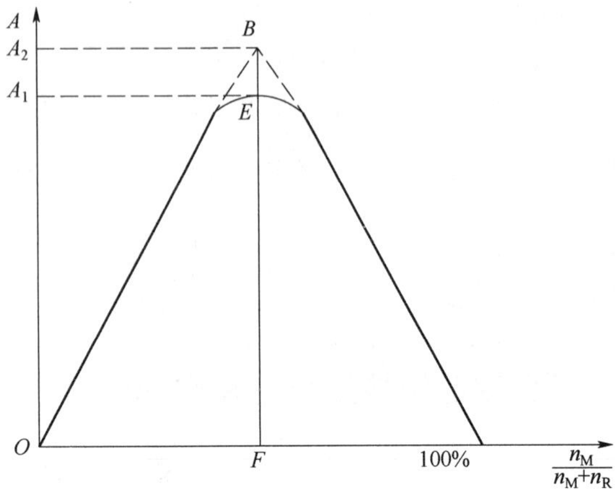

图 6.12　等摩尔系列法

以配离子的浓度越大，溶液颜色越深，其吸光度也就越大，若以吸光度对配体的摩尔分数作图，则从图上最大吸收峰处可以求得配合物的组成 n 值，如图 6.12 所示：

如图，根据最大吸收处可知该配合物的组成（MR）。

一般认为，最大吸光度值 B 点处的 M 和 R 全部配位，吸光度为 A_2。但由于配离子有一部分解离，其实际浓度要稍低一些，实验测得的最大吸光度值在 E 点（如图 6.12 所示），其吸光度为 A_1，因此配离子的解离度可表示为：

$$\alpha=(A_2-A_1)/A_2$$

再根据 1∶1 组成配合物的关系式即可导出稳定常数 K。

$$M+R \rightleftharpoons MR$$

起始浓度	0	0	c
平衡浓度	$c\alpha$	$c\alpha$	$c(1-\alpha)$

$$K=\frac{c_{MR}}{c_M c_R}=\frac{1-\alpha}{c\alpha^2}$$

式中，c 相应于 B 点的金属离子浓度（这里的 K 没有考虑溶液中的Fe^{3+}离子的水解平衡和磺基水杨酸电离平衡的表观稳定常数）。

三、实验试剂与器材

试剂：$HClO_4$（0.01mol·L^{-1}）、磺基水杨酸（0.0100mol·L^{-1}）、$NH_4Fe(SO_4)_2$（0.0100mol·L^{-1}）。

器材：721 型可见分光光度计、烧杯、容量瓶、移液管、洗耳球、玻璃棒、擦镜纸。

四、实验流程（图 6.13）

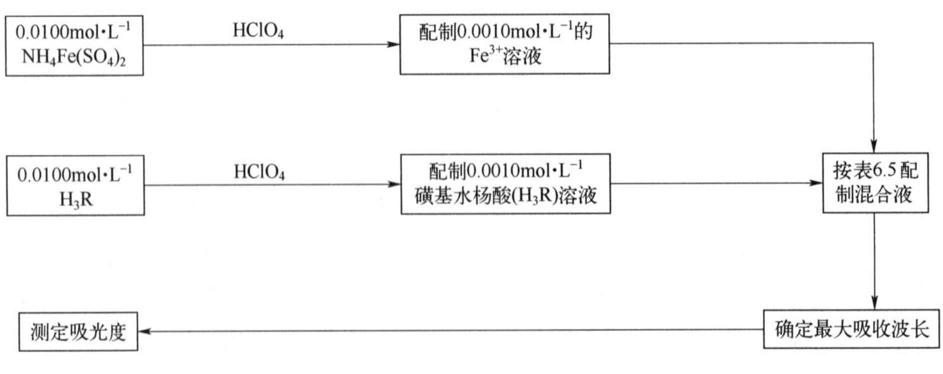

图 6.13　磺基水杨酸合铁（Ⅲ）配合物的组成及稳定常数的测定

五、实验步骤

1. 溶液的配制

(1) 配制 0.0010mol·L^{-1} 的Fe^{3+}溶液　用移液管吸取 10.00mL 0.0100mol·L^{-1} 的 $NH_4Fe(SO_4)_2$ 溶液，注入 100mL 容量瓶中，用 0.01mol·L^{-1} 的$HClO_4$ 溶液稀释至刻度，摇匀，备用。

(2) 配制 0.0010mol·L^{-1} 磺基水杨酸（H_3R）溶液　用移液管量取 10.00mL 0.0100mol·L^{-1} 的 H_3R 溶液，注入 100mL 容量瓶中，用 0.01mol·L^{-1} 的$HClO_4$ 溶液稀释至刻度，摇匀，备用。

2. 系列配离子（或配合物）溶液吸光度的测定

用移液管按表 6.5 的体积量取各溶液，分别注入已编号的 100mL 容量瓶中，用 0.01mol·L^{-1} $HClO_4$ 定容到 100mL。

用波长扫描方式对其中的 5 号溶液进行扫描，得到吸收曲线，确定最大吸收波长。

选取上面步骤所确定的扫描波长，在该波长下，分别测定各待测溶液的吸光度，并记录已稳定的读数。

六、数据记录及处理

1. 实验数据记录见表 6.5。

表 6.5　磺基水杨酸合铁（Ⅲ）配合物的组成及吸光度的测定

混合液编号	1	2	3	4	5	6	7	8	9	10	11
$NH_4Fe(SO_4)_2$ 溶液体积/mL	0	1.00	2.00	3.00	4.00	5.00	6.00	7.00	8.00	9.00	10.00
磺基水杨酸体积/mL	10.00	9.00	8.00	7.00	6.00	5.00	4.00	3.00	2.00	1.00	0
体积比$=\dfrac{V(Fe^{3+})}{V(Fe^{3+})+V(R)}$											
混合液吸光度 A											

2. 用等摩尔变化法确定配合物组成：根据表 6.5 的数据，作吸光度 A 对摩尔比的关系图。将两侧的直线部分延长，交于一点，由交点确定配位数 n。

3. 磺基水杨酸合铁（Ⅲ）配合物的组成及其稳定常数的计算，从图中找出 A_1 和 A_2，计算 α 和稳定常数。

七、注意事项

1. 控制溶液酸度。
2. 仪器操作需规范。

八、思考题

1. 用等摩尔系列法测定配合物组成时，为什么说溶液中金属离子的摩尔数与配位体的摩尔数之比正好与配离子组成相同时，配离子的浓度为最大？

2. 在测定吸光度时，如果温度变化较大，对测得的稳定常数有何影响？

实验 15　氧化还原反应与电极电位

配套数字资源

预习要点

1. 学习浓度、温度、酸度对电极电位的影响。
2. 原电池、电解池的组成及工作原理。

一、实验目的

1. 了解电极电位和氧化还原反应的关系。
2. 掌握影响电极电位的因素及其与氧化还原反应的关系。
3. 掌握原电池、电解池的组成及其原理。

二、实验原理

氧化还原过程是电子转移过程。氧化还原反应中得到电子的物质是氧化剂，失去电子的物质是还原剂。不同的氧化剂或还原剂氧化或还原能力是有差别的。其氧化还原能力高低可以用该物质的氧化态-还原态所组成电对的电极电位［如 $\varphi(Zn^{2+}/Zn)$、$\varphi(Cu^{2+}/Cu)$ 等］的相对高低来衡量。一个电对的 φ 代数值越大，表示相应的氧化还原电对中的氧化态的氧化性越强，而对应的还原态的还原性越弱，反之亦然。

电极电位的大小与氧化态和还原态的浓度、溶液的温度及介质的酸碱度等因素有关。对于任意给定的电对反应：

$$\text{氧化态} + ne^- \longrightarrow \text{还原态}$$

其电极电位可用能斯特方程表示：

$$\varphi = \varphi^\ominus + \frac{RT}{nF}\ln[c(\text{氧化态})/c(\text{还原态})]$$

式中，φ 为某条件下的电极电位，V；$\varphi^\ominus$ 为标准状态下该电对的电极电位，又称标准电极电位，V；R 为摩尔气体常数，$8.314J \cdot mol^{-1} \cdot K^{-1}$；$T$ 为热力学温度，K；n 为在该电对的反应中电子转移数；F 为法拉第常数，$96486C \cdot mol^{-1}$。

若将上式中的自然对数换成常用对数，在常温（$T = 298.15K$）下，能斯特方程可表示为：

$$\varphi = \varphi^\ominus + \frac{0.0592}{n}\lg[c(\text{氧化态})/c(\text{还原态})]$$

把化学能转化成电能的装置叫作原电池。理论上任何一个氧化还原反应都可设计成原电池。原电池之所以会有电流产生，是因为组成原电池的两个电极之间存在电位差，这个电位差称为原电池的电动势（用符号 E 表示）。原电池的电动势是电池反应的驱动力。一般来说，较活泼的金属为负极，发生氧化反应；较不活泼的金属为正极，发生还原反应。

当电流通过电解质溶液时，在电极上发生的化学变化叫电解。在电解池中，与电源负极相连的阴极进行还原反应；与电源正极相连的阳极进行氧化反应。电解产物与电极电位的大小、离子浓度和电极材料等因素有关。如电解 Na_2SO_4 溶液时，以石墨作为电极，在电解电压为 1.1V 时，其电极反应为：

阴极：$2H_2O+2e^- = H_2+2OH^-$

阳极：$2H_2O-4e^- = O_2+4H^+$

但同样的 Na_2SO_4 溶液，以铜作为电极，在电解电压为 1.1V 时可发生下列反应：

阴极：$2H_2O+O_2+4e^- = 4OH^-$

阳极：$Cu-2e^- = Cu^{2+}$

三、实验器材与试剂

试剂：NaOH(6mol·L^{-1})、氨水（28%～30%，ACS)、H_2SO_4(6mol·L^{-1}、3mol·L^{-1}、2mol·L^{-1})、$FeCl_3$（0.1mol·L^{-1})、$FeSO_4$（0.1mol·L^{-1})、$K_3[Fe(CN)_6]$(0.1mol·L^{-1})、KBr(0.1mol·L^{-1})、KI(0.1mol·L^{-1})、$KMnO_4$(0.01mol·L^{-1})、$KClO_3$(0.1mol·L^{-1})、Na_2SO_3（0.1mol·L^{-1})、Na_2SO_4（1mol·L^{-1})、$Na_2C_2O_4$(0.1mol·L^{-1})、$MnSO_4$(0.2mol·L^{-1})、$ZnSO_4$(0.1mol·L^{-1})、$CuSO_4$(0.1mol·L^{-1}、1mol·L^{-1})、$AgNO_3$(0.1mol·L^{-1})、溴水（饱和)、碘水（饱和)、酚酞溶液、过硫酸铵(s)、CCl_4。

器材：盐桥、蒸发皿、普通玻璃试管、药匙、锌片、导线、水浴锅、电压表、烧杯、计时器、玻璃棒、铜片、滴管。

四、实验流程（图 6.14）

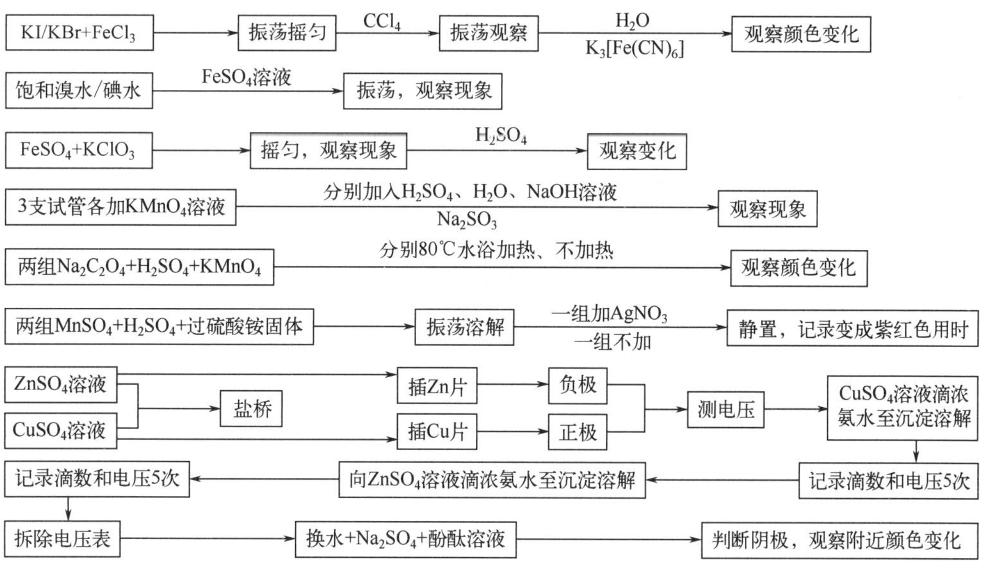

图 6.14 氧化还原反应与电极电位流程图

五、实验步骤

1. 氧化还原与电极电位

(1) Fe^{3+} 的氧化性。在试管中加入 0.1mol·L^{-1} 的 KI 溶液 0.5mL 和 2 滴 0.1mol·

L^{-1} 的$FeCl_3$ 溶液，振荡混匀后加入 0.5mL 的CCl_4，用力振荡，观察CCl_4 层的颜色。

然后再加入 5mL H_2O 及 2 滴 0.1mol・L^{-1} 的 $K_3[Fe(CN)_6]$ 溶液，观察水溶液中的颜色变化，解释实验现象并写出有关反应方程式。

用 0.1mol・L^{-1} 的 KBr 溶液代替 0.1mol・L^{-1} 的 KI 溶液，进行相同的实验，观察CCl_4 层及水溶液的颜色变化，根据实验现象可以得出什么结论？

(2) Fe^{2+} 的还原性。在 2 支试管中分别加入数滴饱和溴水与饱和碘水，然后各加入 0.1mol・L^{-1} 的$FeSO_4$ 溶液 0.5mL。振荡试管，观察实验现象并写出有关反应方程式。

根据以上实验结果，判断上述物质中氧化性最强的氧化剂和还原性最强的还原剂，并比较Br_2/Br^-、I_2/I^-、Fe^{3+}/Fe^{2+}三个电对电极电位的相对大小。

2. 介质、温度和催化剂对氧化还原反应的影响

(1) 酸度对含氧酸盐氧化性的影响。在试管中加入 0.1mol・L^{-1} 的$FeSO_4$ 溶液 0.5mL 和 5 滴 0.1mol・L^{-1} 的$KClO_3$ 溶液，混匀。观察实验现象。

再滴加 2mol・L^{-1} 的 H_2SO_4 溶液 2mL，观察溶液的变化。

如何检验溶液中是否有Fe^{3+}存在？写出有关反应方程式并解释。

(2) 介质的酸碱性对氧化还原反应产物的影响。在 3 支试管中各加入 2～3 滴 0.01mol・L^{-1} 的$KMnO_4$ 溶液，分别加入数滴 6mol・L^{-1} 的 H_2SO_4 溶液、数滴水和数滴 6mol・L^{-1} 的 NaOH 溶液，再各滴加数滴 0.1mol・L^{-1} 的 Na_2SO_3 溶液，振荡试管，观察现象。写出有关反应方程式。

(3) 温度对氧化还原反应的影响。在 2 支试管中分别加入 0.1mol・L^{-1} 的$Na_2C_2O_4$ 溶液 2mL、3mol・L^{-1} 的 H_2SO_4 溶液 0.5mL 和 1 滴 0.01mol・L^{-1} 的$KMnO_4$ 溶液，混匀，将其中一支试管放入 80℃的水浴加热，另一支不加热。观察两试管褪色的快慢，写出方程式并加以解释。

(4) 催化剂对氧化还原反应的影响。在 2 支试管中均加入 0.2mol・L^{-1} 的$MnSO_4$ 溶液 5mL 和 3mol・L^{-1} 的 H_2SO_4 溶液 1mL，振荡后加入一小匙过硫酸铵固体，用力振荡溶解。再向一支试管中加入 1～2 滴 0.1mol・L^{-1} 的$AgNO_3$ 溶液，振荡均匀；另一支试管不加$AgNO_3$ 溶液。静置，用计时器记录 2 支试管中溶液变成稳定的紫红色所需的时间。比较 2 支试管的反应情况，写出反应方程式。

3. 原电池

(1) 在 2 只 50mL 的烧杯中分别加入 0.1mol・L^{-1} 的$ZnSO_4$ 溶液 30mL 和 0.1mol・L^{-1} 的$CuSO_4$ 溶液 30mL。在$ZnSO_4$ 溶液中插入锌片、$CuSO_4$ 溶液中插入铜片组成两个电极，两个烧杯之中间以盐桥相连。用导线将锌片和铜片分别与电压表的负极和正极相接，测量两极之间的电压，如图 6.15 所示。

在硫酸铜溶液中逐滴滴入氨水并搅拌均匀，记录加入氨水的滴数与对应的电压表读数 5 个，直至生成的沉淀溶解，形成深蓝色的溶液为止。

再在硫酸锌溶液中，加氨水至生成的沉淀完全溶解为止，记录加入氨水滴数与对应的电压表读数 5 个。

写出原电池的电极反应，解释上述实验中电压变化的原因。

(2) 自行设计原电池(－)Cu｜$CuSO_4$(0.01mol・L^{-1})‖$CuSO_4$(1mol・L^{-1})｜Cu(＋)。测定这一浓差电池的电动势，将实验测定值和理论计算值比较。

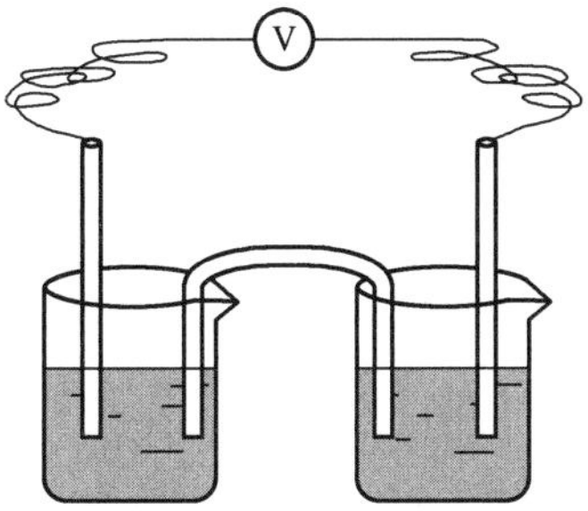

图 6.15　原电池的构成

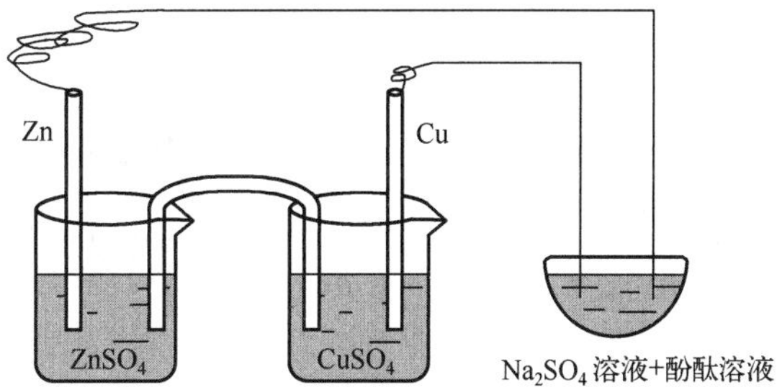

图 6.16　电解池的原理与构成

4. 电解

在蒸发皿中加入 20mL 水，再加入数滴 1mol·L^{-1} 的 Na_2SO_4 溶液和 2 滴酚酞溶液。拆去图 6.15 中的电压表，然后将连接锌片和铜片的两根导线插入蒸发皿中，如图 6.16 所示。注意不要使两极导线接触。判断哪一根导线是阴极，观察阴极附近溶液的颜色如何变化，并用化学方程式解释。

六、结果与讨论

写出本实验相关反应式并解释。

七、注意事项

1. 本实验原电池的电动势不大，尤其向两个烧杯中加氨水时，电位差变化可能很小，所以，电压表要尽量使用小量程挡，使电压表指针移动较大，现象明显。这在浓差电池中更为明显。

2. 在“催化剂对氧化还原反应的影响”实验中，若由于气温太低，反应过慢，可用水浴同时对两支试管加热。

八、思考题

1. 怎样从电极电位的相对大小判断氧化剂和还原剂的氧化还原能力？
2. 影响电极电位的因素有哪些？
3. 原电池中盐桥的作用是什么？
4. 怎样判断电解时两极的产物？

第七章

分析化学实验

实验 16 酸碱滴定法测定食醋中总酸度

配套数字资源

预习要点

1. 了解强碱滴定弱酸的滴定过程、突跃范围及指示剂的选择原理。
2. 了解食醋中总酸度的测定方法。

一、实验目的

1. 掌握强碱滴定弱酸的滴定过程、突跃范围及指示剂的选择原理。
2. 掌握食醋中总酸度的测定方法。

二、实验原理

食醋的主要成分是醋酸（HAc），此外还含有少量其他弱酸如乳酸等，醋酸为有机弱酸（$K_a=1.8\times10^{-5}$），与 NaOH 反应的反应式为 $HAc+NaOH = NaAc+H_2O$，反应产物为弱酸强碱盐，滴定突跃在碱性范围内，可选用酚酞等碱性范围变色的指示剂。实验过程中，不仅 HAc 与 NaOH 反应，食醋中可能存在的其他形式的酸也与 NaOH 反应，因此测定的是总酸度，但计算结果常以含量多的醋酸 $\rho_{HAc}(g\cdot L^{-1})$ 表示。

三、实验试剂与器材

试剂：NaOH(s，AR)、邻苯二甲酸氢钾基准物质（s）、酚酞指示剂（0.2%）、食醋。

器材：分析天平、碱式滴定管、移液管、锥形瓶、容量瓶、烧杯、玻璃棒、塑料试剂瓶。

四、实验流程（图 7.1）

五、实验步骤

1. $0.1mol\cdot L^{-1}$ NaOH 溶液的配制

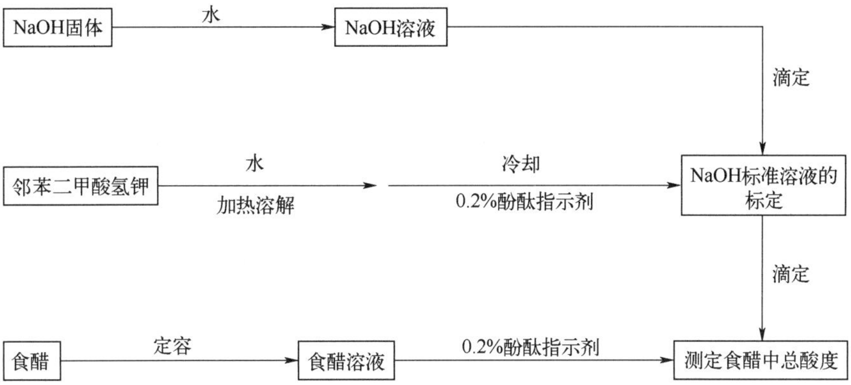

图 7.1 酸碱滴定法测定食醋中总酸度

称取 2.0g 固体 NaOH 于 50mL 小烧杯中，加适量纯净水，搅拌使其完全溶解，稀释至 500mL，转入塑料试剂瓶中，贴上标签。

2. NaOH 标准溶液的标定

准确称取 3 份 0.4～0.6g 基准物质邻苯二甲酸氢钾（准确至 0.1mg），分别置于 3 个 250mL 锥形瓶中，加 50mL 水，加热搅拌溶解后，冷却至室温，加 2～3 滴 0.2%酚酞指示剂。用 NaOH 溶液滴定由无色至溶液呈微红色，30s 不褪色即为终点，计算 NaOH 标准溶液的准确浓度，要求相对平均偏差不大于 0.2%。

3. 食醋总酸度的测定

准确移取食醋 10.00mL 于 250mL 容量瓶中，用煮沸并冷却的蒸馏水稀释至刻度，摇匀。用 25mL 移液管分别取三份上述溶液，置于 250mL 锥形瓶中，加入酚酞指示剂 2 滴，摇匀，用 NaOH 标准溶液滴定至由无色变为微红色，30s 不褪色即为终点。平行滴定 3 次，根据 NaOH 标准溶液的用量，计算食醋的总酸度。

六、数据记录与处理

1. NaOH 溶液浓度的标定。

项目	Ⅰ	Ⅱ	Ⅲ
$m_{邻苯二甲酸氢钾}$/g			
V_{NaOH} 初读数/mL			
V_{NaOH} 终读数/mL			
V_{NaOH} 消耗量/mL			
$\overline{V}_{NaOH}$ 消耗量/mL			
c_{NaOH}/(mol·L^{-1})			
$\overline{c}_{NaOH}$/(mol·L^{-1})			

续表

项目	Ⅰ	Ⅱ	Ⅲ
平均偏差$\overline{d}$			
相对平均偏差$\overline{d}_r$/%			

注：$\overline{d}=\frac{\sum_{i=1}^{n}\lvert x_i-\overline{x}\rvert}{n}$；$\overline{d}_r=\frac{\overline{d}}{\overline{x}}$。$c_{NaOH}=\frac{\frac{m_{KHC_8H_4O_4}}{M_{KHC_8H_4O_4}}}{V_{NaOH}\times 10^{-3}}$。

式中，$m_{KHC_8H_4O_4}$为邻苯二甲酸氢钾（$KHC_8H_4O_4$）的质量，g；$M_{KHC_8H_4O_4}$ 为 $KHC_8H_4O_4$ 的摩尔质量，204.22g・mol^{-1}；V_{NaOH} 为标定所消耗 NaOH 标准溶液的体积，mL。

2. 食醋中总酸度的测定。

项　目	1	2	3
待测食醋溶液体积/mL	25.00	25.00	25.00
氢氧化钠标准溶液浓度 c_{NaOH}/(mol・L^{-1})			
氢氧化钠标准溶液体积初读数 V_{NaOH}/mL			
氢氧化钠标准溶液体积终读数 V_{NaOH}/mL			
氢氧化钠标准溶液消耗体积 V_{NaOH}/mL			
食醋总酸含量ρ_{HAc}/(g・L^{-1})			
食醋总酸含量平均值$\overline{\rho}$/(g・L^{-1})			
平均偏差$\overline{d}$			
相对平均偏差$\overline{d}_r$/%			

注：$\overline{d}=\frac{\sum_{i=1}^{n}\lvert x_i-\overline{x}\rvert}{n}$；$\overline{d}_r=\frac{\overline{d}}{\overline{x}}$；$\rho_{HAc}=\frac{c_{NaOH}V_{NaOH}M_{HAc}}{10.00\times\frac{25.00}{250.00}}$。

式中，c_{NaOH} 为 NaOH 标准溶液浓度，mol・L^{-1}；V_{NaOH} 为测定消耗的 NaOH 标准溶液体积，mL；M_{HAc} 为 HAc 的摩尔质量，60.05g・mol^{-1}。

七、注意事项

1. 溶解邻苯二甲酸氢钾时若用玻璃棒搅拌，需用蒸馏水冲洗玻璃棒到锥形瓶中，以免带出试液，造成误差。

2. 注意碱式滴定管滴定前要赶走气泡，滴定过程中不要形成气泡。

3. 食醋中醋酸的浓度较大，且颜色较深，故必须稀释后再进行滴定。

4. 食醋应用新煮沸并冷却除去 CO_2 的去离子水稀释，否则 CO_2 溶于水生成 H_2CO_3，将同时被滴定。

八、思考题

1. 测定醋酸含量时，所用的蒸馏水为什么不能含 CO_2？

2. 测定食醋中醋酸含量时，为什么选用酚酞为指示剂？能否选用甲基橙或甲基红作指示剂？

实验 17　酸碱滴定法测定聚乙烯醇中氢氧化钠含量

预习要点

配套数字资源

1. 用酸碱滴定法滴定聚乙烯醇中氢氧化钠含量的原理和方法。
2. 分析天平的使用方法及操作步骤。

一、实验目的

1. 掌握酸碱滴定法滴定聚乙烯醇中氢氧化钠含量的原理和方法。
2. 学会酸碱滴定管的操作使用。
3. 掌握滴定终点颜色变化的判断方法。

二、实验原理

1. 标定：以邻苯二甲酸氢钾作为基准物质，以酚酞为指示剂，标定 NaOH 溶液，从而计算出氢氧化钠溶液的浓度。

2. 聚乙烯醇中 NaOH 含量测定：将试样溶解于水中，加入过量硫酸与试样中的氢氧化钠中和，再用氢氧化钠标准滴定溶液滴定过量的硫酸，计算得到试样中氢氧化钠的含量。反应方程式为：

$$2NaOH + H_2SO_4 = Na_2SO_4 + 2H_2O$$

三、实验试剂与器材

试剂：NaOH(s，AR)、邻苯二甲酸氢钾（s，基准试剂）、酚酞指示剂（1%乙醇溶液）、市售聚乙烯醇、硫酸标准溶液（0.05mol·L^{-1}）。

器材：分析天平、称量瓶、碱式滴定管、锥形瓶、试剂瓶、容量瓶、三角瓶、球形冷凝管、量筒。

四、实验流程（图 7.2）

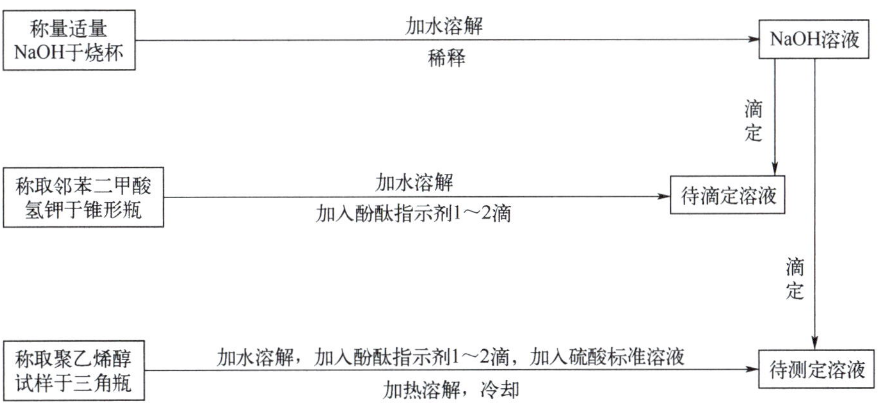

图 7.2　聚乙烯醇中氢氧化钠含量的测定

五、实验步骤

1. 氢氧化钠标准溶液的配制

$0.1mol \cdot L^{-1}$NaOH 溶液的配制：称取配制 500mL $0.1mol \cdot L^{-1}$NaOH 溶液所需 NaOH 的质量，加水溶解后稀释至 500mL，移入试剂瓶待用。

2. 氢氧化钠溶液浓度的标定

用差减法准确称取邻苯二甲酸氢钾 3 份，每份 0.4～0.6g（精确至 0.1mg），分别放在 250mL 锥形瓶内，加水 30mL 溶解，小心搅拌均匀，加酚酞指示剂 1～2 滴，然后用氢氧化钠溶液滴定至溶液由无色变为微红色，30s 不褪色即为终点，由所称取邻苯二甲酸氢钾的质量及实际消耗的氢氧化钠的体积，计算溶液的物质的量浓度。

3. 市售聚乙烯醇中氢氧化钠的测定

称取市售聚乙烯醇试样 2g（精确至 0.1mg），移入带回流冷凝管的 250mL 三角瓶内，加入 150mL 水，加入 1～2 滴酚酞指示剂，准确加入 5.00mL 硫酸标准溶液（$c_{H_2SO_4}=0.05mol \cdot L^{-1}$）滴定，将三角瓶放在电炉上边加热（65～75℃）边摇动，加热使试样完全溶解。待试样溶解后，以少量蒸馏水洗涤瓶壁取出三角瓶，冷却后用标定后的氢氧化钠标准溶液滴定至试液呈微红色，以 30s 不褪色为终点，所消耗氢氧化钠体积记为 V_1，平行测定三份，同时做空白试验（没有加市售聚乙烯醇试样），所消耗氢氧化钠总体积记为 V_0，计算市售聚乙烯醇中氢氧化钠的含量。

六、实验数据及处理

1. NaOH 标准溶液浓度的标定。

项　目	1	2	3
$m_{邻苯二甲酸氢钾}/g$			
V_{NaOH}/mL			
$c_{NaOH}/(mol \cdot L^{-1})$			
$\bar{c}_{NaOH}/(mol \cdot L^{-1})$			
相对平均偏差$\bar{d}_r/\%$			

注：NaOH 标准溶液浓度 $c_{NaOH}=\dfrac{\dfrac{m_{KHC_8H_4O_4}}{M_{KHC_8H_4O_4}}}{V_{NaOH}\times 10^{-3}}$（$mol \cdot L^{-1}$）。

式中，$m_{KHC_8H_4O_4}$ 为标定消耗的 $KHC_8H_4O_4$ 质量，g；$M_{KHC_8H_4O_4}$ 为 $KHC_8H_4O_4$ 的摩尔质量，$204.22g \cdot mol^{-1}$；V_{NaOH} 为标定所用的 NaOH 标准溶液体积，mL。

相对平均偏差 $\bar{d}_r=\dfrac{\dfrac{\sum_{i=1}^{n}|x_i-\bar{x}|}{n}}{\bar{x}}$。

2. 聚乙烯醇中氢氧化钠含量的测定。

项　目	1	2	3
$m_{聚乙烯醇}/g$			
$c_{NaOH}/(mol \cdot L^{-1})$			

续表

项　　目	1	2	3
V_0/mL			
V_1/mL			
ω_{NaOH}/%			
$\overline{\omega}_{NaOH}$/%			
相对平均偏差$\overline{d}_r$/%			

注：$\omega_{NaOH}=[(V_0-V_1)/1000]\,c_{NaOH}\times\frac{M}{m_{聚乙烯醇}}$。

式中，V_0为滴定空白消耗的氢氧化钠标准溶液体积，mL；V_1为滴定试样消耗的氢氧化钠标准溶液体积，mL；c_{NaOH}为氢氧化钠标准溶液的准确浓度，$mol\cdot L^{-1}$；$m_{聚乙烯醇}$为试样的质量，g；M为氢氧化钠的摩尔质量，$40.00g\cdot mol^{-1}$。

七、注意事项

1. 注意观察滴定时溶液的颜色变化。
2. 酚酞呈弱酸性，作为酸碱指示剂时应根据待滴定溶液的量适量加入。

八、思考题

1. 如何计算称取基准物邻苯二甲酸氢钾的质量范围？称得太多或太少对滴定结果有何影响？
2. 溶解基准物时加入30mL水，是用量筒量取，还是用移液管移取？为什么？
3. 如果基准物未烘干，将使标准溶液浓度的标定结果偏高还是偏低？

实验18　工业纯碱中纯碱度的测定

配套数字资源

预习要点

1. 双指示剂法的原理和使用要求。
2. 选择指示剂的原则。

一、实验目的

1. 掌握双指示剂法测定混合碱各组分含量的原理。
2. 了解混合指示剂的使用及其优点。

二、实验原理

当多元碱$cK_{b1}\geqslant10^{-8}$、$cK_{b2}\geqslant10^{-8}$、$cK_{b1}/cK_{b2}\geqslant10^{4}$时，可用HCl标准溶液分步滴定，形成两个滴定突跃，第一化学计量点选用碱性范围变色的指示剂，第二化学计量点选用酸性范围变色的指示剂。

混合碱是指Na_2CO_3与NaOH或Na_2CO_3与$NaHCO_3$的混合物，采用双指示剂的测定原理和测定过程如下。

用酚酞作指示剂，HCl 标准溶液滴定至溶液刚好褪色，此为第一化学计量点，消耗的 HCl 体积为 V_1，有关的反应为：

$$NaOH + HCl = NaCl + H_2O$$

$$Na_2CO_3 + HCl = NaHCO_3 + NaCl$$

继续用甲基橙作指示剂，用 HCl 标准溶液滴定至溶液呈橙色，此为第二化学计量点，消耗的 HCl 体积为 V_2，有关的反应为：

$$NaHCO_3 + HCl = NaCl + CO_2 + H_2O$$

可见，当混合碱组成为 NaOH 与 Na_2CO_3 时，$V_1 > V_2$、$V_2 > 0$；当混合碱组成为 Na_2CO_3 与 $NaHCO_3$ 时，$V_2 > V_1$、$V_1 > 0$。

由 HCl 标准溶液的浓度和消耗的体积可计算混合碱中各组分的含量。

三、实验试剂与器材

试剂：无水 Na_2CO_3(s，AR)、混合碱试液、浓盐酸、酚酞指示剂（0.2%）、甲基橙指示剂（0.2%）。

器材：分析天平、量筒、酸式滴定管、锥形瓶、移液管、试剂瓶。

四、实验流程（图 7.3）

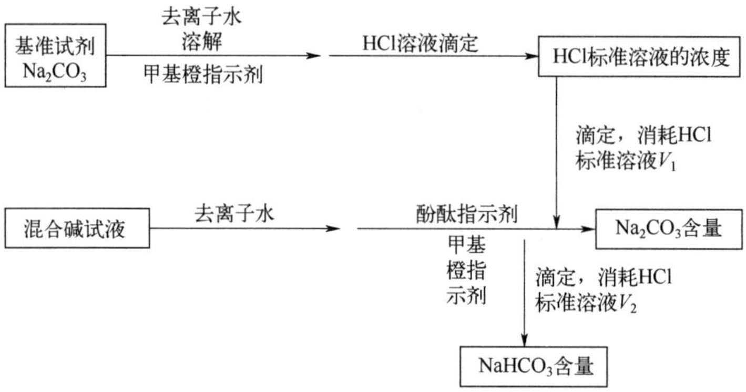

图 7.3　工业纯碱中纯碱度的测定

五、实验步骤

1. 0.1mol·L^{-1} HCl 溶液的配制

用量筒量取浓盐酸 9mL，倒入预先盛有适量水的试剂瓶中，加水稀释至 1000mL，摇匀，贴上标签。

2. HCl 标准溶液的标定

用差减法准确称取约 0.15g（精确至 0.1mg）在 180℃干燥至恒重（2～3h）的基准试剂无水 Na_2CO_3 三份，置于 250mL 锥形瓶中，加入约 25mL 去离子水，加热使 Na_2CO_3 完全溶解。冷却后，再加 2 滴甲基橙指示剂，用配制好的 HCl 溶液滴定至溶液由无色刚变为橙色为终点，记下所消耗 HCl 标准溶液的体积 V，平行测定三份，根据所消耗 HCl 标准溶液的体积计算 HCl 标准溶液的准确浓度。

3. 混合碱试样含量的测定

称取 0.15～0.18g 混合碱样品三份于锥形瓶中，加入约 25mL 去离子水，加热使样品完全溶解。冷却后加入 1～2 滴酚酞指示剂，用 HCl 标准溶液滴定，边滴边充分摇动，避免局部 Na_2CO_3 直接被滴定至 H_2CO_3。滴定至酚酞恰好变为无色，即为终点，记下所用 HCl 标准溶液的体积 V_1。然后再加 2 滴甲基橙指示剂，继续用 HCl 标准溶液滴定，至溶液由黄色刚好变为橙色，即为终点，记下所用 HCl 标准溶液的体积 V_2，根据 V_2 及 V_1 判定混合碱的组成并计算混合碱各组分的含量。

六、数据记录与处理

1. HCl 标准溶液浓度的标定。

项　目	Ⅰ	Ⅱ	Ⅲ
$m_{Na_2CO_3}$/g			
V_{HCl}/mL			
$\overline{V}_{HCl}$/mL			
c_{HCl}/(mol·L^{-1})			
$\overline{c}_{HCl}$/(mol·L^{-1})			
相对平均偏差$\overline{d}_r$/%			

注：相对平均偏差 $\overline{d}_r=\dfrac{\dfrac{\sum_{i=1}^{n}|x_i-\overline{x}|}{n}}{\overline{x}}$。HCl 标准溶液的浓度计算公式为 $c_{HCl}=\dfrac{m_{Na_2CO_3}\times1000}{V_{HCl}\times M_{Na_2CO_3}}$。

式中，$m_{Na_2CO_3}$ 为基准试剂无水碳酸钠的质量，g；c_{HCl} 为 HCl 标准溶液浓度，mol·L^{-1}；V_{HCl} 为消耗 HCl 标准溶液的体积，mL；$M_{Na_2CO_3}$ 为 Na_2CO_3 的摩尔质量，105.99g·mol^{-1}。

2. 混合碱样品含量的测定。

项　目	Ⅰ	Ⅱ	Ⅲ
$m_{Na_2CO_3}$/g			
$\overline{c}_{HCl}$/(mol·L^{-1})			
V_1/mL			
$\omega_{Na_2CO_3}$/%			
$\overline{\omega}_{Na_2CO_3}$/%			
$\overline{d}_r$/%			
V_2/mL			
ω_{NaHCO_3}/%			
$\overline{\omega}_{NaHCO_3}$/%			
$\overline{d}_r$/%			

注：相对平均偏差 $\overline{d}_r=\dfrac{\dfrac{\sum_{i=1}^{n}|x_i-\overline{x}|}{n}}{\overline{x}}$。

Na_2CO_3 含量 $\omega_{Na_2CO_3}=\dfrac{c_{HCl}V_1M_{Na_2CO_3}}{m_{混合碱}}$；$NaHCO_3$ 含量 $\omega_{NaHCO_3}=\dfrac{c_{HCl}(V_2-V_1)M_{NaHCO_3}}{m_{混合碱}}$。

式中，V_1、V_2 为滴定混合碱消耗 HCl 标准溶液的体积，mL；$m_{混合碱}$ 为称取的混合碱质量，g；$M_{Na_2CO_3}$ 为 Na_2CO_3 的摩尔质量，105.99g·mol^{-1}；M_{NaHCO_3} 为 $NaHCO_3$ 的摩尔质量，84.01g·mol^{-1}。

七、注意事项

1. 在实验过程中，要确保所有仪器的干净和试剂取用量的准确。特别是滴定管等精密度要求高的器皿，要进行严格的校准和清洗。

2. 在使用酚酞指示剂和甲基橙指示剂时，要注意其变色范围和变色点的准确性。

3. 在滴定过程中，要注意控制滴定速度，避免影响实验结果的准确性。

八、思考题

1. 滴定混合碱时，当①$V_1=V_2$，②$V_1=0$、$V_2>0$，③$V_2=0$、$V_1>0$ 时，试样的组成如何？

2. 试液的总碱度，是否适宜用百分含量表示？

3. 如欲测定碱液的总碱度，应采用何种指示剂？

实验 19 酸碱滴定法测定硫酸铵中的氮含量

配套数字资源

预习要点

1. 甲醛法测定铵盐中氮含量的原理和方法。

2. 取用大样的原则。

一、实验目的

1. 掌握甲醛法测定铵盐中氮含量的原理和方法。

2. 学会取用大样的原则。

二、实验原理

由于氨水的解离常数不太小（$K_b=1.8\times10^{-5}$），它的共轭酸（铵盐）太弱，不能用标准碱直接滴定。一般可用两种间接方法测定其含量。

1. 蒸馏法。在试样中加入过量的碱，加热，把 NH_3 蒸馏出来，用酸标准溶液吸收，然后用碱标准溶液回滴过量的酸，以求出试样中氮含量。也有的是把蒸出的 NH_3 用硼酸溶液吸收，然后用酸标准溶液直接滴定。蒸馏法虽较准确，但比较麻烦费时。

2. 甲醛法。铵盐与甲醛作用，生成六亚甲基四胺盐（$K_a^{\ominus}=7.1\times10^{-6}$）和定量的强酸，反应如下：

$$4NH_4^+ + 6HCHO = (CH_2)_6N_4H^+ + 6H_2O + 3H^+$$

再以酚酞为指示剂，用 NaOH 标准溶液滴定反应中生成的酸。

由上述反应可知，4mol NH_4^+ 与甲醛作用，生成 3mol H^+（强酸）和 1mol$(CH_2)_6N_4H^+$，即 1mol NH_4^+ 相当于 1mol 酸。NH_4^+ 的含量以氨来表示。

此处应称取较多的试样，溶解于容量瓶中，然后吸取部分溶液进行滴定，这是因为试样不够均匀，多称取些试样，其测定结果的代表性就大一些。这样的取样方法称为取大样。

甲醛法准确度较差，但比较快速，生产上应用较多。若试样含游离酸，需在加甲醛前事先中和[1]；若试样中含 Fe^{3+}，会影响终点观察，可改用蒸馏法。

本法也可用于测定有机物中的氮，但必须先将它转化为铵盐，然后再进行测定。

三、实验试剂与器材

试剂：邻苯二甲酸氢钾（$KHC_8H_4O_4$）(s，AR)、NaOH(s，AR)、酚酞指示剂(0.2%)、铵盐试样、甲醛溶液（1∶1）。

器材：分析天平、容量瓶、锥形瓶、烧杯、玻璃棒、碱式滴定管、移液管、量筒、塑料试剂瓶、石棉网、电炉。

四、实验流程（图 7.4）

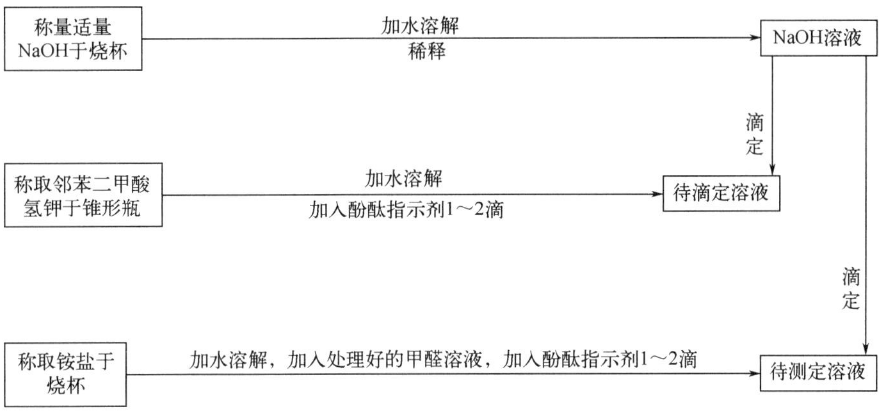

图 7.4　硫酸铵中氮含量的测定

五、实验步骤

1. 0.1mol·L^{-1} NaOH 溶液的配制

称取 2.0g 固体 NaOH 于 50mL 小烧杯中，加适量纯净水，搅拌使其完全溶解，稀释至 500mL，转入塑料试剂瓶中，贴上标签。

2. NaOH 标准溶液的标定

准确称取 3 份 0.4～0.6g 基准物质邻苯二甲酸氢钾（精确至 0.1mg)，分别置于 3 个 250mL 锥形瓶中，加 50mL 水，加热搅拌溶解后，冷却至室温，加 1～2 滴 0.2%酚酞指示剂。用 0.1mol·L^{-1} NaOH 溶液滴定由无色至溶液呈微红色，30s 不褪色即为终点，计算 NaOH 标准溶液的准确浓度，要求相对平均偏差不大于 0.2%。

3. 试样中氮含量的测定

准确称取铵盐试样 0.3～0.4g（精确至 0.1mg）于烧杯中，加少量水溶解后，定量转移至 250mL 容量瓶中，用水稀释至标线，反复摇匀。准确移取上述试液 25.00mL 于 250mL 锥形瓶中，加入已处理好的甲醛溶液 10mL[2]，再加入 1～2 滴酚酞指示剂，摇匀，静置 1～2min，用 NaOH 标准溶液滴定至微红色，30s 不褪色即为终点。

六、数据记录与处理

1. NaOH 标准溶液浓度的标定。

项　目	1	2	3
$m_{邻苯二甲酸氢钾}$/g			
V_{NaOH}/mL			
$c_{NaOH}/(mol \cdot L^{-1})$			
$\bar{c}_{NaOH}/(mol \cdot L^{-1})$			
相对平均偏差$\bar{d}_r$/%			

注：NaOH 标准溶液的浓度 $c_{NaOH}=\dfrac{\dfrac{m_{邻苯二甲酸氢钾}}{M_{邻苯二甲酸氢钾}}}{V_{NaOH}\times 10^{-3}}$；$M_{邻苯二甲酸氢钾}=204.22g \cdot mol^{-1}$；相对平均偏差 $\bar{d}_r=\dfrac{\dfrac{\sum_{i=1}^{n}|x_i-\bar{x}|}{n}}{\bar{x}}$。

2. 氮含量测定。

项　目	1	2	3
$m_{样品}$/g			
$c_{NaOH}/(mol \cdot L^{-1})$			
V_{NaOH}/mL			
氮含量ω_N/%			
氮平均含量$\bar{\omega}_N$/%			
相对平均偏差$\bar{d}_r$/%			

注：$\omega_N=\dfrac{c_{NaOH}V_{NaOH}M_N}{1000\times m_{样品}\times\dfrac{25}{250}}$。

式中，c_{NaOH} 为标定后 NaOH 标准溶液的准确浓度，$mol \cdot L^{-1}$；V_{NaOH} 为消耗 NaOH 标准溶液的体积，mL；$m_{样品}$ 为称取的铵盐试样质量，g；M_N 为氮元素的摩尔质量，$14.01g \cdot mol^{-1}$。

七、注意事项

1. NH_4^+ 的酸性较弱，无法用 NaOH 标准溶液直接测定，可采用甲醛法。

2. 若试样含游离酸，需在加甲醛前事先中和。

八、思考题

1. 为什么中和试样与中和甲醛所用的指示剂不同？

2. 能否用甲醛法测定 NH_4HCO_3 中的氮含量？

3. 配制标准 NaOH 溶液用台秤称取固体 NaOH 是否会影响浓度的准确度？为什么不能用纸称取固体 NaOH？

九、注释

[1] 中和方法：在已移取的试样溶液中加一滴甲基红溶液，用 NaOH 标准溶液中和至溶液由红色变为黄色。

[2] 甲醛中常含有微量甲酸，应事先除去。方法是：取 40%甲醛上层清液于烧杯中，用水稀释一倍，加入 1～2 滴 0.2%酚酞指示剂，用 NaOH 溶液中和至甲醛溶液呈淡红色。

实验 20 EDTA 标准溶液的配制与标定及水中总硬度的测定

预习要点

1. 配位滴定的操作要点。
2. 配位滴定终点颜色变化。
3. 金属指示剂的使用。

配套数字资源

一、实验目的

1. 掌握 EDTA 溶液的配制及标定。
2. 掌握配位滴定的滴定条件及操作要点。
3. 掌握水的总硬度测定实验。

二、实验原理

一般含有钙、镁盐类的水叫硬水（硬水和软水尚无明确的界限，硬度小于 5～6 度的，一般可称软水）。硬度有暂时硬度和永久硬度之分。

暂时硬度：水中含有钙、镁的酸式碳酸盐，遇热即成碳酸盐沉淀而失去其硬性。其反应如下。

$$Ca(HCO_3)_2 \xlongequal{\triangle} CaCO_3(\text{完全沉淀}) + H_2O + CO_2\uparrow$$

$$Mg(HCO_3)_2 \xlongequal{\triangle} MgCO_3(\text{不完全沉淀}) + H_2O + CO_2\uparrow$$

$$MgCO_3 + H_2O \xlongequal{} Mg(OH)_2\downarrow + CO_2\uparrow$$

永久硬度：水中含有钙、镁的硫酸盐、氯化物、硝酸盐，在加热时亦不沉淀（但在锅炉运行温度下，溶解度低的可析出而成为锅垢）。

暂硬和永硬的总和称为“总硬”。由镁离子形成的硬度称为“镁硬”，由钙离子形成的硬度称为“钙硬”。

水中钙、镁离子含量，可用 EDTA 法测定。钙硬测定原理与以 $CaCO_3$ 为基准物标定 EDTA 标准溶液浓度相同。总硬则以铬黑 T 为指示剂，控制溶液的酸度为 pH≈10，用 EDTA 标准溶液滴定。由 EDTA 溶液的浓度和用量，可算出水的总硬，由总硬减去钙硬即为镁硬。

水的硬度的表示方法有多种，随各国的习惯而有所不同。有将水中的盐类都折算成 $CaCO_3$ 而以 $CaCO_3$ 的量作为硬度标准的。本书采用我国目前常用的表示方法：以度（°）

计，即 1°表示 1L 水中含 10mg CaO。为方便起见，我国也常以 $mg \cdot L^{-1}$ 来表示。现在我国《生活饮用水卫生标准》（GB 5749—2022）规定城乡生活饮用水总硬度（以碳酸钙计）不得超过 $450mg \cdot L^{-1}$。

乙二胺四乙酸，简称 EDTA 或 EDTA 酸。在溶液中 EDTA 为双偶极离子结构（即两个羧基上的 H^+ 转移到 N 原子上，形成双极离子）。

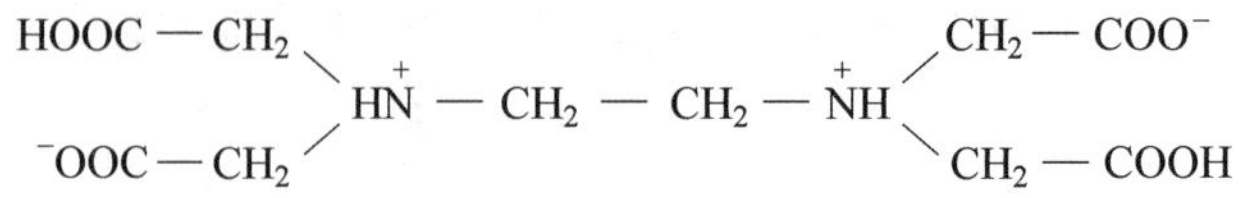

在水溶液中，乙二胺四乙酸分六次解离，有六级解离平衡常数。

$$H_6Y^{2+} \rightleftharpoons H_5Y^{+} \rightleftharpoons H_4Y \rightleftharpoons H_3Y^{-} \rightleftharpoons H_2Y^{2-} \rightleftharpoons HY^{3-} \rightleftharpoons Y^{4-}$$

在 EDTA 与金属离子形成的配合物中，以 Y^{4-} 与金属离子形成的配合物最为稳定。因此，溶液酸度就成为影响“金属-EDTA”配合物稳定性的一个重要因素。配位滴定中通常使用的配位剂是乙二胺四乙酸二钠盐（$Na_2H_2Y \cdot 2H_2O$），若 pH 偏低用 NaOH 溶液中和到 pH=5 左右，以免溶液配制后有乙二胺四乙酸析出。

由于市售 EDTA 含水 0.3%～0.5%，且含少量杂质，虽能制成纯品，但过程繁杂，另外水和其他试剂中常含有金属离子，故 EDTA 通常采用间接配制法配制。

基准物质的选择：标定 EDTA 溶液的基准物质很多，有金属（如 Zn、Cu、Pb、Bi 等）、金属氧化物（如 ZnO、Bi_2O_3 等）、盐类［如 $CaCO_3$、$MgSO_4 \cdot 7H_2O$、$Zn(Ac)_2 \cdot 3H_2O$ 等］。一般选用其中与被测组分相同的物质作基准物质，使标定条件与测定条件尽量一致，可减小误差，本实验选用 $CaCO_3$ 作为基准物质。

配位滴定用水：配位滴定中所用纯水应为去离子水或二次蒸馏水（不应含 Fe^{3+}、Al^{3+}、Cu^{2+}、Ca^{2+}、Mg^{2+} 等杂质离子）。

EDTA 溶液的贮存：应贮存在聚乙烯瓶或硬质玻璃瓶中。

指示剂的选择：当用 Zn 标定 EDTA 时，可选用二甲酚橙（XO）作指示剂，以盐酸-六亚甲基四胺控制溶液 pH 为 5～6。

其终点反应为：Zn-XO(紫红色)＋Y ══ ZnY＋XO(黄色)。

在 pH 为 9～10 的氨性溶液中也可以铬黑 T 为指示剂，用 Zn 标定 EDTA。

当用 $CaCO_3$ 标定 EDTA 时，常选用钙指示剂，用 NaOH 控制溶液 pH 为 12～13，其变色原理为：

滴定前：Ca＋In(蓝色) ══ CaIn(红色)

滴定中：Ca＋Y ══ CaY

终点时：CaIn(红色)＋Y ══ CaY＋In(蓝色)

测定水的总硬度，一般采用配位滴定法。用 EDTA 标准溶液直接滴定水中的 Ca^{2+}、Mg^{2+} 总量，然后换算为相应的硬度单位。

用 EDTA 滴定 Ca^{2+}、Mg^{2+} 总量时，一般在 pH≈10 的氨性缓冲溶液中进行，用铬黑 T(EBT) 作指示剂。铬黑 T 和 EDTA 都能与 Ca^{2+}、Mg^{2+} 生成配合物。

由于稳定性 $CaY^{2-} > MgY^{2-} > MgIn^{-} > CaIn^{-}$，故铬黑 T 先与部分 Mg^{2+} 配位为 $MgIn^{-}$（酒红色）。当加入 EDTA 标准溶液时，EDTA 先与游离 Ca^{2+} 配位，其次与游离 Mg^{2+} 配位，最后夺取铬黑 T 配合物中 Mg^{2+}，使铬黑 T 游离出来，溶液由酒红色变为天蓝色，即为终点。从 EDTA 标准溶液的用量即可计算样品中钙、镁总量。

测定 Ca^{2+} 含量时，先用 NaOH 调节溶液到 pH = 12，则 Mg^{2+} 生成难溶解的 $Mg(OH)_2$，此时，加入钙指示剂，它只能与 Ca^{2+} 配位呈红色，当加入 EDTA 时，则 EDTA 首先与游离 Ca^{2+} 配位，接近终点时夺取已与指示剂配位的 Ca^{2+}，而使指示剂游离出来，溶液的红色变成蓝色，可由 EDTA 标准溶液用量计算 Ca^{2+} 的含量。

Ca^{2+}、Mg^{2+} 总量测定和 Ca^{2+} 测定，通常在两个等份溶液中进行。由 Ca^{2+}、Mg^{2+} 总量所消耗 EDTA 的量减去 Ca^{2+} 所消耗 EDTA 的量即可求出 Mg^{2+} 的含量。

三、实验试剂与器材

试剂：EDTA（$Na_2H_2Y \cdot 2H_2O$）（s，AR）、碳酸钙基准试剂、钙指示剂、盐酸（1∶1）、氢氧化钠（40g · L^{-1} 或 10%）、NH_3-NH_4Cl 缓冲溶液（pH = 10）、铬黑 T 指示剂。

器材：电子分析天平、烧杯、表面皿、容量瓶、锥形瓶、酸式滴定管、玻璃棒、移液管、量筒、聚乙烯瓶、pH 试纸。

四、实验流程（图 7.5）

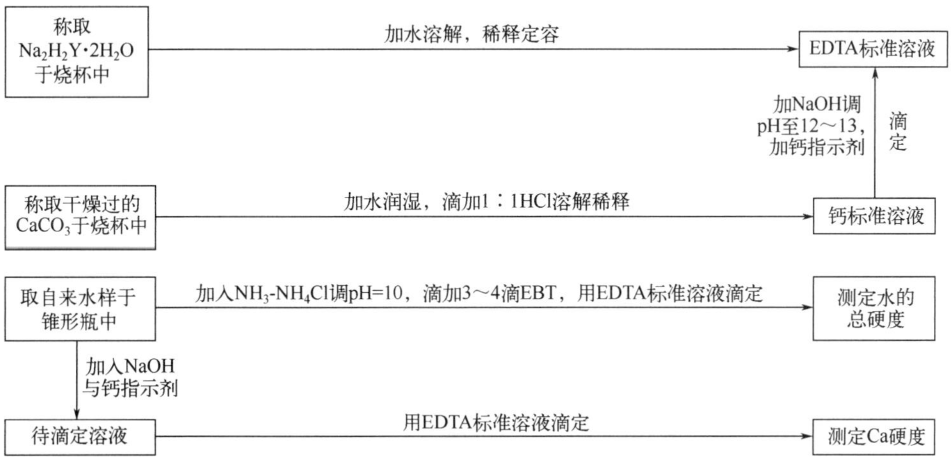

图 7.5　EDTA 标准溶液的配制与标定及水的总硬度的测定

五、实验步骤

1. 0.01mol · L^{-1} EDTA 溶液的配制

取 2.0g（精确至 0.1mg）EDTA（在电子分析天平上称取）放入 500mL 的烧杯中，加入 200mL 去离子水或二次蒸馏水搅拌溶解后转入 500mL 聚乙烯瓶中加蒸馏水稀释至刻度线，摇匀，即配成 0.01mol · L^{-1} EDTA 溶液。

2. 以 $CaCO_3$ 为基准物质标定 EDTA

（1）配制钙标准溶液。准确称取于 110℃ 干燥 2h 的基准试剂 $CaCO_3$ 0.50～0.55g（精确至 0.1mg），放入 250mL 烧杯中，加少量水润湿，盖上表面皿，缓慢滴加 10mL 1∶1 的

HCl 溶液，使 $CaCO_3$ 完全溶解，加水 30～50mL，微沸几分钟以除去 CO_2，转移至 250mL 容量瓶中，用水定容至刻度，摇匀，计算其钙溶液的准确浓度。

$$c_{Ca}=\frac{m_{CaCO_3}}{M_{CaCO_3}\times 250}\times 1000$$

（2）EDTA 溶液浓度的标定。取 20mL（或 25mL）钙标准溶液放入 250mL 锥形瓶中，加入 5mL 40g·L^{-1} NaOH 溶液调整 pH 到 12～13，再加入少量钙指示剂，摇匀，若溶液由酒红色变成纯蓝色，即为滴定终点。平行测定 3 份，计算 EDTA 标准溶液的浓度，其相对平均偏差不大于 0.2%。

$$c_{Ca}V_{Ca}=c_{EDTA}V_{EDTA}$$

3. 总硬度的测定

取 100mL 自来水样（使用滴定管，准确移取）放入 250mL 锥形瓶中，加入 5mL NH_3-NH_4Cl 缓冲溶液调整 pH=10，再滴加 3～4 滴 EBT，用 EDTA 进行滴定，溶液由酒红色变成纯蓝色，即为滴定终点（消耗 EDTA 的量为 V_1）。平行测定 3 份，计算水的总硬度，其相对平均偏差不大于 0.3%。

4. 钙硬度的测定

取 100mL 自来水样放入 250mL 锥形瓶中，加入 5mL 40g·L^{-1} NaOH（或 4mL 10% NaOH）与少许钙指示剂，用 EDTA 进行滴定，溶液由酒红色变成纯蓝色，即为滴定终点（消耗 EDTA 的量为 V_2）。平行测定 3 份，计算 Ca^{2+} 的含量，其相对平均偏差不大于 0.3%。

5. 镁硬度的计算

水的镁硬度=水的总硬度－水的钙硬度。

六、实验数据及处理

1. EDTA 标准溶液的标定。

项　　目	1	2	3
m_{CaCO_3}/g			
V_{Ca}/mL			
$c_{Ca}/(mol\cdot L^{-1})$			
V_{EDTA}/mL			
$c_{EDTA}/(mol\cdot L^{-1})$			
$\bar{c}_{EDTA}/(mol\cdot L^{-1})$			
相对平均偏差 $\bar{d}_r/\%$			

注：EDTA 标准溶液浓度的计算 $c_{EDTA}=\frac{m_{CaCO_3}\times 25.00}{M_{CaCO_3}\times 250.00\times V_{EDTA}}\times 10^3$。

式中，c_{EDTA} 为 EDTA 标准溶液的准确浓度，mol·L^{-1}；m_{CaCO_3} 为基准试剂 $CaCO_3$ 的质量，g；M_{CaCO_3} 为基准试剂 $CaCO_3$ 摩尔质量，100g·mol^{-1}；V_{EDTA} 为滴定消耗的 EDTA 标准溶液的体积，mL。

2. 水的总硬度测定。

项　目	1	2	3
$V_{水}$/mL			
V_1/mL			
总硬度$\rho_{CaO}/(mg \cdot L^{-1})$			
平均总硬度$\overline{\rho}_{CaO}/(mg \cdot L^{-1})$			
$\overline{d}_r$/%			

3. 水的钙硬度测定。

项　目	1	2	3
$V_{水}$/mL			
V_2/mL			
钙硬度$\rho_{Ca^{2+}}/(mg \cdot L^{-1})$			
平均钙硬度$\overline{\rho}_{Ca^{2+}}/(mg \cdot L^{-1})$			
$\overline{d}_r$/%			

H_2O 的总硬度（Ca^{2+}、Mg^{2+} 折合为 CaO）表示：

$$\rho_{CaO}(mg \cdot L^{-1})=\frac{c_{EDTA}\times V_1\times M_{CaO}}{100.0}\times 1000$$

Ca^{2+} 的含量：

$$\rho_{Ca^{2+}}(mg \cdot L^{-1})=\frac{c_{EDTA}\times V_2\times M_{Ca}}{100.0}\times 1000$$

Mg^{2+} 的含量：

$$\rho_{Mg^{2+}}(mg \cdot L^{-1})=\frac{c_{EDTA}\times (V_1-V_2)_{EDTA}\times M_{Mg}}{100.0}\times 1000$$

式中，c_{EDTA} 为标定 EDTA 标准溶液的浓度，$mol \cdot L^{-1}$；V_1 为滴定水的总硬度消耗的 EDTA 标准滴定溶液体积，mL；V_2 为滴定 Ca 含量消耗的 EDTA 标准滴定溶液体积，mL；M_{CaO} 为氧化钙摩尔质量，$56.08g \cdot mol^{-1}$；M_{Ca} 为钙摩尔质量，$40.08g \cdot mol^{-1}$；M_{Mg} 为镁摩尔质量，$24.31g \cdot mol^{-1}$。

七、注意事项

1. 若水样为人工配制水样，通常取 20.00mL。
2. 称量基准物质和移液必须准确。
3. 使用不同指示剂时，注意控制溶液的 pH 值。
4. 计算时注意保留有效数字。
5. 滴定管、移液管、容量瓶、洗耳球的正确使用。

八、思考题

1. 用 $CaCO_3$ 为基准物质，以钙指示剂为指示剂标定 EDTA 浓度时，应控制溶液的酸度为多大？为什么？如何控制？

2. 配位滴定法与酸碱滴定法相比，有哪些不同点？操作中应注意哪些问题？

实验 21　配位滴定法测定鸡蛋壳中钙镁含量

配套数字资源

预习要点

1. 配位滴定的原理和操作要点。
2. 查看使用配位掩蔽排除干扰离子影响的方法。
3. 了解金属指示剂的变色原理和控制酸度的重要性。

一、实验目的

1. 巩固配位滴定分析的方法与原理。
2. 进一步了解金属指示剂的变色原理和控制酸度的重要性。
3. 学习使用配位掩蔽排除干扰离子影响的方法。
4. 学习测定实物试样中某组分含量的一般步骤。

二、实验原理

鸡蛋壳的主要成分为 $CaCO_3$，其次为 $MgCO_3$、蛋白质、色素，以及少量的 Fe、Al 等元素。由于试样中含酸不溶物较少，故可用直接酸溶法，即用盐酸将其溶解制成试液。由配位滴定的原理和 EDTA 与 Ca^{2+}、Mg^{2+} 配位滴定的条件稳定常数可知，取一份试样，在 pH＝10 时，用铬黑 T 作指示剂，EDTA 标准溶液可直接测定溶液中钙和镁的总量［为使终点变化更敏锐，用 K-B 指示剂（酸性铬蓝 K-萘酚绿 B 指示剂），此时用 EDTA 标准溶液滴定至溶液由酒红色变为蓝绿色，即为终点］，取一份等量试样，加入 NaOH 溶液，调节溶液的 pH 至 12～13，此时 Mg^{2+} 生成氢氧化物沉淀而不再与 EDTA 标准溶液反应，再以钙试剂作指示剂，用 EDTA 标准溶液滴定，可单独测定钙的含量。由钙和镁的总量减去钙量即得镁量。

当 pH＝12 时，

$$Mg^{2+}+2OH^{-} = Mg(OH)_2$$

$$Ca^{2+}+Y^{4-} = [CaY]^{2-}$$

当 pH＝10 时，

$$Ca^{2+}+HY^{3-} = [CaY]^{2-}+H^{+}$$

$$Mg^{2+}+HY^{3-} = [MgY]^{2-}+H^{+}$$

滴定时，鸡蛋壳中的 Fe^{3+}、Al^{3+} 等干扰离子可用三乙醇胺或酒石酸钾钠掩蔽。

三、实验试剂与器材

试剂：EDTA 二钠盐（$Na_2H_2Y \cdot 2H_2O$）（s，AR）、HCl（1∶1）、NaOH 溶液（10%）、$CaCO_3$ 基准试剂、NH_3-NH_4Cl 缓冲溶液（pH＝10）、铬黑 T 指示剂、三乙醇胺水溶液（1∶2）、钙指示剂。

器材：电热恒温干燥箱、分析天平、锥形瓶、酸式滴定管、移液管、容量瓶、量筒、烧杯、表面皿、聚乙烯瓶、蛋壳、玻璃棒、研钵。

四、实验流程（图 7.6）

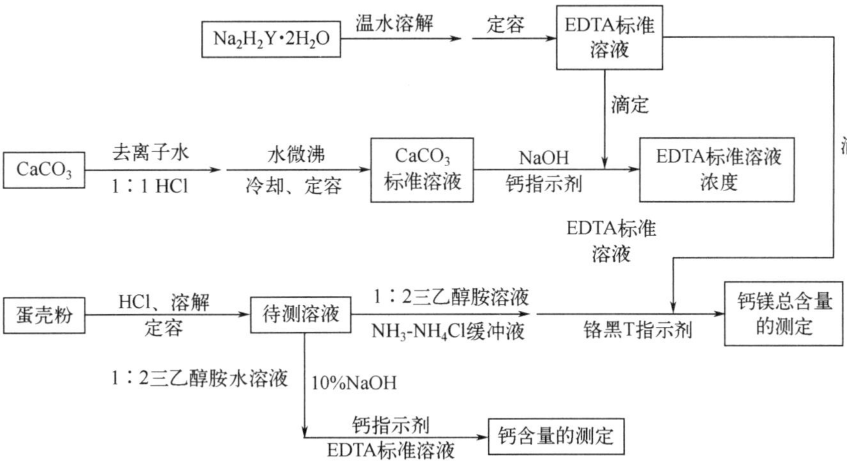

图 7.6　配位滴定法测定鸡蛋壳中钙镁含量

五、实验步骤

1. 0.01mol · L^{-1}EDTA 溶液的配制

称取 1.9g $Na_2H_2Y \cdot 2H_2O$ 溶于 200mL 温水中（必要时过滤）溶解，冷却后转入 500mL 聚乙烯瓶中，加蒸馏水稀释至刻度线，充分摇匀。

2. EDTA 标准溶液浓度的标定

准确称取于 110℃干燥 2h 的基准试剂 $CaCO_3$0.25～0.30g（精确至 0.1mg）于 100mL 烧杯中，加入适量去离子水润湿，盖上表面皿，从烧杯嘴缓慢地滴加 5mL 1∶1HCl 溶液至 $CaCO_3$ 完全溶解后再多加几滴，小火微沸 2min，冷却后将溶液定量转移到 250mL 容量瓶中，定容。准确移取配制好的钙标准溶液 25.00mL 于锥形瓶中，加入 2.5mL 10%NaOH 溶液和少量钙指示剂，摇匀后用 EDTA 标准溶液滴定至溶液由红色变为蓝色，即为终点，记录消耗 EDTA 标准溶液的体积，平行测定三份，计算 EDTA 标准溶液准确浓度。

3. 样品处理

将蛋壳洗净，除尽蛋壳内表层的薄膜，然后把蛋壳放在 105℃的干燥箱中烘干，研成粉末，备用。

准确称取蛋壳粉 0.24～0.26g（精确至 0.1mg），加少量水润湿，盖上表面皿，从烧杯嘴处滴加 1∶1HCl 约 5mL，加热至完全溶解，继续蒸发除去大量的酸，然后转移到 250mL 容量瓶中，定容。

4. 钙镁总含量的测定

用移液管准确移取上述待测溶液 25.00mL 于 250mL 锥形瓶中，加入蒸馏水 20mL，1∶2 三乙醇胺水溶液 5mL，摇匀。再加入 10mL NH_3-NH_4Cl 缓冲液（pH＝10），加入 3～4 滴铬黑 T 指示剂，摇匀，用 EDTA 标准溶液滴定至溶液由酒红色变为蓝色即为终点，记录所消耗的 EDTA 标准溶液的体积 V_1，平行滴定三次。根据 EDTA 标准溶液消耗的体积计算 Ca^{2+}、Mg^{2+} 总量，以 CaO 的含量表示。

5. 钙含量的测定

用移液管准确移取上述待测溶液 25.00mL 于 250mL 锥形瓶中，加入 20mL 蒸馏水，1∶2 三乙醇胺水溶液 5mL，摇匀。再加入 10% NaOH 溶液 10mL，加入钙指示剂少许（约 0.01 g），摇匀，用 0.01mol·L^{-1} EDTA 标准溶液滴定至溶液由酒红色变为蓝色即为终点，记录所消耗的 EDTA 标准溶液体积 V_2，平行滴定三次。根据所消耗 EDTA 标准溶液的体积，计算 Ca^{2+} 含量，以 Ca 的含量表示。

六、数据记录与处理

1. EDTA 标准溶液浓度的计算。

项　目	Ⅰ	Ⅱ	Ⅲ
m_{CaCO_3}/g			
V_{EDTA}/mL			
c_{EDTA}/(mol·L^{-1})			
$\bar{c}_{EDTA}$/(mol·L^{-1})			
相对平均偏差$\bar{d}_r$/%			

注：EDTA 标准溶液的浓度 $c_{EDTA}=\dfrac{m_{CaCO_3}\times 25.00}{M_{CaCO_3}\times 250.00\times V_{EDTA}}\times 10^3$。

式中，c_{EDTA} 为 EDTA 标准溶液的准确浓度，mol·L^{-1}；m_{CaCO_3} 为基准试剂 $CaCO_3$ 的质量，g；M_{CaCO_3} 为基准试剂 $CaCO_3$ 的摩尔质量，100g·mol^{-1}；V_{EDTA} 为滴定消耗的 EDTA 标准溶液的体积，mL。

2. 钙镁总含量的测定。

项　目	Ⅰ	Ⅱ	Ⅲ
$m_{样品}$/g			
V_1/mL			
钙镁总含量ω_{CaO}/%			
$\bar{\omega}_{CaO}$/%			
相对平均偏差$\bar{d}_r$/%			

注：钙镁含量 $\omega_{CaO}=\dfrac{c_{EDTA}\times V_1\times M_{CaO}}{m_{样}\times 1000\times \dfrac{25}{250}}$。

式中，c_{EDTA} 为标定后 EDTA 标准溶液浓度，mol·L^{-1}；V_1 为滴定钙镁总含量消耗 EDTA 溶液体积，mL；M_{CaO} 为 CaO 的摩尔质量，100g·mol^{-1}；$m_{样}$为试样质量，g。

3. 钙含量的测定。

项　目	Ⅰ	Ⅱ	Ⅲ
$m_{样品}$/g			
V_2/mL			
钙含量ω_{Ca}/%			
$\bar{\omega}_{Ca}$/%			
相对平均偏差$\bar{d}_r$/%			

注：钙含量 $\omega_{Ca}=\dfrac{c_{EDTA}\times V_2\times M_{Ca}}{m_{样}\times 1000\times \dfrac{25}{250}}$。

式中，c_{EDTA} 为标定后 EDTA 标准溶液浓度，mol·L^{-1}；V_2 为滴定钙消耗 EDTA 溶液体积，mL；M_{Ca} 为钙的摩尔质量，40.08g·mol^{-1}；$m_{样}$为试样质量，g。

七、注意事项

1. 使用三乙醇胺屏蔽 Fe^{3+}、Al^{3+} 时，必须在 $pH<4$ 下加入，摇晃后再调节 pH 至滴定酸度。

2. 蛋壳中钙主要以 $CaCO_3$ 形式存在，有时也有 $MgCO_3$，此处以 CaO 存在量表示 Ca 和 Mg 总量。

3. 由于酸比较稀，溶解时需加热一定时间，试样中有不溶物，如蛋白质之类，但不影响测试。

八、思考题

1. 实验中为什么要称取大样混匀后再取小部分试样进行测试？

2. 在测定过程中为什么要加入三乙醇胺水溶液？

实验 22　配位滴定法测定明矾中铝含量

配套数字资源

预习要点

1. 配位滴定的原理和操作要点。

2. 金属指示剂的变色原理。

一、实验目的

1. 掌握配位滴定法中返滴定法的原理和计算。

2. 掌握 EDTA 加热返滴定法测定铝的原理和步骤。

二、实验原理

指示剂与金属离子形成更稳定的配合物，或形成的配合物可逆性差，到终点时不能被 EDTA 置换，就会造成指示剂的封闭。若这种封闭作用是由干扰离子引起的，可加入掩蔽剂消除；若封闭现象是由被测离子本身引起的，可采用返滴定法。

如果金属离子与 EDTA 反应较慢，或易发生水解等副反应，也可采用返滴定的方式对其进行测定。

由于 Al^{3+} 与 EDTA 反应速率很慢，并对指示剂有封闭作用，故采用加热返滴定法。即在含 Al^{3+} 试液中加入过量 EDTA 标准溶液，在 $pH=5\sim6$ 时加热使之充分反应，然后用二甲酚橙作指示剂，用标准溶液返滴定剩余的 EDTA，反应过程如下：

滴定前　$Al^{3+}+H_2Y^{2-}$（过量）$=\!=\!=[AlY]^{-}+2H^{+}$

滴定开始至计量点前 H_2Y^{2-}（余）$+Zn^{2+}=\!=\!=[ZnY]^{2-}+2H^{+}$

计量点　$Zn^{2+}+H_3In^{4-}$（黄色）$=\!=\!=[ZnH_3In]^{2-}$（紫红）

终点颜色为橙色。

三、实验试剂与器材

试剂：EDTA 二钠盐（$Na_2H_2Y \cdot 2H_2O$）、基准锌粒（99.9%）、明矾、HCl(1∶1)、二甲酚橙指示剂（0.2%）、六亚甲基四胺溶液（20%）、缓冲溶液（pH=3.5）。

器材：分析天平、台秤、锥形瓶、酸式滴定管、移液管、容量瓶、量筒、烧杯、表面皿、聚乙烯瓶。

四、实验流程（图 7.7）

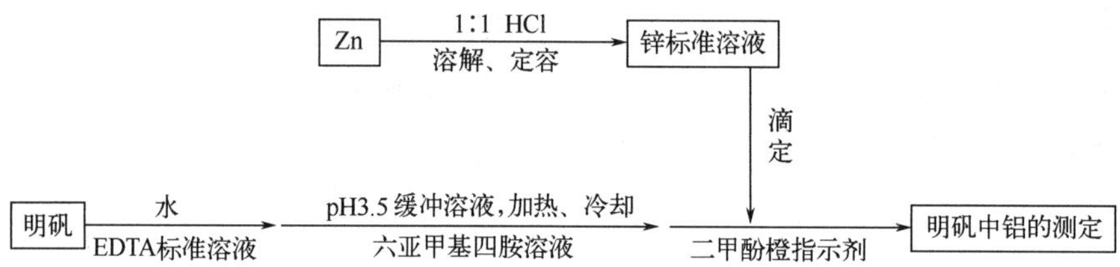

图 7.7　配位滴定法测定明矾中铝含量

五、实验步骤

1. $0.02mol \cdot L^{-1}$ EDTA 溶液的配制

称取 3.8g $Na_2H_2Y \cdot 2H_2O$ 溶于 200mL 温水中（必要时过滤）溶解，冷却后转入 500mL 聚乙烯瓶中加蒸馏水稀释至刻度线，充分摇匀。

2. $0.02mol \cdot L^{-1}$ 锌标准溶液的配制

准确称取含锌 99.9%以上的纯锌 0.3～0.4g 于烧杯中（精确至 0.1mg），盖上表面皿，沿烧杯嘴滴加 5mL 1∶1 HCl，待锌完全溶解后，定量转移至 250mL 容量瓶，用水稀释至刻度，摇匀。计算此溶液的准确浓度。

3. EDTA 标准溶液的标定

准确移取锌标准溶液 25.00mL 于 250mL 锥形瓶中，加水 50mL、二甲酚橙指示剂 2 滴，用质量分数为 20%的六亚甲基四胺溶液调节至呈稳定的紫红色后再过量 3mL，以 EDTA 标准溶液滴定至由紫红色变为亮黄色即为终点。平行测定 3 份，根据滴定所用 EDTA 的体积和锌标准溶液的浓度，计算 EDTA 标准溶液的浓度。

4. 明矾的测定

准确称取明矾 $[KAl(SO_4)_2 \cdot 12H_2O]$($M=474.4g \cdot mol^{-1}$) 样品 0.95～1.00g（精确至 0.1mg）于小烧杯中，加热使其完全溶解，待冷却后将溶液定量转移至 100mL 容量瓶中，用蒸馏水稀释至刻度，摇匀备用[1]。用移液管移取 25.00mL 明矾试样标准溶液置于 250mL 的锥形瓶中，然后加入 50mL EDTA 标准溶液，10mL pH 为 3.5 的缓冲溶液，加热煮沸近 10min 后放置冷却至室温。

在锥形瓶中加入六亚甲基四胺溶液 10mL，二甲酚橙指示剂 4～5 滴，用锌标准溶液返滴定至溶液由黄色变为橙色，并持续 30s 不褪色为终点[2]。平行测定 3 份，记录数据，计算明矾中铝的含量，要求相对平均偏差不大于 0.2%。

六、数据记录与处理

1. EDTA 标准溶液浓度的标定。

项　目	Ⅰ	Ⅱ	Ⅲ
m_{Zn}/g			
V_{EDTA}/mL			
c_{EDTA}/(mol·L^{-1})			
$\bar{c}_{EDTA}$/(mol·L^{-1})			
相对平均偏差$\bar{d}_r$/%			

注：EDTA 标准溶液的浓度 $c_{EDTA}=\dfrac{m_{Zn}\times 25.00}{M_{Zn}\times 250.00\times V_{EDTA}}\times 10^3$。

式中，c_{EDTA} 为 EDTA 标准溶液的准确浓度，mol·L^{-1}；m_{Zn} 为基准试剂 Zn 的质量，g；M_{Zn} 为基准试剂 Zn 的摩尔质量，65.39g·mol^{-1}；V_{EDTA} 为滴定消耗的 EDTA 标准溶液的体积，mL。

2. 明矾中铝含量的计算。

项　目	Ⅰ	Ⅱ	Ⅲ
$m_{明矾}$/g			
V_{EDTA}/mL			
c_{EDTA}/(mol·L^{-1})			
消耗 $V_{Zn^{2+}}$/mL			
铝含量ω_{Al}/%			
铝平均含量$\bar{\omega}_{Al}$/%			
相对平均偏差$\bar{d}_r$/%			

注：明矾中铝含量 $\omega_{Al}=\dfrac{c_{EDTA}\times V_{EDTA}-c_{Zn^{2+}}\times V_{Zn^{2+}}}{m_{明矾}}\times M_{Al}$。

式中，c_{EDTA} 为 EDTA 标准溶液浓度，mol·L^{-1}；V_{EDTA} 为消耗 EDTA 标准溶液的体积，mL；$c_{Zn^{2+}}$ 为配制的 Zn^{2+} 标准溶液的浓度，mol·L^{-1}；$V_{Zn^{2+}}$ 为消耗 Zn^{2+} 标准溶液的体积，mL；M_{Al} 为 Al 的摩尔质量，27g·mol^{-1}；$m_{明矾}$ 为明矾样品质量，g。

七、注意事项

1. 在实验过程中，要确保所有仪器和试剂的干净和准确。特别是滴定管和容量瓶等精密刻度的仪器，要进行严格的校准和清洗。

2. 在加热和滴定过程中，要注意控制温度和滴定速度，避免影响实验结果的准确性。

3. 在使用二甲酚橙指示剂时，要注意其变色范围和变色点的准确性。同时，由于 Al^{3+} 对二甲酚橙有封闭作用，因此要确保 EDTA 与 Al^{3+} 的配位反应完全后再进行滴定。

4. 实验中可能存在的干扰离子需要进行适当的掩蔽或分离，以确保实验结果的准确性。

八、思考题

1. 用 EDTA 测定铝的含量，为什么不能用直接滴定法？

2. 用返滴定法测定 Al^{3+} 时，为什么要用六亚甲基四胺控制溶液 pH＝5～6？

3. Al^{3+} 对二甲酚橙有封闭作用，为什么在用 EDTA 法测定 Al^{3+} 时，还能用二甲酚橙作指示剂？

九、注释

［1］样品溶于水后，会因缓慢溶解而显浑浊，在加入过量 EDTA 并加热后，即可溶解，不影响滴定。

［2］pH<6 时，游离的二甲酚橙呈黄色，滴定至 Zn^{2+} 稍微过量时，Zn^{2+} 与部分二甲酚橙生成紫红色配合物，黄色与紫红色混合呈橙色，故终点颜色为橙色。

实验 23 铅、铋混合液中铅、铋含量的连续滴定

配套数字资源

预习要点

1. 了解控制溶液酸度进行多种离子连续配位滴定的原理和方法。
2. 掌握 EDTA 溶液的配制及标定方法。

一、实验目的

1. 掌握通过溶液酸度提高 EDTA 选择性的原理和方法。
2. 掌握控制溶液酸度进行多种离子连续配位滴定的原理和方法。

二、实验原理

混合离子的分别滴定常用控制酸度法、掩蔽法进行，可根据有关副反应系数论证对它们分别滴定的可能。

如果要在同一溶液中分别测定 M、N 两种离子，须满足条件：$\lg(c_M^{sp}K'_{MY})\geqslant 6$、$\lg(c_N^{sp}K'_{NY})\geqslant 6$、$\Delta\lg(cK)\geqslant 5$。

这时，测定 M 的适宜酸度范围是：

最高酸度：$\lg\alpha_{Y(H)}=\lg c_M^{sp}+\lg K_{MY}-5$ 时对应的酸度。

最低酸度：$\lg\alpha_{Y(H)}=\lg c_N^{sp}+\lg K_{NY}-1$ 时对应的酸度。

Pb^{2+}、Bi^{3+} 均能与 EDTA 形成稳定的配合物，由于 $\Delta\lg(cK)\geqslant 5$，故可控制溶液不同的酸度分别测定它们的含量。测定 Bi^{3+} 的酸度范围是 pH＝0.6～1.6，测定 Pb^{2+} 的酸度范围是 pH＝3～7.5。首先调节溶液的 pH＝1，以二甲酚橙为指示剂，用 EDTA 标准溶液滴定 Bi^{3+}；在滴定 Bi^{3+} 以后的溶液中，再调节 pH＝5～6，用 EDTA 标准溶液滴定 Pb^{2+}。

pH＝1 时的反应：

滴定前 $Bi^{3+}+H_3In^{4-}$（黄色）$=\!=\!=[BiH_3In]^-$（紫红）

滴定开始至计量点前 $Bi^{3+}+H_2Y^{2-}=\!=\!=[BiY]^-+2H^+$

计量点 $H_2Y^{2-}+[BiH_3In]^-$（紫红）$=\!=\!=[BiY]^-+H_3In^{4-}$（黄色）$+2H^+$

pH＝5～6 时的反应：

滴定前 $Pb^{2+}+H_3In^{4-}$（黄色）$=\!=\!=[PbH_3In]^{2-}$（紫红）

滴定开始至计量点前 $Pb^{2+}+H_2Y^{2-}=\!=\!=[PbY]^{2-}+2H^+$

计量点 $H_2Y^{2-}+[PbH_3In]^{2-}$(紫红)═══$[PbY]^{2-}+H_3In^{4-}$(黄色)$+2H^+$

三、实验试剂与器材

试剂：EDTA 二钠盐（$Na_2H_2Y \cdot 2H_2O$，s，AR)、基准试剂 ZnO、二甲酚橙指示剂(0.2%)、六亚甲基四胺溶液（20%)、氨水（1∶1)、HCl(1∶1)、NaOH(2mol・L^{-1})、HNO_3(2mol・L^{-1}、0.1mol・L^{-1})、混合液（Pb^{2+}、Bi^{3+})。

器材：分析天平、台秤、烧杯、表面皿、容量瓶、锥形瓶、滴定管、移液管、量筒、玻璃棒。

四、实验流程（图 7.8)

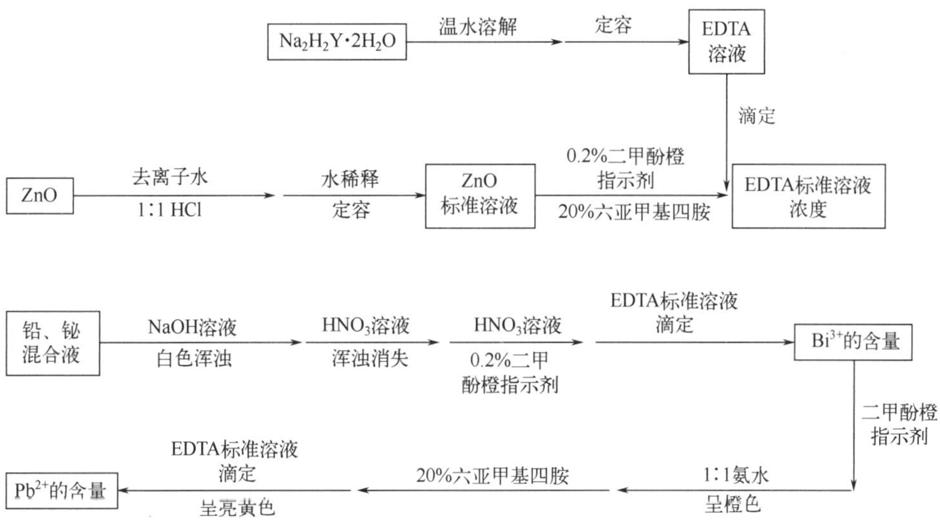

图 7.8　铅、铋混合液中铅、铋含量的连续滴定

五、实验步骤

1. 0.02mol・L^{-1} EDTA 标准溶液的配制

称取 4.0g $Na_2H_2Y \cdot 2H_2O$ 于烧杯中，加入 100mL 去离子水，加热溶解，冷却后稀释至 500mL，摇匀（长期放置应置于硬质玻璃瓶或聚乙烯瓶中)。

2. EDTA 标准溶液的标定

准确称取 300℃干燥 2h 的基准试剂 ZnO 0.32～0.40g（精确至 0.1mg）于 250mL 烧杯中，用少量水润湿，盖上表面皿，从烧杯嘴边小心地逐滴加入 10mL 1∶1 HCl 溶液至完全溶解，并将可能溅到表面皿上的溶液淋洗入烧杯，加少量水稀释，定量转移至 250mL 容量瓶中，稀释至标线，摇匀。移取 25.00mL 此溶液于 250mL 锥形瓶中，加入 2 滴 0.2%二甲酚橙指示剂，然后滴加六亚甲基四胺溶液至溶液呈稳定的紫红色，再过量 5mL，立即用 EDTA 滴定，当溶液由紫红色经稳定的橙色再刚变为亮黄色即为终点，消耗 EDTA 标准溶液的体积为 V_0。平行测定 3 次，计算 EDTA 的标准溶液浓度。

3. 混合溶液的测定

准确移取铅、铋混合液 25.00mL 于 250mL 锥形瓶中，滴加 2mol·L^{-1} NaOH 溶液至刚出现白色浑浊，再小心滴加 2mol·L^{-1} HNO_3 溶液至浑浊刚消失，加 0.1mol·L^{-1} HNO_3 溶液 10mL（使溶液 pH=1[1]），加入 1～2 滴 0.2%二甲酚橙指示剂，用 EDTA 标准溶液滴定[2]至溶液由紫红色变为黄色，消耗 EDTA 标准溶液的体积为 V_1，即为滴定 Bi^{3+} 的终点。平行测定 3 次，计算混合液中 Bi^{3+} 的含量（g·L^{-1}）。

在测完 Bi^{3+} 的溶液中再加 2～3 滴二甲酚橙指示剂，逐滴加入 1∶1 氨水，使溶液呈橙色，再滴加 20%六亚甲基四胺至溶液呈稳定的紫红色，并过量 5mL，用标准 EDTA 溶液滴定至溶液呈亮黄色，共消耗 EDTA 标准溶液的体积为 V_2，即为滴定的终点。平行测定 3 次，计算混合液中 Pb^{2+} 的含量（g·L^{-1}）。

六、数据记录与处理

1. EDTA 标准溶液浓度的标定。

项　目	Ⅰ	Ⅱ	Ⅲ
m_{ZnO}/g			
V_0/mL			
c_{EDTA}/(mol·L^{-1})			
$\bar{c}_{EDTA}$/(mol·L^{-1})			
相对平均偏差$\bar{d}_r$/%			

注：EDTA 标准溶液的浓度 $c_{EDTA}=\dfrac{m_{ZnO}\times 25.00}{M_{ZnO}\times 250.00\times V_0}\times 10^3$。

式中，c_{EDTA} 为 EDTA 标准溶液的准确浓度，mol·L^{-1}；m_{ZnO} 为基准试剂 ZnO 的质量，g；M_{ZnO} 为基准试剂 ZnO 的摩尔质量，81.39g·mol^{-1}；V_0 为滴定消耗的 EDTA 标准溶液的体积，mL。

2. 铅、铋含量的滴定。

项　目	Ⅰ	Ⅱ	Ⅲ
$\bar{c}_{EDTA}$/(mol·L^{-1})			
V_1/mL			
铋含量 $c_{Bi^{3+}}$/(g·L^{-1})			
$\bar{c}_{Bi^{3+}}$/(g·L^{-1})			
相对平均偏差$\bar{d}_r$/%			
V_2/mL			
铅含量 $c_{Pb^{2+}}$/(g·L^{-1})			
$\bar{c}_{Pb^{2+}}$/(g·L^{-1})			
相对平均偏差$\bar{d}_r$/%			

注：$c_{Bi^{3+}}=\dfrac{c_{EDTA}V_1M_{Bi}}{25.00}\times 1000$，$c_{Pb^{2+}}=\dfrac{c_{EDTA}(V_2-V_1)M_{Pb}}{25.00}\times 1000$。

式中，c_{EDTA} 为标定后 EDTA 标准溶液浓度，mol·L^{-1}；V_1 为滴定 Bi^{3+} 消耗 EDTA 标准溶液的体积，mL；V_2 为滴定 Bi^{3+}、Pb^{2+} 消耗 EDTA 标准溶液的总体积，mL；M_{Bi}、M_{Pb} 分别为 Bi、Pb 的摩尔质量，g·mol^{-1}。

七、注意事项

1. 实验中可能存在的干扰离子需要进行适当的掩蔽或分离，确保实验结果的准确性。

2. 在实验过程中，要确保所有仪器和试剂的干净和准确。特别是滴定管和容量瓶等精确度较高的器皿，要进行严格的校准和清洗。

3. 在加热和滴定过程中，要注意控制温度和滴定速度，避免影响实验结果的准确性。

八、思考题

1. 能否在同一份试液中先滴定 Pb^{2+}，后滴定 Bi^{3+}？

2. 如果试液中含有 Fe^{3+}，一般加入抗坏血酸掩蔽，可否用三乙醇胺掩蔽？

3. 在 pH 约为 1 的条件下用 EDTA 标准溶液测定 Bi^{3+}，共存的 Pb^{2+} 为什么不干扰？

九、注释

[1] 此时，$Bi(NO_3)_3$ 沉淀不会析出，二甲酚橙也不与 Pb^{2+} 配位；如果酸度太高，二甲酚橙不与 Bi^{3+} 配位，溶液呈黄色。

[2] Bi^{3+} 与 EDTA 反应速率较慢，故滴定速度不宜过快，且要剧烈摇动。

实验 24　高锰酸钾标准溶液的配制、标定及过氧化氢含量的滴定

预习要点

配套数字资源

1. 氧化还原反应滴定的操作要点。

2. 反应条件对氧化还原滴定的影响，学会判断滴定终点。

3. 市售 H_2O_2 含量的测定方法。

一、实验目的

1. 掌握 $KMnO_4$ 标准溶液的配制方法和保存方法。

2. 掌握用 $Na_2C_2O_4$ 标定 $KMnO_4$ 溶液浓度的方法和注意事项。

3. 熟悉用 $KMnO_4$ 标准溶液测定 H_2O_2 含量的方法。

4. 掌握液体样品的取样方法及液体样品含量的表示方法。

二、实验原理

$KMnO_4$ 是氧化还原滴定中最常用的氧化剂之一。高锰酸钾滴定法通常在酸性溶液中进行，反应中锰原子的氧化数由＋7 变到＋2。市售的 $KMnO_4$ 常含杂质，因此用它配制的溶液要在暗处放置数天，待 $KMnO_4$ 把还原性杂质充分氧化后，再除去生成的 $MnO(OH)_2$ 沉淀，标定其准确浓度。光线、$MnO(OH)_2$、Mn^{2+} 等都能促进 $KMnO_4$ 的分解，故配好的 $KMnO_4$ 溶液应除尽杂质，并保存于暗处。

$Na_2C_2O_4$ 和 $H_2C_2O \cdot 2H_2O$ 是较易纯化的还原剂，也是标定 $KMnO_4$ 常用的基准物质，

其反应如下：

$$2MnO_4^- + 16H^+ + 5C_2O_4^{2-} = 2Mn^{2+} + 8H_2O + 10CO_2\uparrow$$

反应要在酸性、较高温度和有 Mn^{2+} 作催化剂的条件下进行。滴定初期，反应缓慢，$KMnO_4$ 溶液必须逐滴加入，如滴加过快，部分 $KMnO_4$ 在热溶液中将按下式分解而造成误差。

$$4KMnO_4 + 2H_2SO_4 = 4MnO_2 + 2K_2SO_4 + 2H_2O + 3O_2\uparrow$$

在滴定过程中逐渐生成的 Mn^{2+} 有催化作用，结果使反应速率逐渐加快。

因为 $KMnO_4$ 溶液本身具有特殊的紫红色，极易察觉，故用它作为滴定液时，不需要另加指示剂。

H_2O_2 是医用消毒剂，它在酸性溶液中很容易被 $KMnO_4$ 氧化而生成氧气和水，其反应如下：

$$2MnO_4^- + 6H^+ + 5H_2O_2 = 2Mn^{2+} + 8H_2O + 5O_2\uparrow$$

在一般的工业分析中，常用 $KMnO_4$ 标准溶液测定 H_2O_2 的含量，由反应式可知，H_2O_2 在反应中氧原子的氧化数从 -1 升至 0。

在生物化学中，常利用此法间接测定过氧化氢酶的活性。例如，血液中存在的过氧化氢酶能使过氧化氢分解，所以用一定量的 H_2O_2 与其作用，然后在酸性条件下用标准 $KMnO_4$ 溶液滴定残余的 H_2O_2，就可以了解酶的活性。

三、实验试剂与器材

试剂：$KMnO_4$（s，AR）、$Na_2C_2O_4$（s，AR）、H_2SO_4（浓、$1mol \cdot L^{-1}$）、H_2O_2 溶液（3%、30%）。

仪器：分析天平、酸式滴定管、锥形瓶、量筒、棕色玻璃瓶、垂熔玻璃漏斗、抽滤装置、水浴锅、温度计、具塞锥形瓶、吸量管、容量瓶、移液管、洗耳球。

四、实验流程（图 7.9）

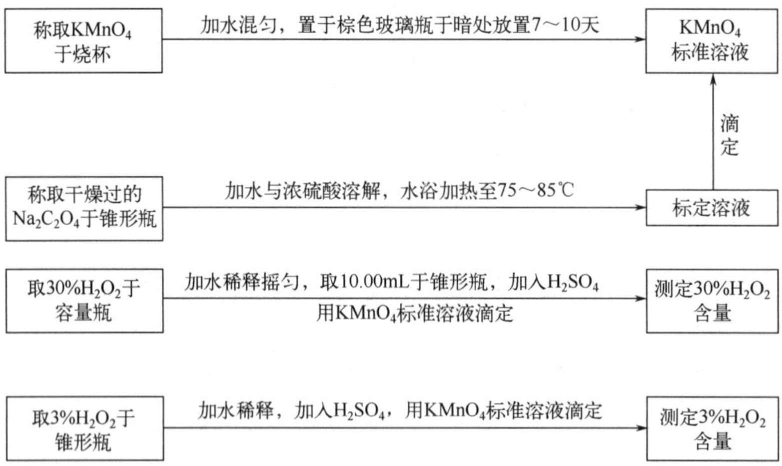

图 7.9 高锰酸钾标准溶液的配制、标定及过氧化氢含量的滴定

五、实验步骤

1. 0.02mol·L^{-1} $KMnO_4$ 溶液的配制

称取 $KMnO_4$ 1.6g，溶于 500mL 新煮沸过并且放冷的蒸馏水中，混匀，置棕色玻璃瓶内，于暗处放置 7～10 天，用垂熔玻璃漏斗过滤，保存于另一棕色玻璃瓶中。

2. $KMnO_4$ 标准溶液的标定

精确称取 105℃干燥至恒重的 $Na_2C_2O_4$ 基准物 0.20g（精确至 0.1mg），置于 250mL 锥形瓶中，加新鲜蒸馏水 100mL 与浓硫酸 5mL，旋摇使其溶解。置水浴中加热至 75～85℃，趁热用待标定的 $KMnO_4$ 溶液滴定至溶液显淡红色并保持 30s 不褪色。滴定至终点时，溶液温度应不低于 55℃。平行测定 3 次，计算 $KMnO_4$ 的标准溶液浓度。

3. H_2O_2 含量测定

30%H_2O_2 样品的测定：用移液管准确吸取 30%H_2O_2 样品溶液 1.00mL，定量地转移至 100mL 容量瓶中，加水稀释至刻度，摇匀。准确吸取 10.00mL，置 250mL 锥形瓶中，加 1mol·L^{-1} 的 H_2SO_4 溶液 20mL，用 0.02mol·$L^{-1}$$KMnO_4$ 标准溶液滴定至显微红色，30s 不褪色，即到达滴定终点。

3%H_2O_2 样品的测定：用移液管准确吸取 3%H_2O_2 样品溶液 1.00mL，置贮有蒸馏水 20mL 的锥形瓶中，加 1mol·L^{-1} 的 H_2SO_4 溶液 20mL，用 0.02mol·$L^{-1}$$KMnO_4$ 标准溶液滴定至显微红色，30s 不褪色，即到达滴定终点。

六、实验数据及处理

1. $KMnO_4$ 标准溶液的标定。

项　目	1	2	3
$m_{Na_2C_2O_4}$/g			
V_{KMnO_4}/mL			
c_{KMnO_4}/(mol·L^{-1})			
$\bar{c}_{KMnO_4}$/(mol·L^{-1})			
相对平均偏差$\bar{d}_r$/%			

注：$KMnO_4$ 标准溶液的浓度 $c_{KMnO_4}=\dfrac{2\times m_{Na_2C_2O_4}}{5\times V_{KMnO_4}\times\dfrac{M_{Na_2C_2O_4}}{1000}}$。

式中，$m_{Na_2C_2O_4}$ 为测定所用的 $Na_2C_2O_4$ 质量，g；V_{KMnO_4} 为标定消耗的 $KMnO_4$ 溶液体积，mL；$M_{Na_2C_2O_4}$ 为 $Na_2C_2O_4$ 的摩尔质量，134g·mol^{-1}。

2. H_2O_2 含量的测定。

项　目	1	2	3
H_2O_2 含量/%			
c_{KMnO_4}/(mol·L^{-1})			
V_{KMnO_4}/mL			
$c_{H_2O_2}$/(g·mL^{-1})			

续表

项　　目	1	2	3
$\bar{c}_{H_2O_2}/(g \cdot mL^{-1})$			
$\bar{d}_r/\%$			

注：1. H_2O_2 的浓度 $c_{H_2O_2}=\frac{c_{KMnO_4}V_{KMnO_4}\times 5\times M_{H_2O_2}}{2\times V_{样品}}$。

式中，c_{KMnO_4} 为标定消耗的 $KMnO_4$ 标准溶液浓度，$mol \cdot L^{-1}$；V_{KMnO_4} 为标定消耗的 $KMnO_4$ 标准溶液体积，mL；$M_{H_2O_2}$ 为 H_2O_2 的摩尔质量，$34g \cdot mol^{-1}$；$V_{样品}$为测定所用的样品体积，mL。

2. 对于 30%H_2O_2 样品的测定，$V_{样品}$的数值需要做进一步换算：$V_{样品}=1.00\times\frac{10.00}{100.00}$。

七、注意事项

1. 市售 $KMnO_4$ 中常含少量 MnO_2 杂质，在配成溶液后，有 MnO_2 混在里面会起催化剂作用使 $KMnO_4$ 逐渐分解，所以必须过滤除去（过滤不可用滤纸）。配制必须使用新煮沸并放冷的蒸馏水，也不应含有有机还原剂，以防还原 $KMnO_4$。光线能促使 $KMnO_4$ 分解，故配好的 $KMnO_4$ 溶液应贮于棕色玻璃瓶中，密闭保存，并在暗处放置 7～10 天后再标定。

2. 由于 $KMnO_4$ 和 $Na_2C_2O_4$ 的反应较慢，需加热（滴定双氧水时不能加热），但反应仍然较慢，故开始滴定时加入的高锰酸钾颜色不能立即褪色，但一经反应生成 Mn^{2+} 后，Mn^{2+} 对反应有催化作用，反应速度加快。

3. 标定 $KMnO_4$ 滴定至终点时，溶液温度应不低于 55℃，否则会因反应速度较慢影响终点的观察与准确性。

4. 氧化还原反应速度较慢，滴定速度不宜过快。

八、思考题

1. 氧化还原法测定过氧化氢的基本原理是什么？$KMnO_4$ 与 H_2O_2 反应的物质的量比是多少？自拟 H_2O_2 的质量分数的计算公式。

2. 用 $KMnO_4$ 法测定 H_2O_2 时，为什么要在硫酸酸性介质中进行？能否用盐酸代替？

实验 25　重铬酸钾氧化还原滴定法测定铁矿石中铁含量

预习要点

1. 重铬酸钾法测定铁矿石中铁含量的原理和方法。
2. 了解无汞测铁法，增强环保意识。
3. 二苯胺磺酸钠指示剂的作用原理。

配套数字资源

一、实验目的

1. 掌握 $K_2Cr_2O_7$ 标准溶液的配制及使用。
2. 学习铁矿石试样的酸溶法。

3. 掌握 $K_2Cr_2O_7$ 法测定铁的原理及操作过程。

二、实验原理

铁矿石中铁的经典分析方法是重铬酸钾（$K_2Cr_2O_7$）法，即用 HCl 分解矿石后，以 $SnCl_2$-$HgCl_2$ 联合还原 Fe^{3+} 至 Fe^{2+}，然后以二苯胺磺酸钠为指示剂，用 $K_2Cr_2O_7$ 标准溶液滴定 Fe^{2+}。该方法准确度较高，但 $HgCl_2$ 易造成环境污染。

近年来，提出了许多无汞定铁法，以避免 $HgCl_2$ 对环境的污染。本实验采用 $SnCl_2$-甲基橙联合还原法，其原理是：Sn^{2+} 将 Fe^{3+} 还原完后，过量的 Sn^{2+} 可将甲基橙还原为氢化甲基橙而褪色，不仅指示了还原的终点，而且 Sn^{2+} 还能继续使氢化甲基橙还原成 N,N-二甲基对苯二胺和对氨基苯磺酸，过量的 Sn^{2+} 则可消除。以上反应是不可逆的，因此甲基橙的还原产物不消耗 $K_2Cr_2O_7$。

HCl 溶液浓度应控制在 $4mol \cdot L^{-1}$，若大于 $6mol \cdot L^{-1}$，Sn^{2+} 会先将甲基橙还原为无色，无法指示 Fe^{3+} 的还原反应。HCl 溶液的浓度低于 $2mol \cdot L^{-1}$，则甲基橙褪色缓慢。

滴定反应为：

$$Cr_2O_7^{2-} + 6Fe^{2+} + 14H^+ = 2Cr^{3+} + 6Fe^{3+} + 7H_2O$$

滴定突跃范围为 0.93～1.34V，使用二苯胺磺酸钠为指示剂时，由于它的条件电极电位为 0.85V，因而需加入 H_3PO_4 使滴定生成的 Fe^{3+} 转化为 $[Fe(HPO_4)_2]^-$ 而降低 Fe^{3+}/Fe^{2+} 电对的电位，使突跃范围变为 0.71～1.34V，指示剂可以在此范围内变色，同时也消除了 $[FeCl_4]^-$ 的黄色对终点观察的干扰。Sb(Ⅴ)、Sb(Ⅲ) 干扰本实验，不应存在。

$K_2Cr_2O_7$ 易提纯为基准试剂，故可采用直接法进行配制。$K_2Cr_2O_7$ 作为滴定剂有以下优点：

（1）溶液稳定，长期储存时浓度不变。

（2）其标准电势略低于氯的标准电势，故可用于在 HCl 溶液中滴定铁。

三、实验试剂与器材

试剂：$SnCl_2$ 溶液（$100g \cdot L^{-1}$）、甲基橙溶液（$2g \cdot L^{-1}$）、$K_2Cr_2O_7$ 基准试剂、H_2SO_4-H_3PO_4 混酸、二苯胺磺酸钠溶液（$2g \cdot L^{-1}$）、铁矿石粉、浓 HCl。

器材：分析天平、容量瓶、滴定管、锥形瓶、烧杯、表面皿、移液管。

四、实验流程（图 7.10）

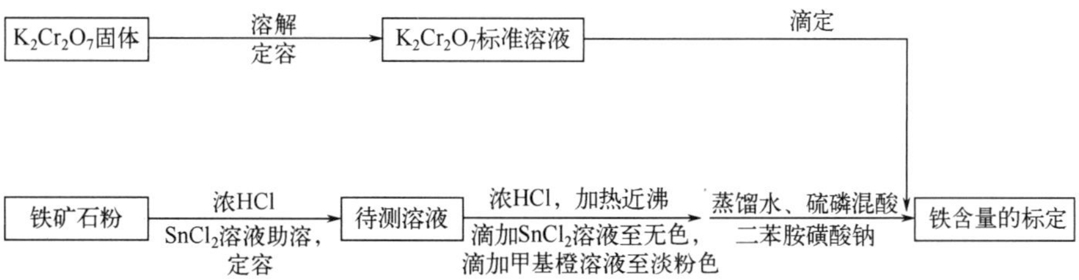

图 7.10　重铬酸钾氧化还原滴定法测定铁矿石中铁含量

五、实验步骤

1. $K_2Cr_2O_7$ 标准溶液的配制

准确称取在 150～180℃干燥 2h 后的 $K_2Cr_2O_7$ 基准试剂 0.59～0.62g（精确到 0.1mg），倒入洁净的烧杯中，加入适量水，使 $K_2Cr_2O_7$ 完全溶解后，定量转移至 250mL 容量瓶中，用水稀释至刻度，充分摇匀，计算其浓度。

2. 铁矿石中铁的测定

准确称取铁矿石粉 0.70～1.00g（精确到 0.1mg），倒入洁净的烧杯中，加入少量水润湿，加入 20mL 浓 HCl，盖上表面皿，在通风橱中低温加热分解试样，若有带色不溶残渣，可滴加 20～30 滴 $SnCl_2$ 溶液（$100g \cdot L^{-1}$）助溶。试样分解完全时，残渣应接近白色，用少量水吹洗表面皿及烧杯壁，冷却后，定量转移至 250mL 容量瓶中，用水稀释至刻度，摇匀。

准确移取 25.00mL 试液于 250mL 锥形瓶中，加入 8mL 浓 HCl，加热近沸，趁热滴加甲基橙溶液至溶液呈现淡粉色，再滴加 $SnCl_2$ 溶液[1] 至溶液变为无色。立即用流水冷却，加 50mL 蒸馏水、20mL 硫磷混酸（H_2SO_4-H_3PO_4 混酸[2]）、4 滴二苯胺磺酸钠，立即用 $K_2Cr_2O_7$ 标准溶液滴定到稳定的紫红色为终点。平行测定三次，计算铁矿石中全铁含量，结果以 ω_{Fe} 表示。

六、数据记录与处理

1. 重铬酸钾浓度的计算。

重铬酸钾标准溶液浓度按下式计算：

$$c_{K_2Cr_2O_7}=\frac{m_{K_2Cr_2O_7}}{M_{K_2Cr_2O_7}\times V_{实}\times 10^{-3}}$$

式中，$c_{K_2Cr_2O_7}$ 为 $K_2Cr_2O_7$ 标准溶液的浓度，$mol \cdot L^{-1}$；$V_{实}$ 为容量瓶实际体积，250mL；$m_{K_2Cr_2O_7}$ 为基准物 $K_2Cr_2O_7$ 的质量，g；$M_{K_2Cr_2O_7}$ 为准物 $K_2Cr_2O_7$ 的摩尔质量，$294.19g \cdot mol^{-1}$。

2. 铁矿石中铁含量的测定。

项　　目	Ⅰ	Ⅱ	Ⅲ
$m_{铁样}$/g			
$c_{K_2Cr_2O_7}/(mol \cdot L^{-1})$			
$V_{K_2Cr_2O_7}$/mL			
ω_{Fe}/%			
$\overline{\omega}_{Fe}$/%			
相对平均偏差 $\overline{d}_r$/%			

注：$\omega_{Fe}=\frac{c_{K_2Cr_2O_7}\times V_{K_2Cr_2O_7}\times M_{Fe}}{m_{铁样}\times\frac{25}{250}}$。

式中，$c_{K_2Cr_2O_7}$ 为 $K_2Cr_2O_7$ 标准溶液的浓度，$mol \cdot L^{-1}$；$V_{K_2Cr_2O_7}$ 为滴定铁样时消耗 $K_2Cr_2O_7$ 的体积，mL；M_{Fe} 为 Fe 的摩尔质量，$55.85g \cdot mol^{-1}$；$m_{铁样}$ 为称取的铁矿石粉样品质量，g。

七、注意事项

1. 用盐酸溶解试样时，应置于低温，不能煮沸，以避免三氯化铁部分挥发。

2. 还原必须有足量的盐酸存在，为了使铁（Ⅲ）全部还原为铁（Ⅱ），以及阻止铁（Ⅱ）再被氧化，二氯化锡必须稍微过量。

3. 试样在105℃左右的干燥箱内进行烘干，烘干完成后需要在干燥器内冷却到室温才能进行滴定，避免试样含有水分导致测定结果不准确。

4. 溶解用酸的选择：加入磷酸能与三价铁离子生成无色的离子配合物，可防止三价铁离子对指示剂的氧化作用，并可消除三氯化铁的黄色影响终点颜色的观察。

八、思考题

1. 为什么可以直接称量 $K_2Cr_2O_7$ 配制准确浓度的溶液？

2. 分解铁矿石时，为什么要在低温下进行？如果加热至沸会对结果产生什么影响？

3. $SnCl_2$ 还原 Fe^{3+} 的条件是什么？

4. 二苯胺磺酸钠指示剂的用量对测定有无影响？

九、注释

[1] $SnCl_2$ 溶液（$100g \cdot L^{-1}$）的配制：称取10g氯化亚锡，溶于20mL盐酸（$\rho = 1.19g \cdot mL^{-1}$）中，用水稀释到100mL，加入数粒锡粒，混匀待用。

[2] H_2SO_4-H_3PO_4 混酸的配制：将15mL浓 H_2SO_4 缓慢加至70mL水中，冷却后加入15mL浓 H_3PO_4，混匀待用。

实验26　间接碘量法测定铜盐中铜的含量

配套数字资源

预习要点

1. 间接碘量法和直接碘量法的原理。

2. 了解间接碘量法中误差的来源。

3. 铜合金试样的分解方法。

一、实验目的

1. 掌握间接碘量法测定铜的基本原理和方法。

2. 掌握 $Na_2S_2O_3$ 标准溶液的配制和标定方法。

3. 掌握提高分析结果准确度的方法。

二、实验原理

硫代硫酸钠（$Na_2S_2O_3 \cdot 5H_2O$）一般含有少量杂质，如S、Na_2SO_3、Na_2SO_4、NaCl等，同时还容易风化、潮解，因此不能直接配制成准确浓度的溶液，只能先配成近似浓度的溶液，然后再标定。

准确称取一定量 $K_2Cr_2O_7$ 基准试剂，配成溶液，加入过量的 KI，在酸性溶液中定量地完成下列反应：

$$K_2Cr_2O_7 + 6KI + 14HCl \xlongequal{} 8KCl + 2CrCl_3 + 7H_2O + 3I_2$$

生成的游离 I_2，立即用 $Na_2S_2O_3$ 溶液滴定：

$$I_2 + 2Na_2S_2O_3 \xlongequal{} Na_2S_4O_6 + 2NaI$$

结果实际上相当于 $K_2Cr_2O_7$ 氧化 $Na_2S_2O_3$，根据它们的对应关系，即可求得 $Na_2S_2O_3$ 准确浓度。碘量法用新配制的淀粉溶液作为指示剂，I_2 与淀粉生成蓝色的化合物，反应很灵敏。

本实验在弱酸性的条件下测定铜盐中的铜含量，Cu^{2+} 可以被 KI 还原为 CuI，同时析出与之计量相当的 I_2，用 $Na_2S_2O_3$ 标准溶液滴定，以淀粉为指示剂。反应式为：

$$2Cu^{2+} + 4I^- \xlongequal{} 2CuI\downarrow + I_2$$

$$2S_2O_3^{2-} + I_2 \xlongequal{} S_4O_6^{2-} + 2I^-$$

在上述反应中，I^- 不仅是 Cu^{2+} 的还原剂，还是 Cu^{2+} 的沉淀剂和 I_2 的配位剂。

间接碘量法必须在弱酸性或中性溶液中进行。在测定 Cu^{2+} 时，通常用 NH_4HF_2 缓冲溶液（即 HF/F^- 共轭酸碱对）控制溶液的酸度为 pH＝3～4。NH_4HF_2 同时也提供了 F^- 作为掩蔽剂，可以使共存的 Fe^{3+} 转化为 FeF_6^{3-} 以消除其对 Cu^{2+} 测定的干扰。如试样中不含 Fe^{3+}，也可不用 NH_4HF_2 而用醋酸缓冲溶液（pH＝4）等控制溶液酸度。

CuI 沉淀表面易吸附少量 I_2，这部分 I_2 不与淀粉作用，故引起终点提前。为此应在临近终点时加入 KSCN 溶液，使 CuI 沉淀转化为溶解度更小的 CuSCN 沉淀，而 CuSCN 难溶于水且不吸附 I_2，从而使被 CuI 吸附的那部分 I_2 释放出来，提高了测定的准确度。

三、实验试剂与器材

试剂：$Na_2S_2O_3 \cdot 5H_2O$（s，ACS）、KI 溶液（$100g \cdot L^{-1}$）、HCl（$6mol \cdot L^{-1}$）、KSCN 溶液（$100g \cdot L^{-1}$）、H_2SO_4 溶液（$1mol \cdot L^{-1}$）、淀粉指示剂（0.5%）、$CuSO_4 \cdot 5H_2O$ 试样（s，AR）、Na_2CO_3（s，AR）、$K_2Cr_2O_7$（s，AR）。

器材：分析天平、干燥器、碘量瓶、锥形瓶、称量瓶、烧杯、量杯、酸式滴定管、洗瓶、棕色试剂瓶。

四、实验流程（图 7.11）

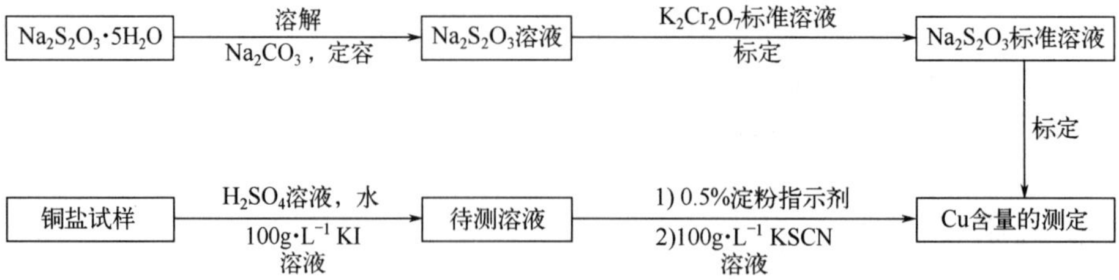

图 7.11 间接碘量法测定铜盐中铜的含量

五、实验步骤

1. 0.1mol · L^{-1} $Na_2S_2O_3$ 溶液的配制

称取 25g $Na_2S_2O_3 \cdot 5H_2O$ 于烧杯中，加入 300～500mL 新煮沸并冷却的去离子水，溶解后，加入约 0.1g Na_2CO_3，用新煮沸且冷却的去离子水稀释至 1L，储存于棕色试剂瓶中，在暗处放置 7～14 天后标定。

2. $Na_2S_2O_3$ 标准溶液浓度的标定

准确称取在 150～180℃干燥 2h 后的 $K_2Cr_2O_7$ 0.10～0.15g（精确到 0.1 mg）于 250mL 碘量瓶中，加入 20～30mL 去离子水溶解，再加入 5mL 100g · L^{-1} KI 溶液、5mL 6mol · L^{-1} HCl 溶液。立即盖上瓶盖，轻轻摇匀，于暗处放置 5min，再加水稀释至 100mL。用待标定的 $Na_2S_2O_3$ 溶液滴定至浅黄绿色时，加入 5mL 0.5%淀粉指示剂，继续滴定到蓝色刚好消失，即为终点（终点呈 Cr^{3+} 的绿色）。平行测定 3 次，计算 $Na_2S_2O_3$ 标准溶液的浓度。

3. 铜含量的测定

准确称取 $CuSO_4 \cdot 5H_2O$ 试样 0.50～0.60g（精确到 0.1mg），置于 250mL 锥形瓶中，加 5mL 1mol · L^{-1} H_2SO_4 溶液和 100mL 水使其溶解。加入 10mL 100g · L^{-1} KI，立即用 $Na_2S_2O_3$ 标准溶液滴定至溶液呈浅黄色。加入 2mL 淀粉指示剂，继续滴定至溶液呈浅蓝色。再加入 10mL 100g · L^{-1} KSCN，溶液蓝色转深，再继续用 $Na_2S_2O_3$ 标准溶液滴定，至溶液蓝色刚好消失即为终点。此时溶液呈米黄色或浅肉红色。平行测定 3 次，计算 $CuSO_4 \cdot 5H_2O$ 试样中 Cu 的含量 ω_{Cu} 和相对平均偏差 $\overline{d}_r$。

六、数据记录与处理

1. $Na_2S_2O_3$ 标准溶液浓度的标定。

项　目	Ⅰ	Ⅱ	Ⅲ
$m_{K_2Cr_2O_7}$/g			
$V_{Na_2S_2O_3}$/mL			
$c_{Na_2S_2O_3}$/(mol · L^{-1})			
$\overline{c}_{Na_2S_2O_3}$/(mol · L^{-1})			
相对平均偏差$\overline{d}_r$/%			

注：$Na_2S_2O_3$ 标准溶液的浓度 $c_{Na_2S_2O_3}=\frac{6m_{K_2Cr_2O_7}}{M_{K_2Cr_2O_7}V_{Na_2S_2O_3}}\times 1000$。

式中，$c_{Na_2S_2O_3}$ 为 $Na_2S_2O_3$ 标准溶液浓度，mol · L^{-1}；$m_{K_2Cr_2O_7}$ 为 $K_2Cr_2O_7$ 称量质量，g；$M_{K_2Cr_2O_7}$ 为 $K_2Cr_2O_7$ 的摩尔质量，294.19g · mol^{-1}；$V_{Na_2S_2O_3}$ 为所消耗 $Na_2S_2O_3$ 标准溶液的体积，mL。

2. 铜含量的测定。

项　目	Ⅰ	Ⅱ	Ⅲ
$m_{CuSO_4 \cdot 5H_2O}$/g			
$c_{Na_2S_2O_3}$/(mol · L^{-1})			
$V_{Na_2S_2O_3}$/mL			

续表

项　目	Ⅰ	Ⅱ	Ⅲ
铜含量ω_{Cu}/%			
$\overline{\omega}_{Cu}$/%			
相对平均偏差$\overline{d}_r$/%			

注：$\omega_{Cu}=\dfrac{c_{Na_2S_2O_3}\times V_{Na_2S_2O_3}\times M_{Cu}}{m_{CuSO_4\cdot 5H_2O}}$。

式中，$c_{Na_2S_2O_3}$ 为测定消耗的 $Na_2S_2O_3$ 标准溶液浓度，$mol\cdot L^{-1}$；$V_{Na_2S_2O_3}$ 为测定所用 $Na_2S_2O_3$ 标准溶液的体积，mL；M_{Cu} 为 Cu 的摩尔质量，$64g\cdot mol^{-1}$；$m_{CuSO_4\cdot 5H_2O}$ 为测定所用的铜试样质量，g。

七、注意事项

1. $K_2Cr_2O_7$ 与 KI 的反应需一定的时间才能进行得比较完全，故需放置约 5min。

2. 淀粉指示剂应在临近终点时加入，不能过早加入，否则将有较多的 I_2 与淀粉指示剂结合，而这部分 I_2 在终点时解离较慢，造成终点拖后。

3. KSCN 溶液只能在临近终点时加入，否则大量 I_2 的存在有可能氧化 SCN^-，从而影响测定的准确度。

八、思考题

1. 本实验加入 KI 的作用是什么？

2. 若试样中含有铁，则加入何种试剂可以消除铁对测定铜的干扰，并同时控制溶液的 pH 为 3～4？

3. 碘量法测定铜时，为什么常加入 NH_4HF_2？为什么临近终点时加入 KSCN？

4. 铜合金试样能否用 HNO_3 分解？本实验采用 HCl 和 H_2O_2 分解试样，试写出反应式。

5. 碘量法测定铜为什么要在弱酸性介质中进行？用 $K_2Cr_2O_7$ 标定 $S_2O_3^{2-}$ 标准溶液时，先加入 5mL $6mol\cdot L^{-1}$ HCl 溶液，而用 $Na_2S_2O_3$ 标准溶液滴定时却要加入去离子水稀释，为什么？

6. 用纯铜标定 $Na_2S_2O_3$ 标准溶液时，如用 HCl 溶液加 H_2O_2 分解铜，最后 H_2O_2 未分解尽，对标定 $Na_2S_2O_3$ 标准溶液的浓度有什么影响？

7. 标定 $Na_2S_2O_3$ 标准溶液的基准物质有哪些？用 $K_2Cr_2O_7$ 标定 $Na_2S_2O_3$ 标准溶液时，终点时的亮绿色是什么物质的颜色？

实验 27　莫尔法测定生理盐水中氯化钠的含量

配套数字资源

预习要点

1. 了解标准溶液的配制和标定方法。

2. 了解莫尔法中指示剂的用量和终点判断方法。

一、实验目的

1. 掌握沉淀滴定法的基本操作技能。
2. 熟练掌握标准溶液的配制和标定方法。
3. 掌握莫尔法中指示剂的用量和终点判断方法。

二、实验原理

生理盐水就是0.9%的氯化钠水溶液，因为它的渗透压值和正常人的血浆、组织液的渗透压大致一样，所以可以用于补液以及其他医疗用途。从市场买回的生理盐水中氯化钠的含量是否符合要求？如何测量？下面我们通过测量 Cl^- 含量的方法进行研究。可溶性氯化物中 Cl^- 含量的测定常采用莫尔（Mohr）法。此法是在中性或弱碱性溶液中，以铬酸钾（K_2CrO_4）为指示剂，用 $AgNO_3$ 标准溶液滴定进行的。由于 AgCl 溶解度比 Ag_2CrO_4 小，溶液中首先析出白色 AgCl 沉淀。当 AgCl 完全沉淀后，微过量的 $AgNO_3$ 溶液即与 CrO_4^{2-} 生成砖红色的 Ag_2CrO_4 沉淀，指示终点到达。主要反应式如下：

$$Ag^+ + Cl^- = AgCl\downarrow（白色） \qquad K_{sp}^{\ominus}=1.77\times10^{-10}$$

$$2Ag^+ + CrO_4^{2-} = Ag_2CrO_4\downarrow（砖红色） \qquad K_{sp}^{\ominus}=1.12\times10^{-12}$$

实验条件：

(1) 本实验最适宜 pH 范围在 6.5～10.5 之间。如果溶液的酸度过高，CrO_4^{2-} 将受酸效应影响浓度降低，导致 Ag_2CrO_4 沉淀溶解：

$$Ag_2CrO_4 + H^+ = 2Ag^+ + HCrO_4^-$$

反之，如果是碱性太强，会有 Ag_2O 沉淀：

$$Ag^+ + OH^- = AgOH\downarrow$$

$$2AgOH = Ag_2O\downarrow + H_2O$$

因此，当溶液为酸性时，可用 $NaHCO_3$、$CaCO_3$ 或硼砂中和；当溶液的碱性太强时，则用稀 HNO_3 中和。

当溶液中有铵盐存在时，NH_4^+ 与 NH_3 存在着如下平衡：

$$NH_4^+ OH^- \rightleftharpoons NH_3 + H_2O$$

NH_4^+ 的浓度越大、碱性越强，NH_3 的浓度就越大，越易形成 $[Ag(NH_3)]^+$，进而形成 $[Ag(NH_3)_2]^+$ 配离子，而使分析结果的准确度降低。实验证明，当NH_4^+ 的浓度小于 $0.05mol\cdot L^{-1}$ 时，控制溶液的 pH 在 6.5～7.2 的范围进行滴定，可以得到满意的结果；若 $c[(NH)_4^+]\geqslant0.15mol\cdot L^{-1}$，则在滴定前需除去铵盐。

(2) 指示剂的用量。K_2CrO_4 的用量对滴定终点有较大的影响，如果浓度过高，将使终点提前，如果浓度过低，则终点滞后，终点时 CrO_4^{2-} 的浓度以 $5.3\times10^{-3}mol\cdot L^{-1}$ 左右为宜。

(3) 干扰离子。凡是能与 CrO_4^{2-} 生成沉淀的阳离子（如 Ba^{2+}、Pb^{2+} 等）和凡能与 Ag^+ 生成难溶化合物或稳定配合物的阴离子（如PO_4^{3-}、AsO_4^{3-}、SO_3^{2-}、S^{2-}、CO_3^{2-}、$C_2O_4^{2-}$ 等）都对测定有干扰。大量 Cu^{2+}、Ni^{2+}、Co^{2+} 等有色离子将影响终点的观察。Al^{3+}、Fe^{3+}、Bi^{3+}、Sn^{4+} 等高价金属离子，在中性或弱碱性溶液中易水解产生沉淀，也会干扰

滴定。

(4) 先产生的 AgCl 沉淀容易吸附溶液中的 Cl^-，使终点提前，因此，滴定时必须剧烈摇动。

三、实验试剂与器材

试剂：NaCl(s，AR)、$AgNO_3$(s，AR)、5% K_2CrO_4 溶液、生理盐水、去 Cl^- 的蒸馏水。

仪器：容量瓶、棕色试剂瓶、称量瓶、分析天平、锥形瓶、烧杯、移液管、洗耳球、玻璃棒、滴定管。

四、实验流程（图 7.12）

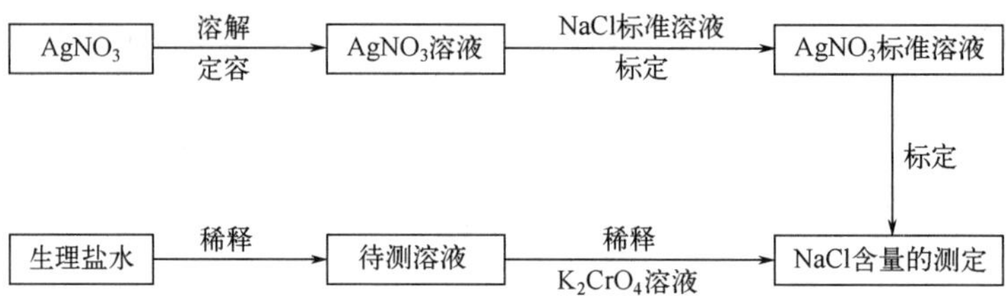

图 7.12 莫尔法测定生理盐水中氯化钠的含量

五、实验步骤

1. 0.1mol・L^{-1} $AgNO_3$ 溶液的配制

准确称取 4.20g（精确至 0.1mg）$AgNO_3$，用 20～30mL 去 Cl^- 的蒸馏水溶解，定量转入 250mL 容量瓶中，用水冲洗烧杯 3 次，一并转入容量瓶中，稀释至刻度，摇匀。将配好的 $AgNO_3$ 标准溶液装入棕色试剂瓶中，贴上标签备用。为了保证 $AgNO_3$ 标准溶液浓度的准确性，一般每次最好用基准物质 NaCl 进行标定。

2. 试样中 NaCl 含量的测定

将生理盐水稀释一倍，准确移取 25.00mL 稀释好的生理盐水于锥形瓶中，加 25mL 水和 1mL K_2CrO_4 溶液，在不断摇动下用 $AgNO_3$ 标准溶液滴定到溶液由白色转呈微砖红色，即为终点，平行测定 3 次，计算生理盐水中 NaCl 的含量。

六、数据记录与处理

项　目	Ⅰ	Ⅱ	Ⅲ
m_{AgNO_3}/g			
c_{AgNO_3}/(mol・L^{-1})			
$V_{生理盐水}$/mL	25.00	25.00	25.00
V_{AgNO_3}/mL			
ω_{NaCl}/[g・$(100mL)^{-1}$]			

续表

项　　目	Ⅰ	Ⅱ	Ⅲ
$\overline{\omega}_{NaCl}/[g\cdot(100mL)^{-1}]$			
相对平均偏差$\overline{d}_r$/%			

注：$\omega_{NaCl}=\dfrac{2c_{AgNO_3}\times V_{AgNO_3}\times M_{NaCl}}{25.00}$。

式中，c_{AgNO_3} 为测定消耗的 $AgNO_3$ 标准溶液浓度，$mol\cdot L^{-1}$；V_{AgNO_3} 为测定所用的 $AgNO_3$ 标准溶液的体积，mL；M_{NaCl} 为 NaCl 的摩尔质量，$58.5g\cdot mol^{-1}$。

七、注意事项

1. 莫尔法只适用于以 $AgNO_3$ 标准溶液直接滴定 Cl^-、Br^- 和 CN^-。由于 AgI 和 AgSCN 沉淀对 I^- 和 SCN^- 有强烈的吸附作用，故不适宜直接滴定测 I^- 和 SCN^-。

2. K_2CrO_4 指示剂用量对测定结果有影响，所以加 1mL K_2CrO_4 溶液。溶液的量要准确，可用吸量管量取，如果准确度要求非常高时，可做空白试验来扣除指示剂对 $AgNO_3$ 的消耗。

3. 滴定时应剧烈振荡，以减少沉淀吸附的影响。

4. 本实验所用的水均是去氯的蒸馏水，包括最后洗涤滴定管的水。

八、思考题

1. 莫尔法测定 Cl^- 时，为什么溶液的 pH 需要控制在 6.5～10.5 之间？

2. K_2CrO_4 指示剂用量的多少对 Cl^- 测定结果有何影响？

3. 用 K_2CrO_4 为指示剂时，可否用 NaCl 标准溶液直接滴定 Ag^+？为什么？

实验 28　沉淀重量法测定氯化钡中钡的含量

配套数字资源

预习要点

1. 了解含量测定的常规方法和操作。

2. 学习重量分析的基本操作。

一、实验目的

1. 熟悉并掌握重量分析的一般基本操作，包括沉淀、陈化、过滤、洗涤、转移、烘干、炭化、灰化、灼烧、恒重。

2. 了解晶型沉淀的性质及其沉淀的条件。

3. 了解本实验误差的来源及其消除方法。

二、实验原理

影响沉淀溶解度的因素有酸效应、配位效应、同离子效应和盐效应。如果是晶形沉淀，为了获得纯净、易于过滤和洗涤的沉淀，应采用的沉淀条件是：在热溶液中，不断搅拌下缓慢加入稀的沉淀剂，避免局部过浓，生成大量晶核。沉淀完毕后还应陈化，使小晶粒逐渐溶解，粗大晶粒不断形成。

钡的难溶盐中，$BaSO_4$ 的溶解度最小，若加入过量沉淀剂，使其溶解度进一步降低，溶解损失可忽略不计。灼烧干燥法中，过量的沉淀剂 H_2SO_4 可在高温下挥发除去，故 H_2SO_4 可过量 50%～100%；在微波干燥法中，过量的 H_2SO_4 不易除去，故过量的 H_2SO_4 须控制在 20%～50%。此外，微波干燥法对沉淀条件和洗涤操作的要求更严格。

将氯化钡试样溶于水后，用稀盐酸酸化，加热近沸，在不断搅拌下逐滴加入稀 H_2SO_4。生成的沉淀经陈化、过滤、洗涤后，灼烧或微波干燥，以 $BaSO_4$ 形式称量，即可求得试样中 Ba 的含量。

三、实验试剂与器材

试剂：$BaCl_2 \cdot 2H_2O$（s，AR）、H_2SO_4（$1mol \cdot L^{-1}$）、HCl（$2mol \cdot L^{-1}$）、$AgNO_3$（$0.1mol \cdot L^{-1}$）。

器材：马弗炉、带盖瓷坩埚、坩埚钳、长颈漏斗、滴管、表面皿、电炉、微波炉、玻璃坩埚、玻璃沙板、抽滤瓶、真空泵、分析天平、烧杯、玻璃棒、量筒、水浴锅、定量滤纸。

四、实验流程（图 7.13）

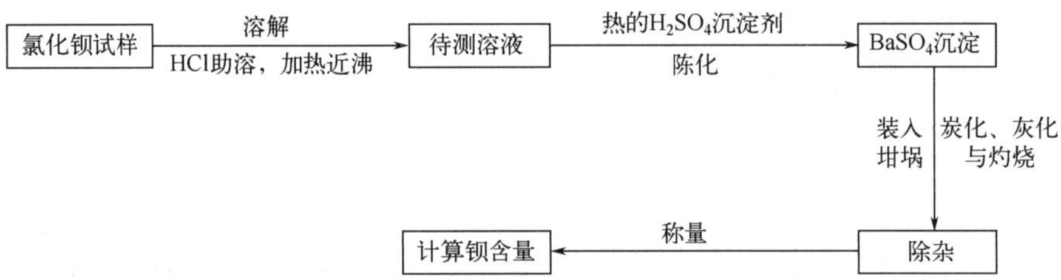

图 7.13　沉淀重量法测定氯化钡中钡的含量

五、实验步骤

采用灼烧干燥法具体如下。

（1）瓷坩埚的准备。洗净 3 个带盖瓷坩埚，在 800～850℃下灼烧，第一次灼烧 30～40min，第二次灼烧 15～20min，直至质量恒定。

（2）沉淀的制备。准确称取 $BaCl_2 \cdot 2H_2O$ 试样 0.40～0.60g（精确至 0.1mg）于 250mL 烧杯中，加水 100mL，搅拌使之溶解，加入 3mL $2mol \cdot L^{-1}$ HCl，加热近沸（勿使溶液沸腾，以免溅失）。另取 4mL $1mol \cdot L^{-1}$ H_2SO_4，加水 30mL，加热近沸，在不断搅拌下趁热用滴管逐滴（开始不能太快，4～5s 加一滴，后面可稍微加快）加入热试样溶液中，待沉淀完毕，$BaSO_4$ 沉降后，取上层清液 4～5 滴于干净表面皿上，滴加 1～2 滴稀 H_2SO_4，仔细观察，若无浑浊，表示已沉淀完全，如溶液浑浊，则显示沉淀未完全，需继续滴加稀 H_2SO_4 至沉淀完全。将玻璃棒靠在烧杯嘴上（切不可拿出烧杯外），盖上表面皿，于水浴上加热 0.5～1h，或在室温下放置 12h 陈化。

（3）沉淀的过滤与洗涤。用慢速或中速定量滤纸过滤（倾泻法），用稀 H_2SO_4 洗涤液（3mL 1mol·L^{-1} H_2SO_4 稀释成 200mL）洗涤 3～4 次，每次约 10mL（少量多次），最后小心地将沉淀转移到滤纸上，并用一小块滤纸擦净杯壁后置于漏斗内的滤纸上，继续用洗涤液洗涤沉淀至无 Cl^-（用 $AgNO_3$ 检查）。

（4）沉淀的炭化、灰化与灼烧。将滤纸和沉淀取出包好，置于已恒定质量的瓷坩埚中，在电炉上炭化、灰化，再移入马弗炉中，于 800～850℃灼烧至质量恒定，第一次 1h，第二次 10～15min。平行测定 3 次。

六、数据记录与处理

项　　目	Ⅰ	Ⅱ	Ⅲ
灼烧后坩埚的质量/g			
氯化钡试样的质量/g			
坩埚＋硫酸钡沉淀的质量/g			
硫酸钡沉淀质量 m_{BaSO_4}/g			
钡的含量 ω_{Ba}/%			
钡的平均含量 $\overline{\omega}_{Ba}$/%			
钡的含量相对平均偏差 $\overline{d}_r$/%			

注：$\omega_{Ba}=\dfrac{\dfrac{m_{BaSO_4}}{M_{BaSO_4}}}{\dfrac{m_{氯化钡试样}}{M_{氯化钡试样}}}$。

式中，m_{BaSO_4} 为制备 $BaSO_4$ 的质量，g；$m_{氯化钡试样}$ 为称取的氯化钡的质量，g；M_{BaSO_4} 为 $BaSO_4$ 的摩尔质量，233.39g·mol^{-1}；$M_{氯化钡试样}$ 为氯化钡试样的摩尔质量，208g·mol^{-1}。

七、注意事项

1. 沉淀时要不断搅拌，降低过饱和度，避免局部过浓。

2. 玻璃棒放入盛试样的烧杯后，则为此烧杯专用，一直到沉淀完全、过滤、洗涤及沉淀定量转移后才能离开烧杯。

3. 在干燥的环境进行实验，坩埚未用时应放在烘箱内，同时在实验过程中注意避免沾上其他杂质，影响测试准确度。

4. Cl^- 为混入沉淀中的主要杂质，若检不出 Cl^-，可认为其他杂质已完全除去。

八、思考题

1. 微波干燥法与灼烧干燥法相比，有什么不同？

2. 沉淀 $BaSO_4$ 为什么要在稀 HCl 介质中进行？

3. 洗涤沉淀时应遵循什么原则？

实验 29 邻二氮菲分光光度法测定铁含量

配套数字资源

预习要点

1. 铁标准溶液的比色测定方法。
2. 借助电子表格等软件辅助工具进行标准曲线绘制并求出待测试样铁含量。

一、实验目的

1. 掌握分光光度计的构造和使用方法。
2. 掌握分光光度法测定铁的原理和方法。
3. 掌握数据处理及标准曲线绘制方法。

二、实验原理

分光光度法测量的理论依据是朗伯-比尔定律：溶液中的物质在光的照射和激发下，产生对光的吸收。但物质对光的吸收是有选择性的，各种不同的物质都有其各自的吸收光谱。所以根据定律，当一束单色光通过一定浓度范围的有色稀溶液时，溶液吸光度 A 与溶液的浓度 c（$g \cdot L^{-1}$）或液层厚度 b（cm）成正比。其定律表达式为 $A=abc$（a 是比例系数）。当 c 的单位为 $mol \cdot L^{-1}$ 时，比例系数用 ε 表示，则：

$$A=\varepsilon bc$$

ε 称为摩尔吸光系数，其单位为 $L \cdot mol^{-1} \cdot cm^{-1}$，它是有色物质在一定波长下的特征常数。

透光率 T 的公式如下：

$$T(\text{透光率})=I_t/I_0$$

T 与 A 的关系如下：

$$A=-\lg T$$

测定时，入射光强度 I_0、吸光系数 ε 和溶液的光径长度不变，出射光强度随溶液的浓度而变化，只要测出 A 即可算出 c。

Fe^{3+} 与邻二氮菲能生成 3∶1 的淡蓝色配合物，$\lg K_{稳}=14.1$，因此在显色前应预先用盐酸羟胺将 Fe^{3+} 还原成 Fe^{2+}，其反应式如下：

$$2Fe^{3+}+2NH_2OH \cdot HCl = 2Fe^{2+}+N_2\uparrow+2H_2O+4H^{+}+2Cl^{-}$$

邻二氮菲（Phen）是测定微量铁的较好试剂。在 pH＝1.5～9.5 的溶液中，试剂与 Fe^{2+} 生成稳定的橘红色配合物 $[Fe(Phen)_3]^{2+}$，其 $\lg K_{稳}=21.3$，摩尔吸光系数 $\varepsilon=1.1\times 10^4 L \cdot mol^{-1} \cdot cm^{-1}$，其反应式如下：

$$Fe^{2+}+3(Phen) = [Fe(Phen)_3]^{2+}$$

红色配合物的最大吸收峰在 510nm 波长处。测定时，控制溶液的酸度在 pH＝3～9 左右较为适宜。

本方法的选择性很高，相当于含铁量 40 倍的 Sn^{2+}、Al^{3+}、Ca^{2+}、Mg^{2+}、Zn^{2+}、SiO_3^{2-}，20 倍的 Cr^{3+}、Mn^{2+}、PO_4^{3-}，5 倍的 Co^{2+}、Cu^{2+} 等均不干扰测定。

三、实验试剂与器材

试剂：铁铵矾 [$NH_4Fe(SO_4)_2 \cdot 12H_2O$]（s，AR）、邻二氮菲（0.15%）、盐酸羟胺（10%，现配现用）、醋酸钠溶液（$1mol \cdot L^{-1}$）、HCl(1∶1)、未知铁样。

器材：分光光度计、分析天平、烧杯、容量瓶、移液管、玻璃棒、比色皿。

四、实验流程（图 7.14）

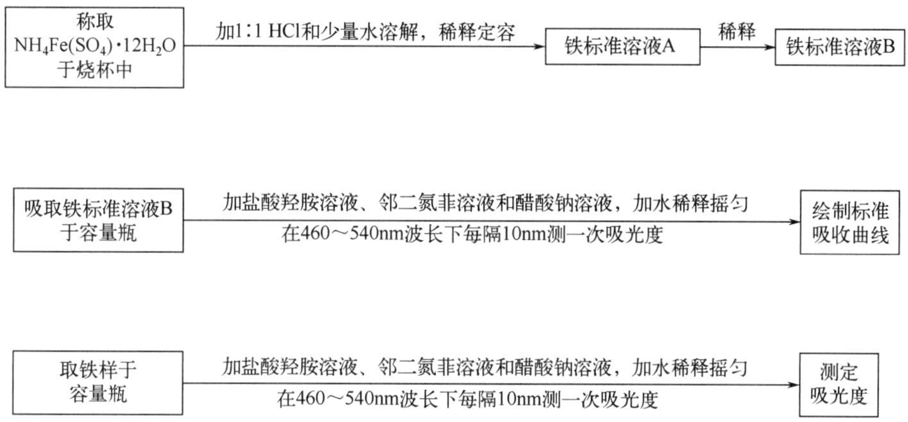

图 7.14 邻二氮菲分光光度法测定铁含量

五、实验步骤

1. 配制铁标准溶液（$10.00\mu g \cdot mL^{-1}$）

准确称取 0.8634g（精确至 0.1mg）的 $NH_4Fe(SO_4)_2 \cdot 12H_2O$，置于烧杯中，加入 20mL 1∶1 的 HCl 和少量水，溶解后，定量地转移至 1L 容量瓶中，以水稀释至刻度，摇匀，得到铁标准溶液 A。

取 5.00mL 铁标准溶液 A（含铁 $0.1mg \cdot mL^{-1}$）于 50mL 容量瓶，以水稀释至刻度，摇匀，得铁标准溶液 B，备用。

2. 波长的选择

准确吸取 10.00mL 铁标准溶液 B 于 50mL 容量瓶，分别加入 1.00mL 10%盐酸羟胺溶液（含 $0.1mg \cdot mL^{-1}$）、2.00mL 0.15%邻二氮菲溶液和 5.00mL $1mol \cdot L^{-1}$ 醋酸钠溶液，加水稀释至刻度，摇匀。用 1cm 比色皿，以试剂溶液为空白，在 460～540nm 波长下，每间隔 10nm 测定一次吸光度。以波长为横坐标、吸光度为纵坐标，绘制吸收曲线，从吸收曲线上确定最适宜的波长。

3. 标准曲线的制作

在 6 只 50mL 容量瓶中，分别加入 0.00mL、2.00mL、4.00mL、6.00mL、8.00mL、10.00mL 标准铁溶液 B，每个容量瓶依次加入 1.00mL 10%盐酸羟胺溶液，摇匀，放置 2min。再分别加入 2.00mL 0.15%邻二氮菲溶液和 5.00mL $1mol \cdot L^{-1}$ 醋酸钠溶液，加水稀释至刻度，摇匀，放置 10min。

4. 吸光度的测定

用1cm比色皿，以试剂空白（即0.00mL铁标准溶液）为参比溶液，在510nm波长下，测定各溶液的吸光度。

5. 未知铁样的测定

准确移取含铁样品试液5.00mL三份，分别于三个50mL容量瓶中，按照标准曲线的制作步骤中的溶液配制方法（步骤3），在其相同条件下测定吸光度。

注意：以上步骤3、4、5中溶液的配制和吸光度的测定宜同时进行。

六、实验数据及处理

1. 波长的选择。

波长/nm	460	470	480	490	500	510	520	530	540
吸光度									

2. 标准曲线数据。

含量/μg	0	20	40	60	80	100
吸光度						

以铁含量为横坐标、溶液相应的吸光度 A 为纵坐标，绘制标准曲线（要求用计算机辅助制图）。

3. 未知铁样的测定

样品	铁样1	铁样2	铁样3
吸光度			

4. 由标准曲线上查出试样中相当于铁的质量，然后计算其试样中微量铁的含量，单位为 $g \cdot L^{-1}$。

七、注意事项

1. 分光光度计的操作应符合规范。
2. 比色皿的使用应严格按照操作流程。
3. 控制显色剂用量、溶液pH值。
4. 试剂最好现配现用，注意试剂加入顺序。

八、思考题

1. 邻二氮菲分光光度法测定微量铁时为什么要加入盐酸羟胺溶液？
2. 吸收曲线与标准曲线有何区别？在实际应用中有何意义？

第八章

无机及分析化学综合实验

配套数字资源

实验 30 乙酸铜的制备与铜含量测定

预习要点

1. 制备乙酸铜的方法。
2. 配位滴定法测定铜含量的原理和方法。

一、实验目的

1. 练习减压过滤、蒸发浓缩、洗涤晶体等基本操作。
2. 掌握乙酸铜的制备方法。
3. 熟悉配位滴定法测定铜含量的方法。

二、实验原理

乙酸铜［$Cu(CH_3COO)_2 \cdot H_2O$］为暗蓝绿色单斜晶体，能溶于水、乙醇和乙醚，20℃时在水中的溶解度为 $7.2g \cdot (100mL)^{-1}$，100℃以上时失去结晶水，其熔点为 115℃，可应用于催化剂、医药、陶瓷、涂料等行业。

$Cu(CH_3COO)_2 \cdot H_2O$ 可由铜、氧化铜或碳酸铜与乙酸一起加热反应制得。本实验以 $CuSO_4 \cdot 5H_2O$ 为原料，与 Na_2CO_3 反应生成 $CuCO_3$，将 $CuCO_3$ 溶解在乙酸中，即制得 $Cu(CH_3COO)_2 \cdot H_2O$，反应式如下：

$$CuSO_4 + Na_2CO_3 = Na_2SO_4 + CuCO_3$$

$$CuCO_3 + 2CH_3COOH = Cu(CH_3COO)_2 \cdot H_2O + CO_2 \uparrow$$

产物中铜的含量采用配位滴定法测定。

三、实验试剂与器材

试剂：H_2SO_4（$2mol \cdot L^{-1}$）、碳酸钠（$Na_2CO_3 \cdot 10H_2O$）（s，AR）、五水合硫酸铜（$CuSO_4 \cdot 5H_2O$）（s，AR）、冰醋酸（AR）、HAc-NaAc 缓冲溶液（pH=5）、EDTA 标准溶液（$0.02mol \cdot L^{-1}$）、PAN 指示剂（0.2%乙醇溶液）。

器材：分析天平、微孔玻璃漏斗（3 号）、抽滤瓶、真空泵、蒸发皿、容量瓶、锥形瓶、温度计、滴定管、量筒、水浴锅、烧杯、玻璃棒。

四、实验流程（图 8.1）

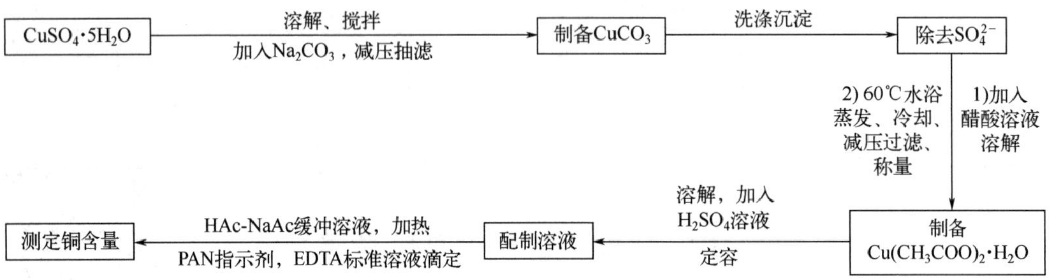

图 8.1　乙酸铜的制备与铜含量测定

五、实验步骤

1. $Cu(CH_3COO)_2·H_2O$ 的制备

称取 12g $CuSO_4·5H_2O$ 溶于 120mL 热水中，另取 13.5g $Na_2CO_3·10H_2O$ 溶于 60mL 热水，在剧烈搅拌下将 $CuSO_4$ 溶液加到 Na_2CO_3 溶液中，立即产生 $CuCO_3$ 沉淀。待溶液澄清后，用微孔玻璃漏斗减压过滤。沉淀用 50℃左右热水洗涤数次，直至将 SO_4^{2-} 洗净。

2. $Cu(CH_3COO)_2·H_2O$ 产品中铜含量的测定

在 6mL 冰醋酸和 50mL 温水的混合液中，缓慢加入洗净的 $CuCO_3$ 沉淀，搅拌使其溶解，于 60℃水浴上蒸发浓缩至原体积的 1/3，此时析出乙酸铜晶体，冷却，减压过滤，称量，计算产率。

精确称取 $Cu(CH_3COO)_2·H_2O$ 产品 1g 左右于 150mL 小烧杯中，加入 25mL 水及 $2mol·L^{-1}$ H_2SO_4 约 1mL，溶解后，转移至 250mL 容量瓶中，稀释至标线，摇匀，备用。

移取 25mL 上述溶液，置于 250mL 锥形瓶中，加入 15mL HAc-NaAc 缓冲溶液，加热至 70～80℃，加入 5 滴 PAN 指示剂，用 $0.02mol·L^{-1}$ EDTA 标准溶液滴定，溶液由紫红色突变至绿色，即为终点。平行测定三份，计算 $Cu(CH_3COO)_2·H_2O$ 产品中铜的含量。

六、数据记录与处理

1. 乙酸铜产率的计算。
2. $Cu(CH_3COO)_2·H_2O$ 产品中铜含量的计算。

项　目	Ⅰ	Ⅱ	Ⅲ
EDTA 初读数/mL			
EDTA 终读数/mL			
V_{EDTA}/mL			
c_{EDTA}/($mol \cdot L^{-1}$)			
铜含量ω_{Cu}/%			
$\overline{\omega}_{Cu}$/%			
相对平均偏差 $\overline{d}_r$/%			

注：铜的含量 $\omega_{Cu}=\dfrac{c_{EDTA}\times V_{EDTA}\times M_{Cu}}{\frac{25}{250}\times m_0}$。

式中，c_{EDTA} 为 EDTA 标准溶液浓度，$mol \cdot L^{-1}$；V_{EDTA} 为滴定铜所消耗的 EDTA 标准溶液的体积，mL；M_{Cu} 为铜的摩尔质量，$64g \cdot mol^{-1}$；m_0 为称取$Cu(CH_3COO)_2 \cdot H_2O$ 的质量，g。

七、注意事项

1. 收集滤液，用 $BaCl_2$ 溶液检验 SO_4^{2-} 是否洗净。
2. 临近滴定终点时应充分振荡，并缓慢滴定。

八、思考题

1. 硫酸铜与碳酸钠反应生成 $CuCO_3$ 沉淀，洗涤沉淀时能否用沸水？为什么？

2. 在以 PAN 为指示剂、用 EDTA 配位滴定法直接测定铜含量时，为什么需将溶液加热至 70～80℃，并特别注意临近终点时充分振荡、缓慢滴定？

实验 31　四碘化锡的制备及化学式的确定

配套数字资源

预习要点

1. 四碘化锡的制备原理和方法。
2. 配位滴定法测定锡含量的原理和方法。

一、实验目的

1. 学习非水溶剂（石油醚）中合成四碘化锡的方法。
2. 根据试剂（I_2）的量和金属（Sn）的消耗量确定四碘化锡的化学式。
3. 熟悉回流、水浴加热等基本操作。

二、实验原理

四碘化锡（SnI_4）是橙红色的针状晶体，为共价化合物，密度 $4.48g \cdot cm^{-3}$，熔点 144.5℃，沸点 364.5℃，180℃时开始升华。溶于水，较易水解，在热水中可被分解。易溶于二硫化碳、四氯化碳、苯和热的石油醚等有机溶剂中，在冷的石油醚中溶解度较小。在乙醇等溶液中，四碘化锡与碱金属的碘化物作用生成黑色晶状化合物$M_2[SnI_6]$。

因四碘化锡容易水解，所以不宜在水溶液中制备，一般采用干法合成，即在加热条件下锡与碘蒸气进行反应或在非水溶剂中进行制备。可被选用的非水溶剂有四氯化碳、冰醋酸等，本实验采用低沸点的石油醚（沸点60～90℃，属易燃易爆化学品，使用时要注意安全）为溶剂，它是含碳较少的烷烃（主要为戊烷、己烷）混合物，属于非极性溶剂。制备的简要过程是将碘溶解在石油醚中，在加热的条件下与锡片反应而制得：

$$Sn + 2I_2(\text{石油醚}) = SnI_4$$

三、实验试剂与器材

试剂：石油醚（AR）、锡箔、碘（AR）、$AgNO_3$ 溶液（$0.1mol \cdot L^{-1}$）、$Pb(NO)_3$ 溶液（$0.1mol \cdot L^{-1}$）、饱和 KI 溶液、丙酮（AR）。

器材：分析天平、圆底烧瓶、剪刀、量筒、回流冷凝器、烧杯、温度计、玻璃棒、pH 试纸、试管、酒精灯及铁架台等加热器具。

四、实验流程（图 8.2）

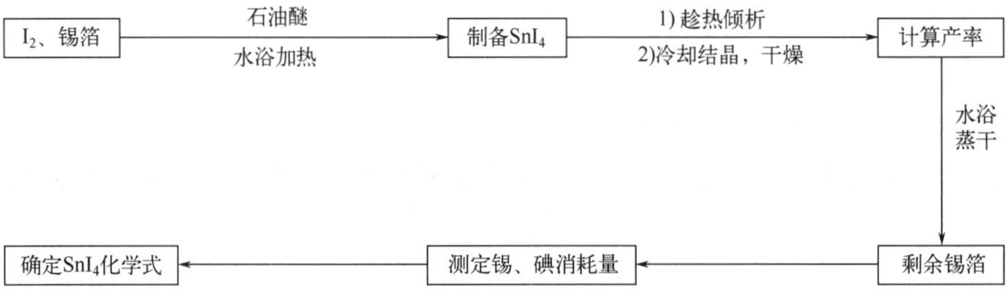

图 8.2　四碘化锡的制备及化学式的确定

五、实验步骤

1. 四碘化锡的制备

用分析天平准确称取 0.50～0.51g（精确至 0.1mg）单质碘，再准确称取 0.20～0.21g（精确至 0.1mg）锡箔并将其剪成小碎片后，连同单质碘一同加入洗净、烘干的 50mL 圆底烧瓶（标准磨口）中，最后加入 10mL 石油醚。按图 8.3 装配好回流冷凝器等反应装置，在水浴上加热使反应混合物沸腾。控制水浴温度在 60～90℃，调节冷凝管的进水量，使紫色蒸气不高于冷凝管的中间部位，保持回流状态直至冷凝下来的石油醚液滴由紫色变为无色为止，反应即完全。停止加热，撤掉水浴，待不沸腾后取下冷凝管，趁热使用倾析法将溶液倒入 30mL 洁净、干燥的小烧杯内，使未反应的锡片留在烧瓶内。烧瓶内壁及剩余锡箔上沾有的 SnI_4 晶体，可用 1～2mL 热石油醚洗涤，洗涤液合并到上述小烧杯内，将其放到冰水浴中冷却、结晶。结晶完成后，用倾析法（玻璃棒引流）把上层清液（母液石油醚）用玻璃棒小心倒入回收瓶，最后将盛

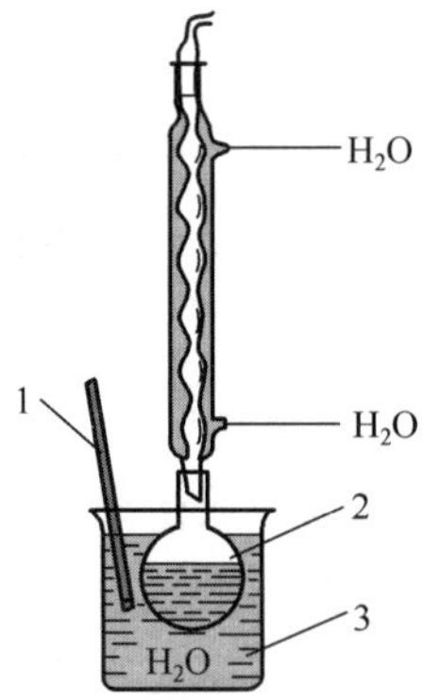

图 8.3　四碘化锡的制备装置图

1—温度计；2—圆底烧瓶；3—烧杯

有结晶的小烧杯置于水浴上干燥，称量产品计算产率。

2. 四碘化锡化学式的确定

将装有剩余锡箔的烧瓶放到水浴上加热，以挥发掉残留的石油醚溶剂，再将剩余的锡片倒出并称量。根据金属锡的消耗量和碘的用量，计算各反应物物质的量的比值，确定碘化锡的化学式。

3. 性质实验

(1) 取少量自制的 SnI_4 加入 2mL 蒸馏水，用 pH 试纸检验溶液的酸碱性（保留）。

(2) 将上述溶液分装于两支试管中，其中一支加入几滴 $0.1mol \cdot L^{-1}$ $AgNO_3$ 溶液，另一支加入几滴 $0.1mol \cdot L^{-1}$ $Pb(NO_3)_2$ 溶液，观察现象并写出离子反应方程式。

(3) 取少量 SnI_4 加入丙酮溶解，分装于两支试管中。其中一支加入几滴水，另一支加入等量的饱和 KI 溶液，观察现象并进行解释。

六、数据记录与处理

1. 四碘化锡产率的计算。
2. 四碘化锡化学式的确定。

消耗碘的物质的量为：$\Delta n_{I_2} = \dfrac{\Delta m_{I_2}}{M_{I_2}}$。

消耗锡的物质的量为：$\Delta n_{Sn} = \dfrac{\Delta m_{Sn}}{M_{Sn}}$。

锡与碘的物质的量之比接近碘化锡中锡与碘的分子数之比，进而确定四碘化锡化学式。

七、注意事项

1. 实验所使用的玻璃仪器必须完全干燥，以防止水分导致的副反应。
2. 四碘化锡易挥发且具有刺激性，实验时需注意始终保持环境干燥通风，并采取适当的安全防护措施。
3. 实验时应注意控制反应速率与冷凝效果相协调。

八、思考题

1. 在制备 SnI_4 过程中为什么选用石油醚作为溶剂？
2. 如沸腾过于激烈、冷凝效果又差，碘与石油醚蒸气从冷凝器逸出或回流液滴仍有颜色就停止反应，会对实验结果有何影响？
3. 本实验以哪一种原料过量为好？为什么？
4. 实验中不用水浴加热而直接用小火加热可否？为什么？
5. PbI_4 能否用类似的方法制得？为什么？

实验 32　过氧化钙的制备与含量分析

配套数字资源

预习要点

1. 制备过氧化钙的方法。

2. 二氧化锰测定过氧化钙的含量及方法。

一、实验目的

1. 掌握制备过氧化钙的原理及方法。
2. 掌握过氧化钙含量的分析方法。
3. 巩固无机制备及化学分析的基本操作。

二、实验原理

CaO_2 难溶于水，不溶于乙醇与丙酮，室温下在干燥环境中比较稳定，但在潮湿空气中或 270℃以上会分解。

1. 过氧化钙的制备

在 10℃下，用 $CaCl_2 \cdot 6H_2O$ 与 H_2O_2 及 $NH_3 \cdot H_2O$ 反应生成 CaO_2，反应方程式为：

$$CaCl_2 \cdot 6H_2O + H_2O_2 + 2NH_3 \cdot H_2O = CaO_2 \cdot 8H_2O + 2NH_4Cl$$

2. 过氧化钙的含量测定

酸性条件下，CaO_2 与稀酸反应生成 H_2O_2，用 $KMnO_4$ 标准溶液滴定可以确定产品中 CaO_2 的含量。为加快反应可加入微量的 $MnSO_4$。反应过程中涉及的反应方程式为：

$$5CaO_2 + 2MnO_4^- + 16H^+ = 5Ca^{2+} + 2Mn^{2+} + 5O_2\uparrow + 8H_2O$$

三、实验试剂与器材

试剂：$CaCl_2 \cdot 2H_2O$ 晶体（s，AR）、$CaCO_3$、H_2O_2（30%）、氨水（28%～30%，AR）、乙醇、$MnSO_4$ 溶液（$0.1mol \cdot L^{-1}$）、HCl（$2mol \cdot L^{-1}$）、$KMnO_4$（s，AR）、$Na_2C_2O_4$ 基准物（s，AR）、浓硫酸。

器材：电子天平、量筒、烧杯、滴管、烘箱、表面皿、布氏漏斗、真空泵、抽滤瓶、玻璃棒、温度计、锥形瓶、酸式滴定管、滤纸、干燥器、垂熔玻璃漏斗、棕色试剂瓶、水浴锅。

四、实验流程（图 8.4）

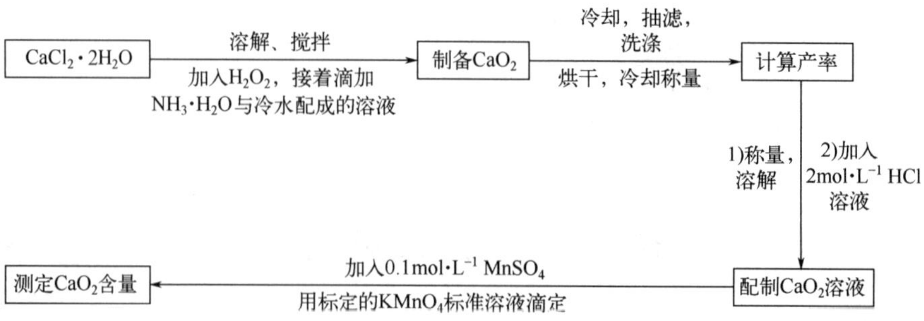

图 8.4　过氧化钙的制备与含量测定

五、实验步骤

1. 过氧化钙的制备

称取 7.5g $CaCl_2 \cdot 2H_2O$，用 5mL 水溶解，加入 25mL 30%的H_2O_2，边搅拌边滴加由 5mL $NH_3 \cdot H_2O$ 和 20mL 冷水配成的溶液，然后置于冰水中冷却 30min。抽滤后用少量冷水洗涤晶体 2～3 次，然后抽干置于烘箱，在 150℃下烘 0.5～1h，转入干燥器中，冷却后称重，计算产率。

2. 0.02mol·L^{-1} $KMnO_4$ 溶液的配制

称取 1.6g $KMnO_4$，溶于 500mL 新煮沸过并且冷却的蒸馏水中，置于棕色试剂瓶内，于暗处放置 7～10 天，用垂熔玻璃漏斗过滤，保存于另一棕色试剂瓶中。

3. $KMnO_4$ 标准溶液的标定

精确称取 0.15g（精确至 0.1mg）左右预先干燥过的 $Na_2C_2O_4$ 基准物，置于 250mL 锥形瓶中，加入 100mL 蒸馏水和 5mL 浓硫酸，使其溶解，水浴中加热至有蒸气冒出（75～85℃）。趁热用待标定的 $KMnO_4$ 溶液进行滴定。开始滴定时，速度宜慢，如在第一滴 $KMnO_4$ 溶液滴入后，不摇动溶液，当紫红色褪去后再滴入第二滴。待溶液中有 Mn^{2+} 产生后，反应速率加快，开始摇动溶液，此时滴定速度可适当加快，但决不可使 $KMnO_4$ 溶液连续流下。接近终点时，紫红色褪去很慢，应减慢滴定速度，同时充分摇匀，以防超过终点。最后滴加半滴 $KMnO_4$ 溶液，在摇匀后 30s 内仍保持微红色不褪，表明已达到终点。平行测定三份，记下终读数并计算 $KMnO_4$ 溶液的准确浓度 c_{KMnO_4}。

4. 过氧化钙含量的测定

精确称取 0.20g（精确到 0.1mg）样品于 250mL 锥形瓶中，加入 50mL 水和 15mL 2mol·L^{-1} HCl，振荡溶解，再加入 1mL 0.1mol·L^{-1} $MnSO_4$，立即用标定后的$KMnO_4$ 标准溶液滴定溶液至呈微红色并且在 30s 内不褪色为止。平行测定三份，计算产品中 CaO_2 的质量分数。

六、实验的数据与处理

1. 过氧化钙的产率计算。
2. 过氧化钙含量测定。

项　目	Ⅰ	Ⅱ	Ⅲ
$m_{Na_2C_2O_4}$/g			
V_{KMnO_4}/mL			
c_{KMnO_4}/(mol·L^{-1})			
$\overline{c}_{KMnO_4}$/(mol·L^{-1})			
$KMnO_4$ 浓度相对平均偏差$\overline{d}_r$/%			
CaO_2 含量 ω/%			
CaO_2 平均含量$\overline{\omega}$/%			
CaO_2 含量相对平均偏差$\overline{d}_r$/%			

注：1. $KMnO_4$ 标准溶液要标定。2. 由滴定方程式得 $\omega_{CaO_2}=\dfrac{c_{KMnO_4}\times V_{KMnO_4}\times \frac{5}{2}\times M_{CaO_2}}{m_{CaO_2}}$。

式中，c_{KMnO_4} 为标定后的高锰酸钾标准溶液浓度，mol·L^{-1}；V_{KMnO_4} 为消耗高锰酸钾标准溶液的体积，mL；m_{CaO_2} 为过氧化钙的样品质量，g；M_{CaO_2} 为过氧化钙的摩尔质量，72.077g·mol^{-1}。

七、注意事项

1. 反应温度以 0～8℃为宜，低于 0℃，液体易冻结，反应困难。

2. 抽滤出的晶体是八水合物，先在 60℃下烘 30min 形成二水合物，再在 140℃下烘 30min，得无水 CaO_2。

八、思考题

1. 所得产物中的主要杂质是什么？如何提高产品的产率与纯度？

2. CaO_2 产品有哪些用途？

3. $KMnO_4$ 滴定常用 H_2SO_4 调节酸度，而测定 CaO_2 产品时为什么要用 HCl？对测定结果会有影响吗？如何证实？

4. 测定时加入 $MnSO_4$ 的作用是什么？不加可以吗？

实验 33　柠檬发酵液中柠檬酸的提取——柠檬酸钙的制备

预习要点

1. 滴定、离心、干燥等基本操作。

2. 柠檬酸液体发酵液中柠檬酸钙的提取操作要点。

配套数字资源

一、实验目的

1. 熟悉真菌液体发酵的下游处理过程。

2. 掌握柠檬酸液体发酵液中柠檬酸钙的提取操作要点。

二、实验原理

在充分发酵的柠檬发酵液中大部分成分是柠檬酸，但还含有部分未发酵原料、菌丝体以及其他的代谢产物和杂质。柠檬酸的提取是柠檬酸生产中极为重要的工序，其提取方法有钙盐沉淀法、离子交换法、电渗析法及萃取法等。

目前，国内生产柠檬酸主要采用钙盐沉淀法。其原理是利用柠檬酸与碳酸钙反应生成不溶性的柠檬酸钙而将柠檬酸从发酵液中分离出来，并再利用硫酸酸解从而获得柠檬酸粗液，经活性炭、离子交换树脂的脱色及脱盐，再经浓缩、结晶干燥等精制后获得柠檬酸成品。其中和及酸解的反应方程式如下：

中和反应：

$$2C_6H_8O_7 \cdot H_2O + 3CaCO_3 \longrightarrow Ca_3(C_6H_5O_7)_2 \cdot 4H_2O\downarrow + 3CO_2\uparrow + H_2O$$

酸解反应：

$$Ca_3(C_6H_5O_7)_2 \cdot 4H_2O + 3H_2SO_4 + 4H_2O \longrightarrow 2C_6H_8O_7 \cdot H_2O + 3CaSO_4 \cdot 2H_2O\downarrow$$

三、实验试剂与器材

试剂：NaOH(s，AR)、柠檬酸发酵液、邻苯二甲酸氢钾基准试剂、$CaCO_3$(s，AR)、酚酞指示剂（1%）。

器材：离心机、烘箱、分析天平、水浴锅、滴定管、量筒、移液管、锥形瓶、玻璃棒、精密 pH 试纸、表面皿、烧杯、容量瓶。

四、实验流程（图 8.5）

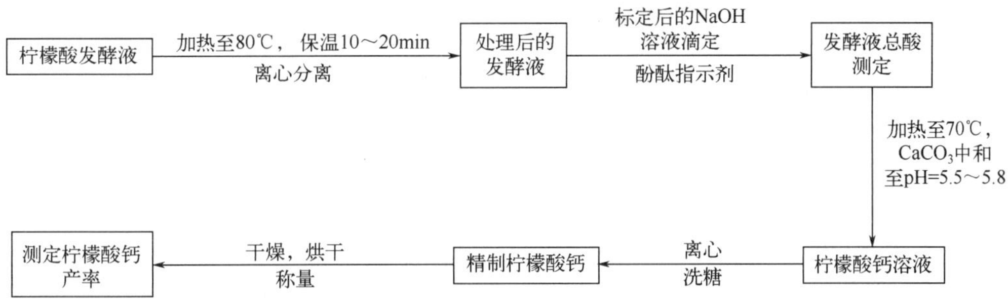

图 8.5 发酵液总酸的测定及柠檬酸钙的制备

五、实验步骤

1. 0.15mol・L^{-1} NaOH 溶液的配制

准确称取 5.9～6.0g NaOH 样品于小烧杯中，加水溶解后转移至 1L 容量瓶中，定容至刻度线，摇匀，待用。

2. 氢氧化钠标准溶液浓度的标定

用差减法准确称取邻苯二甲酸氢钾 3 份，每份 0.4～0.6g（精确至 0.1mg），分别置于 250mL 锥形瓶内，加水 30mL 溶解，加热使其完全溶解。搅拌均匀，待溶液完全冷却后，加酚酞指示剂 2～3 滴，然后用待标定的氢氧化钠溶液滴定至溶液由无色变为微红色，30s 不褪色即为终点。记下读数，记录数据，计算氢氧化钠标准溶液的浓度（精确到 0.0001mol・L^{-1}）。

3. 发酵液预处理

将发酵结束的柠檬酸发酵液加热至 80℃，保温 10～20min，趁热进行离心分离（2000r・min^{-1}，10min），取上层清液备用并记录总体积。

4. 发酵液总酸的测定

用移液管移取上述滤液 1.0mL，置于洁净的 250mL 锥形瓶中，并加入 20mL 蒸馏水，摇匀后滴入 1 滴酚酞指示剂，用标定后的 NaOH 标准溶液滴定至终点，记录 NaOH 标准溶液的消耗量。平行测定三份，计算发酵液总酸的含量。

5. 中和

将发酵滤液加热至 70℃，同时加入发酵液总酸量 72% 的碳酸钙进行中和，至 pH＝5.5～5.8，残酸含量（质量分数）为 0.2%～0.3%，于 80℃条件下搅拌并保温 30min。

6. 离心及洗糖

将中和液趁热离心（1000r・min^{-1}，5min）分离，倾去上清液后加入发酵液总量 1/2 的 80℃热水洗涤，再次离心所得固体即为柠檬酸钙。

7. 干燥

将所得柠檬酸钙置于干燥洁净的表面皿中，放置在烘干设备中，保持温度在60～70℃，将其烘干6～8h，直到完全干燥。冷却后称重柠檬酸钙质量m_0，计算产率。

六、数据记录与处理

1. 发酵液总酸的测定。

项　　目	Ⅰ	Ⅱ	Ⅲ
$m_{邻苯二甲酸氢钾}$/g			
标定用V_{NaOH}/mL			
$c_{NaOH}/(mol \cdot L^{-1})$			
$\bar{c}_{NaOH}/(mol \cdot L^{-1})$			
NaOH浓度相对平均偏差$\bar{d}_r$/%			
滴定发酵液用V_{NaOH}/mL			
发酵液总酸含量$\rho_{H^+}/(g \cdot L^{-1})$			
发酵液总酸平均含量$\bar{\rho}_{H^+}/(g \cdot L^{-1})$			
发酵液总酸含量相对平均偏差$\bar{d}_r$/%			

注：发酵液总酸的含量（$g \cdot L^{-1}$）$\rho_{H^+}=\dfrac{c_{NaOH} \times V_{NaOH} \times M_{C_6H_8O_7 \cdot H_2O}}{V_0}$。

式中，$M_{C_6H_8O_7 \cdot H_2O}$为柠檬酸摩尔质量，210.14$g \cdot mol^{-1}$；c_{NaOH}为NaOH标准溶液浓度，$mol \cdot L^{-1}$；V_{NaOH}为滴定发酵液消耗的NaOH溶液体积，L；V_0为测定所用的样品体积，L。

2. 柠檬酸钙产率计算。

$$柠檬酸钙产率=\frac{m_0}{\dfrac{\rho_{H^+} \times \dfrac{1}{2}V_{C_6H_8O_7 \cdot H_2O}}{2M_{C_6H_8O_7 \cdot H_2O}} \times M_{Ca_3(C_6H_5O_7)_2 \cdot 4H_2O}}$$

式中，m_0为干燥后柠檬酸钙质量，g；ρ_{H^+}为发酵液总酸的含量，$g \cdot L^{-1}$；$V_{C_6H_8O_7 \cdot H_2O}$为过滤后的发酵液总体积，L；$M_{Ca_3(C_6H_5O_7)_2 \cdot 4H_2O}$为柠檬酸钙摩尔质量，570.56$g \cdot mol^{-1}$。

七、注意事项

1. 氢氧化钙或碳酸钙等钙源，应确保其纯度和活性。

2. 反应温度一般保持在常温至70℃左右。温度过高，可能导致柠檬酸分解、产物变质；过低则反应速率过慢。

3. 洗涤晶体时，要用去离子水或蒸馏水多次洗涤，以除去表面的杂质和未反应的物质，但要注意控制洗涤用水量和次数，避免产品损失。

4. 干燥温度不宜过高，一般控制在70℃左右，防止柠檬酸钙失去过多结晶水。当温度超过120℃时，结晶水会完全失去。

5. 制备过程中产生的废水、废气等要进行处理，达标后排放，以减少对环境的污染。

八、思考题

1. 为什么柠檬酸可以和钙的化合物（如氢氧化钙、碳酸钙）发生反应？从酸和碱（或盐）反应的角度解释其原理。

2. 在反应过程中，搅拌速度对反应的影响具体有哪些？如果搅拌速度过慢或者过快，可能会导致什么后果？

3. 在干燥柠檬酸钙的过程中，产品出现结块现象，可能的原因有哪些？如何解决这个问题？

4. 柠檬酸钙在食品、医药等行业应用时，对其纯度和质量指标有哪些特殊要求？

实验 34　五水合硫酸铜的制备及结晶水的测定

配套数字资源

预习要点

1. 制备五水合硫酸铜的方法。
2. 称量、溶解、过滤、结晶、重结晶操作。
3. 了解结晶水合物中结晶水含量的测定原理和方法。

一、实验目的

1. 学习硫酸铜的制备和纯化方法。
2. 了解结晶水合物中结晶水含量的测定原理和方法。
3. 练习使用研钵、坩埚、干燥器等仪器。
4. 掌握沙浴加热、恒重等基本操作。

二、实验原理

$CuSO_4 \cdot 5H_2O$ 俗名胆矾，蓝色晶体，易溶于水，难溶于乙醇，在干燥空气中可缓慢风化，不同温度下会逐步脱水，将其加热至 260℃以上，可失去全部结晶水而成为白色的无水 $CuSO_4$ 粉末。

$CuSO_4 \cdot 5H_2O$ 的制备方法有许多种，常见的有利用废铜粉焙烧氧化的方法（先将铜粉在空气中灼烧氧化成氧化铜，然后将其溶于硫酸而制得硫酸铜）；也有采用浓硝酸作氧化剂，用废铜与硫酸、浓硝酸反应来制备硫酸铜。

本实验是通过粗 CuO 粉末和稀 H_2SO_4 反应来制备硫酸铜的，反应式为：

$$CuO + H_2SO_4 = CuSO_4 + H_2O$$

由于 $CuSO_4$ 的溶解度随温度的改变有较大变化，因此可以利用蒸发浓缩和冷却的方法得到 $CuSO_4 \cdot 5H_2O$ 晶体。

制备的粗硫酸铜中含有一些可溶性和不溶性杂质。不溶性杂质可在溶解、过滤过程中除去，可溶性杂质常用化学方法除去。其中如 Fe^{2+} 和 Fe^{3+}，一般是先将 Fe^{2+} 用氧化剂（如 H_2O_2 溶液）氧化为 Fe^{3+}，然后调节溶液 pH≈3，再加热煮沸，将 Fe^{3+} 以 $Fe(OH)_3$ 沉淀的形式除去。

$$2Fe^{2+}+2H^{+}+H_2O_2 = 2Fe^{3+}+2H_2O$$

$$Fe^{3+}+3H_2O = Fe(OH)_3\downarrow+3H^{+}$$

$CuSO_4\cdot 5H_2O$ 在水中的溶解度随温度的改变有较大变化，因此可采用蒸发浓缩、冷却、结晶、过滤的方法，将粗 $CuSO_4$ 的一些杂质留在母液中而除去，得到纯度较高的水合硫酸铜晶体。

实验得到的硫酸铜中含有一定量的结晶水（或称水合水），结晶水与盐类结合得较牢固，但受热到一定温度时，会脱去结晶水的一部分或全部。

$CuSO_4\cdot 5H_2O$ 晶体按下列反应逐步脱水：

$$CuSO_4\cdot 5H_2O \xlongequal{48℃} CuSO_4\cdot 3H_2O+2H_2O$$

$$CuSO_4\cdot 3H_2O \xlongequal{99℃} CuSO_4\cdot H_2O+2H_2O$$

$$CuSO_4\cdot H_2O \xlongequal{218℃} CuSO_4+H_2O$$

加热 $CuSO_4\cdot 5H_2O$ 控制温度为 260～280℃，$CuSO_4\cdot 5H_2O$ 可以脱去全部结晶水。精确称量 $CuSO_4$ 的质量可以计算出结晶水的含量。

三、实验试剂与器材

试剂：粗 CuO(s)、$CuCO_3$(s，AR)、硫酸（$1mol\cdot L^{-1}$、$3mol\cdot L^{-1}$）、H_2O_2(3%)。

器材：烧杯、量筒、蒸发皿、玻璃棒、漏斗、布氏漏斗、抽滤瓶、酒精灯、煤气灯、温度计、分析天平、沙浴盘、研钵、石棉网、铁架台、铁圈、托盘天平、滤纸、pH 试纸、坩埚钳、干燥器、药匙、坩埚、泥三角、真空泵。

四、实验流程（图 8.6）

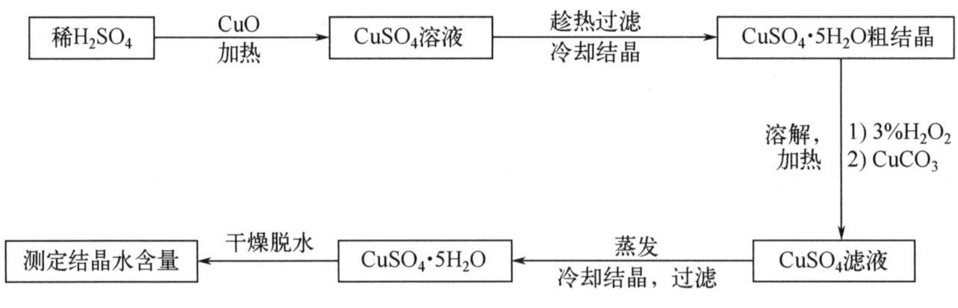

图 8.6　五水合硫酸铜的制备及结晶水的测定

五、实验步骤

1. $CuSO_4\cdot 5H_2O$ 晶体的制备

见实验 8 实验步骤。

2. 硫酸铜结晶水的测定

(1) 坩埚恒重：将洗净的坩埚置于泥三角上，经小火烘干后，改用氧化焰烧至红热，以除去有机物及残留杂质。稍冷却至温度高于室温后，用预热的坩埚钳将其移入干燥器中冷却至室温（期间将干燥器开盖1～2次以平衡气压）。取出后，分析天平（精密度为0.0001g）称量。重复上述灼烧、冷却、称量步骤，直至两次称量结果之差Δm小于1mg。

（2）药品称量：称取1.0g研细的$CuSO_4 \cdot 5H_2O$，置于上述灼烧恒重的坩埚中，然后在分析天平上准确称量此坩埚与$CuSO_4 \cdot 5H_2O$的质量，由此计算出坩埚中$CuSO_4 \cdot 5H_2O$的准确质量（精确至1mg）。

（3）药品脱水：将装有$CuSO_4 \cdot 5H_2O$的坩埚放置在沙浴盘中，3/4埋入沙中，300℃温度计末端与锅底水平，慢慢升温至280℃，调节煤气灯控温260～280℃之间，灼烧20min，至粉末由蓝变白停止加热，取出后放在干燥器内冷却至室温，在天平上称量坩埚和脱水硫酸铜的总质量。

（4）将称过质量的上述步骤的坩埚，再次放入沙浴盘中灼烧15min，取出后放入干燥器内冷却至室温，然后在分析天平上称其质量。反复加热，称其质量，直到两次称量结果之差不大于1mg为止。并计算出无水硫酸铜的质量及水合硫酸铜所含结晶水的质量，从而计算出硫酸铜结晶水的数目。实验结束后，回收无水硫酸铜。

六、数据记录与处理

1. $CuSO_4 \cdot 5H_2O$产率的计算。
2. 硫酸铜结晶水的计算。

项　目	Ⅰ	Ⅱ	Ⅲ
空坩埚的质量m_0/g			
空坩埚的平均质量$\overline{m}_0$/g			
(空坩埚＋五水合硫酸铜)的质量m_1/g			
(空坩埚＋五水合硫酸铜)的平均质量$\overline{m}_1$/g			
加热后(空坩埚＋无水硫酸铜)的质量m_2/g			
加热后(空坩埚＋无水硫酸铜)的平均质量$\overline{m}_2$/g			
每物质的量的$CuSO_4$的结合水当量x			
$CuSO_4$的结合水平均当量$\overline{x}$			
$CuSO_4$的结合水的相对平均偏差$\overline{d}_r$/%			

注：$CuSO_4 \cdot 5H_2O$的质量$m_{CuSO_4 \cdot 5H_2O}=\overline{m}_1-\overline{m}_0$。$CuSO_4 \cdot 5H_2O$的物质的量$n_{CuSO_4 \cdot 5H_2O}=\frac{\overline{m}_1-\overline{m}_0}{249.7}$。无水硫酸铜的质量$m_{CuSO_4}=\overline{m}_2-\overline{m}_0$。$CuSO_4$的物质的量$n_{CuSO_4}=\frac{\overline{m}_1-\overline{m}_0}{159.6}$。结晶水的物质的量$n_{H_2O}=\frac{\overline{m}_1-\overline{m}_2}{18.0}$。每物质的量的$CuSO_4$的结合水数目$x=\frac{n_{H_2O}}{n_{CuSO_4}}$。水合硫酸铜的化学式$CuSO_4 \cdot xH_2O$。

七、注意事项

1. 实验操作需注意安全，避免接触皮肤和吸入有害气体。
2. 实验过程中应注意控制加热，避免溶液过热。

3. 实验结束后，应妥善处理废液和废弃物，注意环境保护。

4. 研磨时，应使研杵在钵内缓慢而稍加压力地转动。

5. 禁止用研钵研磨撞击时易燃易爆的氧化剂等。

6. 用坩埚钳取用坩埚时要预热，防止骤冷而破裂。

7. 干燥器的盖子和座身上口磨砂部分需涂少量凡士林，使盖子滑动数次以保证涂抹均匀，盖住后严密而不漏气。

8. 晶体加热后一定要放在干燥器内冷却，以保证无水硫酸铜不会从空气中吸收水分而引起测得值偏低（相当于水没有完全失去）。

八、思考题

1. 第一次加完酸后，为什么要等反应平稳后才水浴加热？而且要在蒸发皿上盖表面皿？

2. 重结晶的最高产率是多少？产率过高、过低的原因是什么？

3. 加热后的坩埚能否未冷却至室温就称量？

实验 35　二水合草酸镍的制备及组成测定

配套数字资源

预习要点

1. 制备二水合草酸镍的原理。

2. 学习 $KMnO_4$ 标准溶液的标定和 EDTA 标准溶液的标定。

一、实验目的

1. 掌握二水合草酸镍的制备方法。

2. 练习溶解、加热、搅拌、过滤、干燥等基本实验操作。

3. 掌握氧化还原滴定分析方法，培养数据处理能力。

二、实验原理

七水硫酸镍与草酸可通过复分解反应制备二水合草酸镍。将七水硫酸镍溶液与草酸溶液按 1∶1 缓慢混合，调节 pH 到 2～4 之间（避免酸性过强导致 $C_2O_4^{2-}$ 质子化，降低沉淀效率），在 60～80℃下反应，反应结束之后静置 1～2h（陈化，使晶体生长完全），再进行过滤，将过滤得到的沉淀用去离子水洗涤（除残留硫酸），然后将洗涤过的沉淀在 60～80℃下真空干燥或者常温干燥（避免高温脱水或分解），其反应方程式为：

$$NiSO_4 \cdot 7H_2O + H_2C_2O_4 \xlongequal{} NiC_2O_4 \cdot 2H_2O \downarrow + H_2SO_4 + 5H_2O$$

$$Ni^{2+} + C_2O_4^{2-} + 2H_2O \xlongequal{} NiC_2O_4 \cdot 2H_2O \downarrow$$

利用 $C_2O_4^{2-}$ 的还原性，用高锰酸钾法可以测定样品中 $C_2O_4^{2-}$ 的含量，反应方程式为：

$$5C_2O_4^{2-} + 2MnO_4^- + 16H^+ \xlongequal{} 2Mn^{2+} + 10CO_2 \uparrow + 8H_2O$$

根据 Ni^{2+} 和 EDTA 的配位反应，用配位滴定法可测定样品中镍的含量，反应方程式为：

$$H_4Y = 4H^+ + Y^{4-}$$

$$Ni^{2+} + Y^{4-} = NiY^{2-}$$

根据分析结果，可以推判出水合草酸镍的组成。

三、实验试剂与器材

试剂：七水硫酸镍（$NiSO_4 \cdot 7H_2O$）、草酸（$H_2C_2O_4$）、氨水（$NH_3 \cdot H_2O$）（1∶1）、硫酸（H_2SO_4）（1∶1、3mol·L^{-1}）、无水乙醇（C_2H_5OH）、丙酮（C_3H_6O）、$KMnO_4$标准溶液、EDTA标准溶液、NaOH溶液（2mol·L^{-1}、6mol·L^{-1}）、NH_3-NH_4Cl缓冲溶液、H_2O_2(1∶2)、紫脲酸铵指示剂、草酸钠（$Na_2C_2O_4$）。

器材：广范pH试纸、滴管、玻璃棒、烧杯、电热恒温水浴锅、温度计、量筒、台秤、表面皿、布氏漏斗、循环水真空泵、抽滤瓶、电热干燥箱、干燥器、分析天平、锥形瓶、容量瓶、滴定管。

四、实验流程（图8.7）

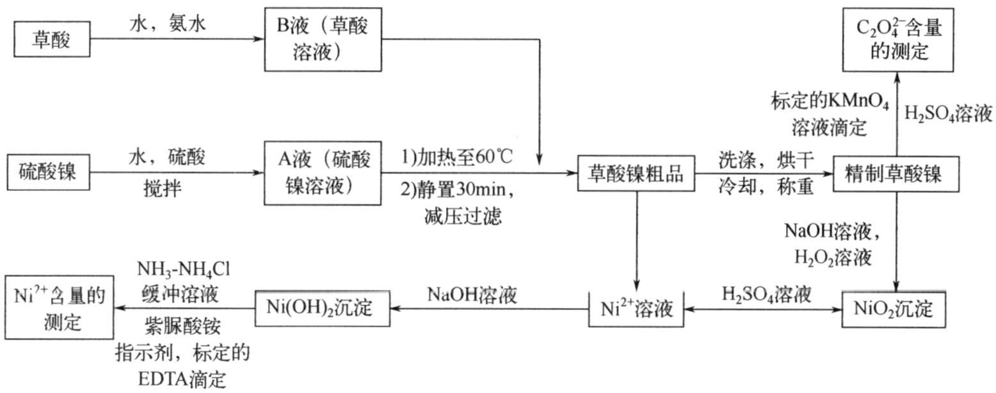

图8.7　二水草酸镍的制备及$C_2O_4^{2-}$和Ni^{2+}含量测定

五、实验步骤

1. 草酸镍的制备

（1）称取7.9g硫酸镍于250mL烧杯中，加60mL水和1滴硫酸（1∶1），搅拌溶解，此液为A液。

（2）称取4.0g草酸，于250mL烧杯中，加70mL水，搅拌溶解，并滴加（1∶1）氨水使pH在4～5之间（用pH试纸检验），此液为B液。

（3）将A液加热到约60℃，在不断搅拌下逐滴（每分钟约3mL）加入B液，60℃静置30min，过滤上清液。在烧杯中用60℃水洗涤沉淀2次，每次30mL，减压过滤。用60℃水在漏斗中再洗涤沉淀二次，每次10mL，最后用乙醇洗涤沉淀2次，丙酮洗涤沉淀1次，每次7mL，抽干，取出沉淀，60℃下烘干30min，冷却，称重，置于干燥器中备用。

2. 草酸镍的组成测定

(1) $KMnO_4$ 标准溶液浓度标定。称取草酸钠（$Na_2C_2O_4$）0.20～0.25g（精确至0.1mg）于锥形瓶中，加入50mL水溶解，加15mL 3mol·L^{-1} H_2SO_4，加热至有蒸气冒出，趁热用待标定 $KMnO_4$ 溶液滴定至溶液颜色突变为淡红色并保持30s不褪色。记录消耗 $KMnO_4$ 标准溶液的体积。平行测定三份，计算 $KMnO_4$ 标准溶液浓度。

(2) $C_2O_4^{2-}$ 含量测定。称取产品0.18～0.20g（精确至0.1mg），加20mL 3mol·L^{-1} H_2SO_4，水浴（60℃）加热至沉淀溶解，再加50mL水，在75～85℃用 $KMnO_4$ 标准溶液滴定至溶液颜色突变为淡红色并保持30s不褪色。记录消耗 $KMnO_4$ 标准溶液的体积 V_{KMnO_4}。平行测定三份，求 $C_2O_4^{2-}$ 含量。

(3) EDTA标准溶液浓度的标定。准确称取硫酸镍0.10～0.13g（精确至0.1mg）于锥形瓶中，加入35mL水溶解，加入15mL NH_3-NH_4Cl 缓冲溶液，加紫脲酸铵指示剂0.2g，用EDTA标准溶液滴定至紫红色。记录所消耗EDTA标准溶液的体积。平行测定三份，计算EDTA标准溶液的浓度。

(4) Ni^{2+} 含量的测定。称取产品0.75～1.00g（精确至0.1mg）于100mL烧杯中，加NaOH(2mol·L^{-1})溶液15mL，搅拌均匀，逐滴加入 H_2O_2(1∶2)15mL，盖上表面皿，40℃静置10min后，微沸5min，冷却，滴加 H_2SO_4(1∶1)至沉淀溶解，定量转入250mL容量瓶中，用水稀释至刻度，摇匀。准确移取25.00mL上述溶液于250mL锥形瓶中，滴加NaOH(6mol·L^{-1})至刚有沉淀生成，再加 NH_3-NH_4Cl 缓冲溶液15mL，加紫脲酸铵指示剂0.2g，用EDTA标准溶液滴定至紫红色，记录所消耗EDTA溶液的体积 V_{EDTA}。平行测定三份，求 Ni^{2+} 的含量。

六、数据记录与处理

1. 草酸镍产率的计算。
2. $C_2O_4^{2-}$ 含量的测定。

项　目	Ⅰ	Ⅱ	Ⅲ
$m_{Na_2C_2O_4}$/g			
标定用 V_{KMnO_4}/mL			
c_{KMnO_4}/(mol·L^{-1})			
$\overline{c}_{KMnO_4}$/(mol·L^{-1})			
$KMnO_4$ 浓度相对平均偏差 $\overline{d}_r$/%			
滴定用 V_{KMnO_4}/mL			
$C_2O_4^{2-}$ 含量 $\omega_{C_2O_4^{2-}}$/%			
$\overline{\omega}_{C_2O_4^{2-}}$/%			
$C_2O_4^{2-}$ 含量相对平均偏差 $\overline{d}_r$/%			

注：由滴定方程式得 $\omega_{C_2O_4^{2-}}=\dfrac{c_{KMnO_4}\times V_{KMnO_4}\times\dfrac{5}{2}\times M_{C_2O_4^{2-}}}{m_0}$。

式中，c_{KMnO_4} 为高锰酸钾标准溶液的浓度，mol·L^{-1}；m_0 为所称取试样的质量，g；V_{KMnO_4} 为滴定消耗高锰酸钾标准溶液的体积，mL；$M_{C_2O_4^{2-}}$ 为 $C_2O_4^{2-}$ 的摩尔质量，g·mol^{-1}。

3. Ni^{2+} 含量的测定。

项　目	Ⅰ	Ⅱ	Ⅲ
m_{NiSO_4}/g			
标定用V_{EDTA}/mL			
c_{EDTA}/(mol·L^{-1})			
$\bar{c}_{EDTA}$/(mol·L^{-1})			
滴定用V_{EDTA}/mL			
镍含量ω_{Ni}/%			
$\bar{\omega}_{Ni}$/%			
相对平均偏差$\bar{d}_r$/%			

注：镍的含量 $\omega_{Ni}=\dfrac{c_{EDTA}\times V_{EDTA}\times M_{Ni}}{\frac{25}{250}\times m_0}$。

式中，c_{EDTA} 为标定 EDTA 标准溶液的浓度，mol·L^{-1}；V_{EDTA} 为滴定消耗 EDTA 标准溶液的体积，mL；M_{Ni} 为镍的摩尔质量，g·mol^{-1}；m_0 为所称取硫酸镍的质量，g。

七、注意事项

1. 草酸有毒性且有一定腐蚀性，使用时避免接触皮肤和误食。硫酸镍也有一定毒性，使用时注意防护。

2. 加热过程中要使用合适的加热设备，如电热恒温水浴锅，避免烫伤。使用电气设备时，要确保接地良好，防止触电事故。

3. 溶解硫酸镍和草酸时，要充分搅拌使其完全溶解。混合两种溶液时，要在不断搅拌下缓慢滴加，防止局部浓度过高，生成的沉淀不均匀。

4. 洗涤沉淀时，要注意洗涤的顺序和次数，先用热水洗涤除去杂质离子，再用乙醇和丙酮洗涤，以利于干燥，但要避免洗涤过度造成产品损失。

5. 使用的天平、量筒、容量瓶、滴定管等仪器要提前校准，以保证测量数据的准确性。

八、思考题

1. 为何要将硫酸镍溶液加热到约 60℃后再逐滴加入草酸溶液？温度过高或过低有何影响？

2. 草酸与硫酸镍的用量比为何要按照特定比例？改变比例会对产物有何影响？

3. 烘干沉淀时，温度和时间的控制有何重要性？若温度过高或时间过长，产物可能发生哪些变化？

4. 测定草酸根含量时，加入硫酸的作用是什么？加热温度过高或过低对测定有何影响？

5. 实验过程中可能产生哪些误差？如何减少这些误差以提高测定结果的准确性？

实验 36　含铬废液的实验室处理和铬含量的测定

配套数字资源

预习要点

1. 水样中铬的处理方法。

2. 分光光度计的性能、结构及使用方法。

一、实验目的

1. 掌握含铬废液的实验室处理和铬含量的测定。
2. 熟悉并掌握标准溶液的配制、酸碱滴定、固液分离、减压抽滤等基本操作。
3. 掌握分光光度法测定六价铬的原理和方法。

二、实验原理

在铬矿冶炼、电镀、金属加工、皮革鞣制、油漆等工业的废水中都含有铬。在铬的化合物中，六价铬的毒性最大，故《农田灌溉水质标准》(GB 5084—2021) 规定六价铬的浓度不得超过 $0.1mg \cdot L^{-1}$，而《生活饮用水卫生标准》(GB 5749—2022) 规定六价铬的浓度不得高于 $0.05mg \cdot L^{-1}$。一般采用铁氧体法除去废液中的铬。

铁氧体法是指具有磁性的 Fe_3O_4 中的部分 Fe 被其他 +2 价或者 +3 价金属离子（如 Cr^{3+}）所取代而形成的以 Fe 为主体的复合氧化物。含铬废液中加入过量的硫酸亚铁溶液，在酸性条件下，六价铬被还原成三价铬，即使废水中的 $Cr_2O_7^{2-}$ 和 CrO_4^{2-} 在酸性条件下与过量的硫酸亚铁作用生成 Cr^{3+} 和 Fe^{3+}。反应方程式为：

$$Cr_2O_7^{2-} + 6Fe^{2+} + 14H^+ = 2Cr^{3+} + 6Fe^{3+} + 7H_2O$$

$$CrO_4^{2-} + 3Fe^{3+} + 8H^+ = Cr^{3+} + 3Fe^{3+} + 4H_2O$$

反应结束后，调节溶液 pH 至 8～10，使 Fe^{3+}、Fe^{2+} 转化为氢氧化物沉淀，然后加入过氧化氢，将部分二价铁转化成三价铁，使 Fe^{2+}、Fe^{3+}、Cr^{3+} 成适当比例，并以 $Fe(OH)_2$、$Fe(OH)_3$、$Cr(OH)_3$ 的形式沉淀共同析出。反应方程式为：

$$Fe^{2+} + 2OH^- = Fe(OH)_2 \downarrow$$

$$Fe^{3+} + 3OH^- = Fe(OH)_3 \downarrow$$

$$Cr^{3+} + 3OH^- = Cr(OH)_3 \downarrow$$

$$H_2O_2 + 2Fe(OH)_2 = 2Fe(OH)_3$$

沉淀物经脱水后，可得组成类似 $Fe_3O_4 \cdot xH_2O$ 的磁性氧化物，即铁氧体，其组成可写成 $Fe^{2+} \cdot Fe^{3+}[Fe_3O_4] \cdot xH_2O$，其中部分三价铁可被三价铬代替，使三价铬成为铁氧体的组分而沉淀出来。含铬的铁氧体也是一种磁性材料，可以应用在电子工业上。用该方法处理废液既环保又实现了废物资源再生。反应方程式为：

$$Fe^{3+} + Fe^{2+} + Cr^{3+} + OH^- \longrightarrow Fe^{2+} \cdot Fe^{3+} + [Fe_{1-y}^{3+}Cr_y^{3+}O_4] \cdot xH_2O \downarrow$$

处理后废液中铬含量的测定，一般以二苯碳酰二肼作显色剂，在酸性介质条件下与六价铬生成红紫色配合物。该配合物的最大吸收波长为 540nm 左右，显色温度以 15℃为宜，温度过低显色速度慢，温度过高配合物稳定性差，显色时间为 2～3min，配合物可在 1.5h 内稳定。根据颜色深浅进行比色，即可测定废液中六价铬的含量。

三、实验试剂与器材

试剂：重铬酸钾 (s，AR)、铬废水 ($1.45g \cdot L^{-1}$)、H_2SO_4 ($3mol \cdot L^{-1}$)、$FeSO_4 \cdot 7H_2O$(s，AR)、NaOH($6mol \cdot L^{-1}$)、二苯碳酰二肼溶液。

器材：磁铁、分光光度计、分析天平、容量瓶、移液管、烧杯、玻璃棒、吸量管、酒精灯、温度计、漏斗、蒸发皿、比色皿、pH 试纸、布氏漏斗、真空泵、抽滤瓶。

四、实验流程（图 8.8）

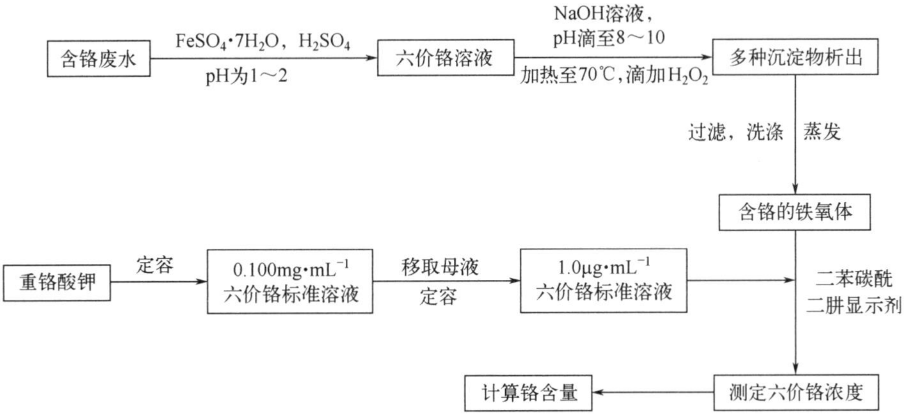

图 8.8　含铬废液实验室处理及铬含量测定

五、实验步骤

1. 含铬废液的处理

准确量取 100.00mL 含铬废水，置于 250mL 烧杯中，根据含铬 $1.45g \cdot L^{-1}$ 换算成 CrO_3 的质量，再按 $CrO_3 : FeSO_4 \cdot 7H_2O = 1 : 16$ 的比例向含铬废水中加入适量 $FeSO_4 \cdot 7H_2O$，不断搅拌，待晶体溶解后，逐滴加入 $3mol \cdot L^{-1}$ H_2SO_4 并不断搅拌，直至溶液的 pH 为 1～2，此时溶液显亮绿色。

逐滴加入 $6mol \cdot L^{-1}$ NaOH 溶液，调节溶液的 pH 为 8～10。然后将溶液加热至 70℃ 左右，在不断搅拌下滴加 6～10 滴 3% H_2O_2 溶液。充分冷却静置，使所形成的氢氧化物沉淀沉降。

对上面的溶液进行减压抽滤，滤液转入干净干燥的烧杯中，沉淀用去离子水洗涤数次，然后将沉淀物转移至蒸发皿中，用小火加热，蒸发至干。待冷却后将沉淀均匀地摊在干净的白纸上，另用纸将磁铁紧紧裹住，然后与沉淀物接触，检验沉淀物的磁性。

2. 处理后水质的检验

（1）铬标准母液（$0.100mg \cdot mL^{-1}$）：准确称取干燥后的重铬酸钾 0.2920～0.2980g（精确至 0.1mg）于小烧杯中，溶解后转入 1000mL 容量瓶中，用水稀释至刻度，摇匀，制成含六价铬 $0.100mg \cdot mL^{-1}$ 的标准溶液。

（2）铬标准工作液（$1.00\mu g \cdot mL^{-1}$）：准确移取 5.00mL 母液于 500mL 容量瓶中用水稀释至刻度，摇匀，制成含六价铬 $1.0\mu g \cdot mL^{-1}$ 的标准溶液。

（3）重铬酸钾标准曲线的绘制。用吸量管分别移取铬标准工作液 0.00mL、0.50mL、1.00mL、2.00mL、4.00mL、8.00mL、10.00mL 各置于 50mL 容量瓶中，然后在每一个容量瓶中加入约 30mL 去离子水和 2.5mL 二苯碳酰二肼溶液，最后用去离子水稀释到刻度，摇匀，静置 10min。以试剂空白为参比溶液，在 540nm 波长处测量溶液的吸光度 A，绘制曲线。

(4) 处理后水样中六价铬的含量。准确移取处理后的滤液 10.00mL 加入 50mL 容量瓶中，再加入 2.5mL 二苯氨基脲溶液，用去离子水稀释到刻度，摇匀，静置 10min，然后用同样的方法在 540nm 处测出其吸光度。

根据测定的吸光度，在标准曲线上查出相对应的六价铬的质量，再用下面的公式算出每升废液试样中六价铬的含量。

$$六价铬的含量=5\times\frac{c\times1000}{V}$$

式中，c 为在标准曲线上查到的六价铬的浓度，$\mu g\cdot L^{-1}$；V 为所取含铬废液试样的体积，mL。

六、数据记录与处理

含量/[$\mu g\cdot(50mL^{-1})$]	0.0	0.5	1.0	2.0	4.0	8.0	10.0
吸光度							

1. 以含量为横坐标，溶液相应的吸光度为纵坐标，绘制标准曲线（要求用计算机辅助制图）。

2. 记录铬样的吸光度。由标准曲线上查出试样中相当于铬的质量，然后计算其试样中六价铬的含量（$\mu g\cdot L^{-1}$）。

七、注意事项

1. 本测定方法适用于地面水和工业废水中六价铬的测定。

2. 所有玻璃器皿内壁须光洁，以免吸附铬离子。玻璃器皿不得用重铬酸钾洗液洗涤。可用硝酸、硫酸混合液或合成洗涤剂洗涤，洗涤后要冲洗干净。

3. 使用化学沉淀法时，要严格控制沉淀剂加入量和反应 pH 值等条件。

4. 处理含铬废液时，操作人员要穿戴防护服、手套、护目镜等防护用品，在通风橱内操作，防止铬离子接触皮肤和呼吸道，避免发生中毒等事故。

5. 对检测结果要正确记录和处理，考虑干扰因素，与相关标准法规比较，确保结果准确可靠且符合要求。

八、思考题

1. 六价铬的廉价还原剂有哪些？何者最佳？

2. 为使 $Cr(OH)_3$ 沉淀完全，要用碱调 pH 到什么范围内？

3. 含铬废液处理过程中可能产生哪些二次污染？如何预防和治理这些二次污染？例如，沉淀后的污泥如何妥善处置，以防止铬离子的再次释放？

4. 测定铬含量时，样品中可能存在哪些干扰物质？如何消除这些干扰因素的影响？例如，在分光光度法中，如何避免其他金属离子和有机物对测定结果的干扰？

实验37 去离子水的制备及水质检验

配套数字资源

预习要点

1. 电导率仪的使用。
2. 离子交换技术的基本原理及操作方法。
3. 水中主要杂质离子的定性鉴定方法。

一、实验目的

1. 熟悉自来水中主要的无机杂质离子。
2. 掌握水中杂质离子的定性鉴定方法。
3. 学习离子交换法制备去离子水的原理和方法。
4. 掌握电导率仪的使用方法。

二、实验原理

1. 离子交换原理

无论是工农业生产用水、日常生活用水，还是科研实验用水，对水质都有一定的要求。在天然水或者自来水中含有各种各样的无机和有机杂质，其中常见的无机杂质有 Mg^{2+}、Ca^{2+}、CO_3^{2-}、HCO_3^-、Cl^- 及某些气体。常见的去除方法有蒸馏法、电渗析法和离子交换法。

离子交换法是目前广泛采用的制备纯水的方法之一。离子交换法中起核心作用的物质就是离子交换树脂，它是一种具有网状结构的有机高分子聚合物，由本体和交换基团两部分组成，其中本体起的是载体作用，而本体上附着的交换基团才是活性成分。根据活性基团类型的不同，可以把离子交换树脂分为阳离子交换树脂和阴离子交换树脂。

典型的阳离子交换树脂是磺酸盐型交换树脂，其结构为 $R—SO_3^-\ \vdots\ H^+$，容易在溶液中解离出 H^+，故呈强酸性。树脂解离后，本体所含的负电基团，如 SO_3^-，能吸附结合溶液中的其他阳离子如 Na^+、Mg^{2+}、Ca^{2+} 等。

$$R—SO_3H+Na^+ \rightleftharpoons R—SO_3Na+H^+$$

典型的阴离子交换树脂，如季铵盐型离子交换树脂，其结构为 $R_4N^+\ \vdots\ OH^-$，能在水中解离出 OH^-，故呈强碱性。这种树脂的正电基团能与溶液中的阴离子吸附结合，从而产生阴离子交换作用。

$$R_4NOH+Cl^- \rightleftharpoons R_4NCl+OH^-$$

从两级交换柱交换来的 H^+ 和 OH^- 结合生成水，从而达到净化的目的。

$$H^+ +OH^- \rightleftharpoons H_2O$$

值得指出的是，离子交换法只能对水中的电解质杂质有较好的净化作用，而对其他类型的杂质（如有机杂质）是无净化作用的。

实际生产时，将离子交换树脂装填入容器状管道中，做成离子交换柱（图8.9）。一个阳离子交换柱和一个阴离子交换柱串联在一起使用，称为一级离子交换法水处理装置（图8.10）。该装置串联的级数越多，去杂质的效果显然越好。

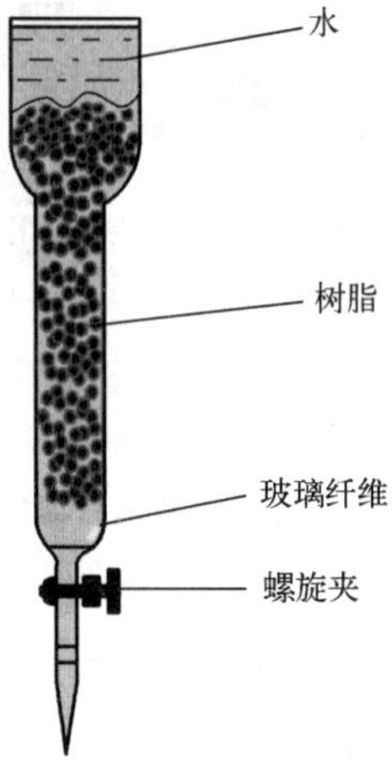

图 8.9　离子交换柱

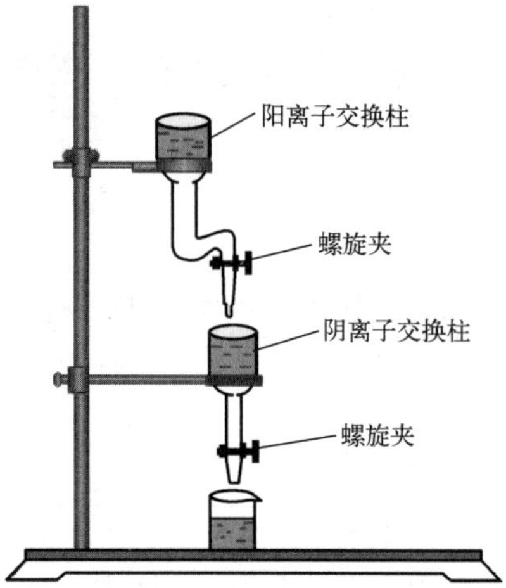

图 8.10　离子交换法水处理装置

在使用过一段时间后，离子交换柱内树脂的离子交换能力会下降。阳离子树脂可用 $3mol \cdot L^{-1}$ 的 HCl 溶液进行“再生”处理，阴离子交换树脂可用 $3mol \cdot L^{-1}$ 的 NaOH 溶液进行“再生”处理。

2. 水质检验

(1) 电导率。纯水中只含有微量的 H^+ 和 OH^-，所以电导率极小。如果水中含有电解质杂质，那么会使得水的电导率明显增大。故用电导率仪测定水样的电导率大小，可以估计出水样的纯度。各种水样的电导率（$S \cdot cm^{-1}$）的大致范围见表 8.1。

表 8.1　水样的电导率

水样	电导率/($S \cdot cm^{-1}$)
自来水	$5.3\times10^{-4}\sim5.0\times10^{-3}$
去离子水	$8.0\times10^{-7}\sim4.0\times10^{-6}$
纯水	5.6×10^{-8}

(2) Cl^-：用 $AgNO_3$ 溶液鉴定。

(3) SO_4^{2-}：用 $BaCl_2$ 溶液鉴定。

(4) Mg^{2+}：在 pH 为 8～11 的溶液中，用铬黑 T 检验 Mg^{2+}。若无 Mg^{2+}，则溶液呈蓝色；若有 Mg^{2+} 存在，则与铬黑 T 形成酒红色的配合物。

(5) Ca^{2+}：在 pH>12 的溶液中，用钙指示剂检验 Ca^{2+}。若无 Ca^{2+} 存在，则溶液呈蓝色；若有 Ca^{2+} 存在，则其与钙指示剂形成红色配合物。

三、实验试剂与器材

试剂：HNO_3($2.0mol \cdot L^{-1}$)、NaOH($2.0mol \cdot L^{-1}$)、HCl($2.0mol \cdot L^{-1}$)、$NH_3 \cdot H_2O$($2.0mol \cdot L^{-1}$)、$AgNO_3$ 溶液($0.1mol \cdot L^{-1}$)、$BaCl_2$ 溶液（$1.0mol \cdot L^{-1}$）、铬黑 T(s)、钙指示剂（s)。

器材：电导率仪、烧杯、离子交换柱、阳离子交换树脂、阴离子交换树脂、滤纸、pH 试纸。

四、实验流程（图 8.11）

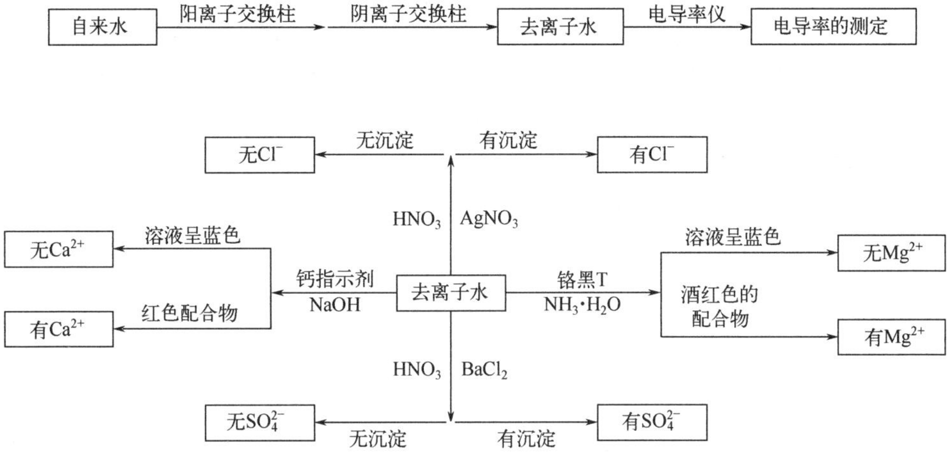

图 8.11　去离子水的制备及水质检验

五、实验步骤

1. 树脂预处理

树脂在装柱前要先进行预处理。阳、阴离子交换树脂首先用去离子水浸泡 24h，再分别用 2.0mol·L^{-1} HCl 溶液浸泡阳离子交换树脂 24h，用 2.0mol·L^{-1} NaOH 溶液浸泡阴离子交换树脂 24h，倾去酸、碱液后用去离子水反复冲洗至中性，再浸泡于去离子水中备用。

2. 离子交换柱的安装

将交换柱固定在铁架台上，在一支长约 30cm、直径 2cm 的交换柱内，下部放一团玻璃纤维/棉花，在柱中注入少量蒸馏水，排出管内的玻璃毛和尖嘴中的空气，然后将已处理并混合好的树脂与水一起，从上端逐渐倾入柱中，树脂沿水下沉，这样不致带入气泡。在整个操作过程中，树脂要一直保持被水覆盖。如果树脂床中进入空气，就会产生偏流使交换效率降低。若出现这种情况，则可用玻璃棒搅动树脂层赶走气泡。最后加水封住离子交换树脂，以避免其接触空气。

3. 去离子水的制备

将自来水加入阳离子交换柱上端的开口（注意：在实验过程中要随时补充自来水，以防止树脂干涸，水位要求能盖住树脂表面）。调节螺旋夹，使得流出液的速度为 15～20 滴/min，并流过阴离子交换柱，而且要保持上下柱子的流速一致。

用烧杯在阴离子交换柱下盛接大约 15mL 流出液后，再用烧杯收集水样至满，然后进行检验。

实验结束后将上下两个螺旋夹旋紧，并把两个柱子内加满水。

4. 水质检验

对自来水和制备得到的去离子水分别进行如下检测，并记录实验结果。

(1) 电导率的测定。每次测定前，都要先后用蒸馏水和待测水样冲洗电导电极，并用滤纸吸干，再将电极浸入水样中，务必保证电极头的铂片完全被水浸没，然后按照电导率仪的说明进行操作。

（2）离子的定性检验。

检验 Mg^{2+}：在 1mL 水样中加入 2 滴 2.0mol·L^{-1} $NH_3 \cdot H_2O$，用铬黑 T 检验 Mg^{2+}。

检验 Ca^{2+}：在 1mL 水样中加入 2 滴 2.0mol·L^{-1}NaOH，用钙指示剂检验 Ca^{2+}。

检验 Cl^-：在 1mL 水样中加入 2 滴 2.0mol·L^{-1} HNO_3 酸化，再加入 2 滴 0.1mol·L^{-1} $AgNO_3$ 溶液，根据有无白色沉淀判断。

检验 SO_4^{2-}：在 1mL 水样中加入 2 滴 2.0mol·L^{-1} HNO_3 酸化，再加入 2 滴 1.0mol·L^{-1} $BaCl_2$ 液，根据有无白色沉淀判断。

六、数据记录与处理

测试水样	电导率/($\mu S \cdot cm^{-1}$)	检验现象			
		Ca^{2+}	Mg^{2+}	SO_4^{2-}	Cl^-
自来水					
制得的去离子水					

七、注意事项

1. 树脂清洗后，要用 $AgNO_3$ 溶液检验至无 Cl^- 才可进行交换。
2. 检验水样所使用的试管必须洁净，并用少量去离子水淋洗。

八、思考题

1. 自来水中主要有哪些无机盐杂质？
2. 用离子交换法制备去离子水的原理是什么？
3. 需制备的水为什么先经过阳离子交换树脂处理，后经过阴离子交换树脂处理？反过来会如何？
4. 如何定性检验水中的无机盐杂质？

第九章

无机及分析化学设计与创新实验

实验 38　以废弃铝为原料制备氢氧化铝和铝含量测定

预习要点

配套数字资源

1. 通过以废弃铝为原料制备氢氧化铝，了解废弃物综合利用的意义。
2. 铝含量测定的基本原理与操作。

一、实验目的

1. 无机制备实验的基础操作。
2. 熟悉金属铝和氢氧化铝的相关性质。
3. 掌握置换滴定方法的原理。
4. 体验制备实验的设计思路、制备条件的选择，培养自主设计实验的能力。

二、实验原理

1. 以废弃铝为原料制备氢氧化铝

$Al(OH)_3$ 为白色、无定形粉末，不溶于水，可溶于酸和碱，用作分析试剂、媒染剂，也用于制药工业和铝盐制备。

$Al(OH)_3$ 是典型的两性氢氧化物，既能与强酸反应又能与强碱反应。反应方程式为：

$$Al(OH)_3 + 3HCl \xlongequal{} AlCl_3 + 3H_2O$$

$$Al(OH)_3 + NaOH \xlongequal{} NaAlO_2 + 2H_2O$$

我国每年有大量废弃的铝制品（如铝药膏皮、铝饮料罐、铝制器皿等），本实验旨在利用废弃铝制品制备工业的 $Al(OH)_3$。

实验室以铝屑为原料制备 $Al(OH)_3$，主要有以下方案：

(1) 用稀硫酸跟铝屑反应，使 Al 转化为含 Al^{3+} 的溶液，再用 NaOH 溶液（或 $NH_3 \cdot H_2O$）使 $Al(OH)_3$ 沉淀析出，将得到的沉淀洗涤即可得到 $Al(OH)_3$。

$$2Al + 6H^+ \xlongequal{} 2Al^{3+} + 3H_2\uparrow$$

$$Al^{3+} + 3OH^- \xlongequal{} Al(OH)_3\downarrow$$

或

$$Al^{3+}+3NH_3\cdot H_2O = Al(OH)_3\downarrow+3NH_4^+$$

（2）用铝屑跟 NaOH 浓溶液反应，再用稀酸中和过量的碱液，并促使 $[Al(OH)_4]^-$ 水解，得到 $Al(OH)_3$ 沉淀，将得到的沉淀洗涤即可得到 $Al(OH)_3$。

$$2Al+2OH^-+6H_2O = 2[Al(OH)_4]^-+3H_2\uparrow$$

$$[Al(OH)_4]^-+H^+ = Al(OH)_3\downarrow+H_2O$$

（3）用铝屑分别跟稀酸和 NaOH 浓溶液反应，然后将得到的含 Al^{3+} 溶液和含 $[Al(OH)_4]^-$ 的溶液混合，过滤，将得到的沉淀洗涤即可得到 $Al(OH)_3$。

$$2Al+6H^+ = 2Al^{3+}+3H_2\uparrow$$

$$2Al+2OH^-+6H_2O = 2[Al(OH)_4]^-+3H_2\uparrow$$

$$Al^{3+}+3[Al(OH)_4]^- = 4Al(OH)_3\downarrow$$

2. 铝含量的测定

由于 Al^{3+} 易形成一系列多核羟基配合物，这些多核羟基配合物与 EDTA 配位缓慢，故通常采用返滴定法测定铝。加入定量且过量的 EDTA 标准溶液，在 pH≈3.5 时煮沸几分钟，使 Al^{3+} 与 EDTA 配位完全，继而在 pH 为 5～6 时，以二甲酚橙为指示剂，用 Zn^{2+} 溶液返滴定过量的 EDTA 而得铝的含量。

但是，返滴定法测定铝缺乏选择性，所有能与 EDTA 形成稳定配合物的离子都干扰测定。对于像合金、硅酸盐、水泥和炉渣等复杂试样中的铝，往往采用置换滴定法以提高选择性，即在用 Zn^{2+} 返滴定过量的 EDTA 后，加入过量的 NH_4F，加热至沸，使 AlY^- 与 F^- 之间发生置换反应，释放出与 Al^{3+} 物质的量相等的 H_2Y_2-EDTA，再用 Zn^{2+} 标准溶液滴定释放出来的 EDTA 而得铝的含量。

有关反应如下：

$$pH=3.5\text{ 时，}Al^{3+}(\text{试液})+Y^{4-}(\text{过量})\longrightarrow AlY^-+Y^{4-}(\text{剩})$$

pH＝5～6 时，加入二甲酚橙（XO）指示剂，用 Zn^{2+} 标液滴定剩余的 Y^{4-}。

$$Zn^{2+}+Y^{4-}(\text{剩}) = ZnY^{2-}$$

加入 NH_4F 后，

$$\text{置换反应：}AlY^-+6F^- = AlF_6^{3-}+Y^{4-}(\text{置换})$$

$$\text{滴定反应：}Y^{4-}(\text{置换})+Zn^{2+} = ZnY^{2-}$$

$$\text{终点：}Zn^{2+}(\text{过量})+XO\longrightarrow Zn\text{-}XO(\text{黄色}\rightarrow\text{紫红色})$$

用置换滴定法测定铝，若试样中含 Ti^{4+}、Zr^{4+}、Sn^{4+} 等离子时，亦会发生与 Al^{3+} 相同的置换反应而干扰 Al^{3+} 的测定。这时，就要采用掩蔽的方法，把上述干扰离子掩蔽掉，例如：用苦杏仁酸掩蔽 Ti^{4+} 等。

铝合金所含杂质主要有 Si、Mg、Cu、Mn、Fe、Zn，个别还含 Ti、Ni、Ca 等，通常用 HNO_3-HCl 混合酸溶解，亦可在银坩埚或塑料烧杯中以 NaOH-H_2O_2 分解后再用 HNO_3 酸化。

本实验配位滴定法可成功测定废弃铝中的铝含量，通过优化消化体系（如混合酸消解工艺）和干扰离子掩蔽方案（如 NH_4F 掩蔽 Fe^{3+}），可实现对铝矿石中铝形态（Al^{3+}、AlO_2^- 等）的精准定量，结合湖南省铝矿资源的分布情况，为资源评估、经济价值判断、开采规划和环境保护提供数据支持。

三、实验试剂与器材

试剂：铝屑、NaOH 溶液（$10mol \cdot L^{-1}$、$4mol \cdot L^{-1}$）、锌粉基准物、HCl 溶液（1∶1、$6mol \cdot L^{-1}$）、EDTA（$0.2mol \cdot L^{-1}$）、二甲酚橙（$2g \cdot L^{-1}$）、氨水（1∶1）、六亚甲基四胺（$200g \cdot L^{-1}$）、氧化锌（$0.05mol \cdot L^{-1}$）、NH_4F（$200g \cdot L^{-1}$）。

器材：剪刀、烧杯、量筒、玻璃棒、台秤、布氏漏斗、吸滤瓶、铁架台、酒精灯、pH 试纸、滤纸、干燥箱、分析天平、表面皿、真空泵、烘箱、容量瓶、锥形瓶。

四、实验流程（图 9.1）

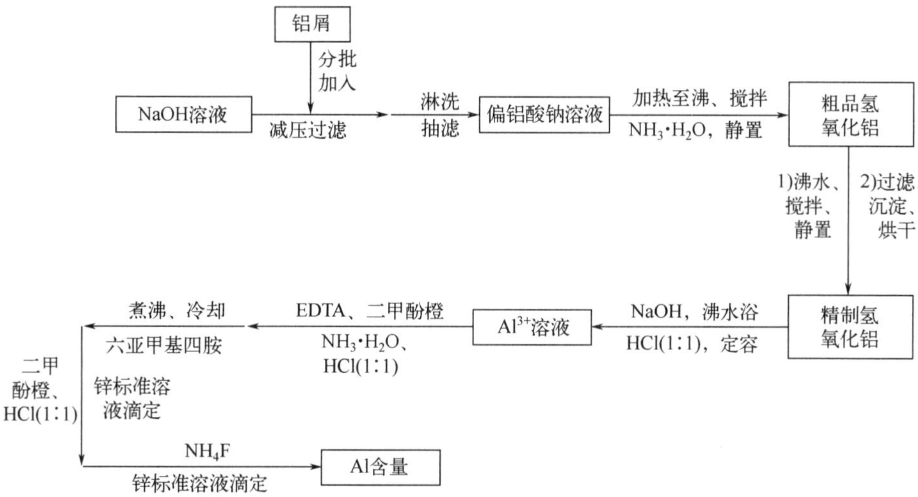

图 9.1　以废弃铝为原料制备氢氧化铝和铝含量测定

五、实验步骤

1. 以废弃铝为原料制备氢氧化铝

（1）制备偏铝酸钠。称取 1g 已处理好的铝屑，量取比理论量多 50% 的 $10mol \cdot L^{-1}$ NaOH 溶液于 250mL 烧杯中，并缓慢地加入上述金属铝屑，用加铝屑的快慢，来控制反应速率（反应激烈，以表面皿作盖，防止碱液溅出发生伤人事故!）。反应结束，用布氏漏斗减压过滤，将滤液转入 250mL 烧杯，用少量水淋洗反应烧杯一次，淋洗液再行抽滤，淋洗滤液一并转入 250mL 烧杯，再用少量水淋洗抽滤瓶一次，淋洗液也转入 250mL 烧杯中。

（2）合成氢氧化铝。将上述偏铝酸钠溶液加热至沸，在不断搅拌下，将 75mL $NH_3 \cdot H_2O$ 溶液以细流状加入其中，逐渐有沉淀生成，并将沉淀搅拌约 5min（注意：整个过程需不停搅拌，停止加热后还要搅拌一会，以防溅出）。静置澄清，检验沉淀是否完全，待沉淀完全后，用布氏漏斗减压过滤。

（3）氢氧化铝的洗涤、干燥。将 $Al(OH)_3$ 沉淀转入 400mL 烧杯中，加入约 150mL 近沸的蒸馏水，在搅拌下加热 2～3min，静置澄清，倾出清液，重复上述操作两次。最后一次将沉淀移入布氏漏斗减压过滤，并用 100mL 近沸蒸馏水洗涤（此时滤液的 pH 为 7～8），抽干，将 $Al(OH)_3$ 移至表面皿上，放入烘箱中，在 80℃下烘干，冷却后称量，计算产率。

2. 铝含量的测定

(1) 锌标准溶液的配制。准确称取在800～1000℃灼烧（需20min以上）过的锌粉基准物0.15～0.20g（精确至0.1mg）于100mL烧杯中，用少量水润湿，然后逐滴加入6mol·L^{-1} HCl 5mL，边加边搅至完全溶解为止，然后，定量转移入250mL容量瓶中，稀释至刻度并摇匀。

(2) 样品溶液的制备。准确称取0.10～0.11g（精确至0.1mg）铝试样于50mL塑料烧杯中，加入10mL 4mol·L^{-1} NaOH溶液，沸水浴中使其完全溶解，稍冷后，加（1∶1）HCl溶液至有絮状沉淀产生，再多加10mL(1∶1)HCl溶液。定量转移试液于250mL容量瓶中，加水至刻度，摇匀。

(3) 铝试样含量的测定。准确移取上述试液25.00mL于250mL锥形瓶中，加3mL EDTA、25mL蒸馏水、2滴二甲酚橙，此时试液为黄色，加氨水至溶液呈紫红色，再加(1∶1)HCl溶液，使溶液呈现黄色。煮沸3min，冷却。加20mL六亚甲基四胺，此时溶液应为黄色，如果溶液呈红色，还须滴加（1∶1)HCl溶液，使其变黄。滴加2滴二甲酚橙指示剂，把锌标准溶液滴入锥形瓶中，用来与多余的EDTA配位滴定，当溶液恰好由黄色转变为紫红色时停止滴定（这次滴定的锌标准溶液的体积不需记录）。

于上述溶液中加10mL NH_4F，加热至微沸，流水冷却，再补加2滴二甲酚橙，此时溶液应为黄色，若为红色，应滴加（1∶1)HCl溶液使其变为黄色。再用锌标准溶液滴定，当溶液由黄色恰好转变为紫红色时即为终点，根据这次锌标准溶液所耗体积计算Al的质量分数。

六、数据记录与处理

1. 计算$Al(OH)_3$的产率。

2. 铝含量的测定。

项　目	Ⅰ	Ⅱ	Ⅲ
$c_{Zn}/(mol \cdot L^{-1})$			
V_{Zn}/mL			
铝含量$\omega_{Al}/\%$			
铝平均含量$\overline{\omega}_{Al}/\%$			
相对平均偏差$\overline{d}_r/\%$			

注：本次实验采用置换滴定法测定试样中铝的含量。

$$\omega_{Al}=\frac{M_{Al}\times c_{Zn}V_{Zn}}{1000\times m_0\times\frac{25}{250}}$$

式中，M_{Al}为铝的摩尔质量，27g·mol^{-1}；m_0为称取铝试样质量，g；V_{Zn}为滴定消耗$ZnCl_2$标准溶液的体积，mL。

七、注意事项

1. 分次加入铝片，注意控制反应速率。

2. 注意控制溶液的pH。

八、思考题

1. 简述用废弃铝为原料制备氢氧化铝的 3 种方法。
2. 如何判断产物是否为氢氧化铝？

实验 39　三草酸合铁（Ⅲ）酸钾的制备及组成分析

预习要点

1. 查看三草酸合铁（Ⅲ）酸钾的合成方法。
2. 了解确定化合物化学式的基本原理和方法。

配套数字资源

一、实验目的

1. 了解三草酸合铁（Ⅲ）酸钾的合成方法。
2. 掌握确定化合物化学式的基本原理和方法。
3. 巩固无机合成、滴定分析和重量分析的基本操作。

二、实验原理

1. 三草酸合铁（Ⅲ）酸钾 {$K_3[Fe(C_2O_4)_3]\cdot 3H_2O$} 为亮绿色单斜晶体，易溶于水而难溶于乙醇、丙酮等有机溶剂。受热时，在 110℃下可失去结晶水，到 230℃即分解。该配合物为光敏物质，光照下易分解。

本实验首先利用 $(NH_4)_2Fe(SO_4)_2$ 与 $H_2C_2O_4$ 反应制取 FeC_2O_4：

$$(NH_4)_2Fe(SO_4)_2 + H_2C_2O_4 = FeC_2O_4\downarrow + (NH_4)_2SO_4 + H_2SO_4$$

在过量 $K_2C_2O_4$ 存在下，用 H_2O_2 氧化 FeC_2O_4 即可制得产物：

$$6FeC_2O_4 + 3H_2O_2 + 6K_2C_2O_4 = 4K_3[Fe(C_2O_4)_3] + 2Fe(OH)_3\downarrow$$

反应中产生的 $Fe(OH)_3$ 可通过加入适量的 $H_2C_2O_4$ 也将其转化为产物：

$$2Fe(OH)_3 + 3H_2C_2O_4 + 3K_2C_2O_4 = 2K_3[Fe(C_2O_4)_3] + 6H_2O$$

2. 利用如下的分析方法可测定该配合物各组分的含量，通过推算便可确定其化学式。

（1）用重量分析法测定结晶水含量。将一定量产物在 110℃下干燥，根据失重的情况即可计算出结晶水的含量。

（2）用高锰酸钾法测定草酸根含量，$C_2O_4^{2-}$ 在酸性介质中可被 MnO_4^- 定量氧化：

$$5C_2O_4^{2-} + 2MnO_4^- + 16H^+ = 2Mn^{2+} + 10CO_2\uparrow + 8H_2O$$

用已知浓度的 $KMnO_4$ 标准溶液滴定 $C_2O_4^{2-}$，由消耗 $KMnO_4$ 的量，便可计算出 $C_2O_4^{2-}$ 的含量。

（3）用高锰酸钾法测定铁含量。先用 Zn 粉将 Fe^{3+} 还原为 Fe^{2+}，然后用 $KMnO_4$ 标准溶液滴定 Fe^{2+}：

$$5Fe^{2+} + MnO_4^- + 8H^+ = 5Fe^{3+} + Mn^{2+} + 4H_2O$$

由消耗 $KMnO_4$ 的量，便可计算出 Fe^{3+} 的含量。

(4) 确定钾含量。配合物减去结晶水、$C_2O_4^{2-}$、Fe^{3+} 的含量后即为 K^+ 的含量。

三、实验试剂与器材

试剂：H_2SO_4(6mol·L^{-1})、$H_2C_2O_4$(饱和)、$K_2C_2O_4$(饱和)、H_2O_2(5%)、C_2H_5OH(95%和50%)、$KMnO_4$ 标准溶液(0.02mol·L^{-1})、$(NH_4)_2Fe(SO_4)_2\cdot 6H_2O$(s，AR)、Zn 粉、丙酮。

器材：电子分析天平、烘箱、烧杯、量筒、称量瓶、干燥器、药匙、锥形瓶、酸式滴定管、布氏漏斗、抽滤瓶、水浴锅、真空泵。

四、实验流程（图 9.2）

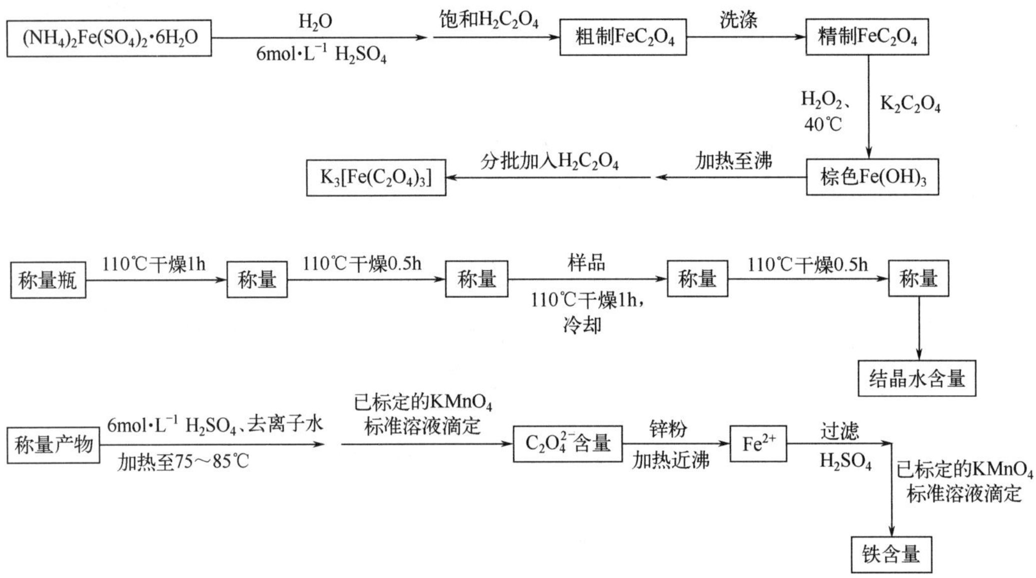

图 9.2 三草酸合铁（Ⅲ）的制备与组成分析

五、实验步骤

1. 三草酸合铁（Ⅲ）酸钾的合成

将 5g$(NH_4)_2Fe(SO_4)_2\cdot 6H_2O$ 固体溶于 20mL 水中，加入 5 滴 6mol·L^{-1} H_2SO_4 酸化，加热使其溶解。在不断搅拌下加入 25mL 饱和 $H_2C_2O_4$，然后将其加热至沸，静置。待黄色的 FeC_2O_4 沉淀完全沉降后，倾去上层清液，再用倾析法洗涤沉淀 2～3 次，每次用水约 15mL。

在上述沉淀中加入 10mL 饱和 $K_2C_2O_4$，在水浴上加热至 40℃，用滴管缓慢地滴加 12mL 质量分数为 5%的 H_2O_2 溶液，边加边搅并维持温度在 40℃左右，此时溶液中有棕色的 $Fe(OH)_3$ 沉淀产生。加完 H_2O_2 后将溶液加热至沸，分两批共加入 8mL 饱和 $H_2C_2O_4$(先加入 5mL，然后慢慢滴加 3mL)，这时体系应该变成亮绿色透明溶液（体积控制在 30mL 左右）。如果体系浑浊可趁热过滤。在滤液中加入 10mL 质量分数为 95%的乙醇，这时溶液如果浑浊，微热使其变清。放置暗处，让其冷却结晶。抽滤，用质量分数为 50%的乙醇溶液洗涤晶体，再用少量的丙酮淋洗晶体两次，抽干，在空气中干燥。称量，计算产率。产物应避光保存。

2. 组成分析

（1）结晶水含量的测定。洗净三个称量瓶，在110℃电烘箱中干燥1h，置于干燥器中冷却，至室温时在电子分析天平上称量。然后再放到110℃电烘箱中干燥0.5h，即重复上述干燥—冷却—称量操作，直至质量恒定（两次称量相差不超过1mg）为止。在分析天平上准确称取三份产品各0.5g（精确至0.1mg）左右，分别放入上述已质量恒定的三个称量瓶中。在110℃电烘箱中干燥1h，然后置于干燥器中冷却，至室温后，称量。重复上述干燥（每次0.5h）—冷却—称量操作，直至质量恒定。根据称量结果计算产品结晶水的质量分数。

（2）草酸根含量的测定。在分析天平上称取三份产物（0.15～0.20g）（精确至0.1mg）分别放入三个锥形瓶中，均加入10mL H_2SO_4（6mol·L^{-1}）和20mL去离子水，微热溶解，加热至75～85℃（即液面冒水蒸气），趁热用已经标定的$KMnO_4$标准溶液滴定至粉红色为终点（保留溶液待下一步分析使用）。根据消耗$KMnO_4$溶液的体积，计算产物中$C_2O_4^{2-}$的质量分数。

（3）铁含量测定。在上述保留的溶液中加入一小匙锌粉，加热近沸，直到黄色消失，将Fe^{3+}还原为Fe^{2+}即可。趁热过滤除去多余的锌粉，滤液收集到另一锥形瓶中，加入5mL H_2SO_4（6mol·L^{-1}）。继续用已经标定的$KMnO_4$标准溶液进行滴定，至溶液呈粉红色。根据消耗$KMnO_4$溶液的体积，计算Fe^{3+}的质量分数。

（4）钾含量确定。由测得H_2O、$C_2O_4^{2-}$、Fe^{3+}的含量可计算出K^+的含量，并由此确定配合物的化学式。

六、数据记录与处理

1. 三草酸合铁（Ⅲ）酸钾的产率。

2. 组成分析。

（1）结晶水含量：$\omega_{结晶水}=\dfrac{m_2-m_0}{m_1-m_0}$。

式中，m_1为干燥前样品＋称量瓶的质量，g；m_0为称量瓶恒定质量，g；m_2为称量瓶加干燥后样品恒定质量，g。

（2）$C_2O_4^{2-}$含量：$\omega_{C_2O_4^{2-}}=\dfrac{c_{KMnO_4}\times V_{KMnO_4}\times\dfrac{5}{2}M_{C_2O_4^{2-}}}{m_{样品}}$。

式中，c_{KMnO_4}为$KMnO_4$标准溶液浓度，mol·L^{-1}；V_{KMnO_4}为滴定$C_2O_4^{2-}$消耗$KMnO_4$溶液的体积，mL；$M_{C_2O_4^{2-}}$为草酸根摩尔质量，g·mol^{-1}；$m_{样品}$为称取样品质量，g。

（3）Fe含量：$\omega_{Fe}=\dfrac{5c_{KMnO_4}\times V_{KMnO_4}\times M_{Fe}}{m_{样品}}$。

式中，c_{KMnO_4}为$KMnO_4$标准溶液浓度，mol·L^{-1}；V_{KMnO_4}为滴定Fe所消耗的$KMnO_4$标准溶液体积，mL；M_{Fe}为铁的摩尔质量，g·mol^{-1}；$m_{样品}$为称取样品质量，g。

七、注意事项

1. 使用试剂时需穿戴防护手套、护目镜、防护服等个人防护装备，避免接触皮肤和眼睛，以免引起刺激或损伤。

2. 在操作前，应仔细阅读试剂说明书，了解试剂的使用方法、注意事项和危险性等信息。

3. 在使用前，应检查试剂的包装是否完好，如有破损或变质现象，应立即停止使用。

4. 使用过程中应避免产生粉尘、气体或溶液飞溅等情况，以免对人体造成污染或伤害。

八、思考题

1. 合成过程中，滴完 H_2O_2 后为什么还要煮沸溶液？

2. 合成产物的最后一步，加入质量分数为 95% 的乙醇，其作用是什么？能否用蒸干溶液的方法来取得产物？为什么？

3. 产物为什么要经过多次洗涤？洗涤不充分对其组成测定会产生怎样的影响？

4. $K_3[Fe(C_2O_4)_3]\cdot 3H_2O$ 可用加热脱水法测定其结晶水含量，含结晶水的物质能否都可用这种方法进行测定？为什么？

实验 40　硫酸四氨合铜（Ⅱ）的制备及组成分析

配套数字资源

预习要点

1. 了解硫酸四氨合铜（Ⅱ）的制备原理。
2. 蒸馏法测定氨的技术。

一、实验目的

1. 了解硫酸四氨合铜（Ⅱ）的制备步骤并掌握其组成的测定方法。
2. 掌握蒸馏法测定氨的技术。
3. 掌握分光光度法测定铜离子的原理和操作方法。

二、实验原理

湖南省铜矿资源丰富，主要分布在湘东北、湘中及湘南地区，如浏阳、平江、衡阳、郴州等地。分光光度法在铜含量测定中具有高灵敏度、高准确性和操作简便等优点，对湖南省铜矿资源的开发与环境保护具有重要作用。该方法能够有效支持资源评估、质量控制和环境保护，推动经济和工业的可持续发展。本实验主要为硫酸四氨合铜（Ⅱ）$\{[Cu(NH_3)_4]SO_4\cdot H_2O\}$ 的制备及组成分析，可有效帮助学生理解配合物的形成及性质，了解铜含量分析对产品质量控制和环境监测的至关重要性。

硫酸四氨合铜（Ⅱ）$\{[Cu(NH_3)_4]SO_4\cdot H_2O\}$ 为深蓝色晶体，主要用于印染、纤维、杀虫剂及制备某些含铜的化合物。本实验以硫酸铜为原料，与过量的 $NH_3\cdot H_2O$ 反应来制备：

$$[Cu(H_2O)_5]^{2+}+4NH_3+SO_4^{2-} \xlongequal{} [Cu(NH_3)_4]SO_4+5H_2O$$

硫酸四氨合铜溶于水，不溶于乙醇，因此在 $[Cu(NH_3)_4]SO_4$ 溶液中加入乙醇，即可析出 $[Cu(NH_3)_4]SO_4 \cdot H_2O$ 晶体。

$[Cu(NH_3)_4]SO_4 \cdot H_2O$ 中的 Cu^{2+}、SO_4^{2-} 及 NH_3 含量可以分别用吸光光度法、重量分析法、酸碱滴定法测定。$[Cu(NH_3)_4]SO_4 \cdot H_2O$ 在酸性介质中被破坏为 Cu^{2+} 及 NH_4^+，加入过量 NH_3 可以形成稳定的深蓝色配离子 $[Cu(NH_3)_4]^{2+}$。根据朗伯-比尔定律：

$$A=kbc$$

式中，A 为吸光度；k 为有色溶液的摩尔吸收系数；c 为试液中有色物质的浓度；b 为液层的厚度。

通过配制一系列已知铜浓度的标准溶液，在一定波长下用分光光度计测定 $[Cu(NH_3)_4]^{2+}$ 溶液的吸光度，绘制标准曲线。由标准曲线法求出 Cu^{2+} 的浓度，从而可以计算出样品中的铜含量。

$[Cu(NH_3)_4]SO_4 \cdot H_2O$ 在碱性介质中被破坏为 $Cu(OH)_2$ 和 NH_3。在加热条件下把氨蒸入过量的标准溶液中，再用标准碱溶液进行滴定，从而准确测定样品中的氨含量。

通过本实验，学生不仅能掌握硫酸四氨合铜的制备和分析方法，还能深入理解其在实际应用和科研中的重要性。

三、实验试剂与器材

试剂：$NH_3 \cdot H_2O$(1∶1、2mol·L^{-1})、$CuSO_4 \cdot 5H_2O$（s,AR)、H_2SO_4(6mol·L^{-1})、HCl 标准溶液（0.1mol·L^{-1})、NaOH(10%、标准溶液)、标准铜溶液（0.0500mol·L^{-1})、乙醇（95%)、甲基红指示剂。

器材：布氏漏斗、抽滤瓶、分析天平、可见分光光度计、吸量管、定氮装置、容量瓶、比色皿、滴定管（碱式)、锥形瓶、烧杯、表面皿、玻璃棒、量筒、真空泵、移液管 。

四、实验流程（图 9.3）

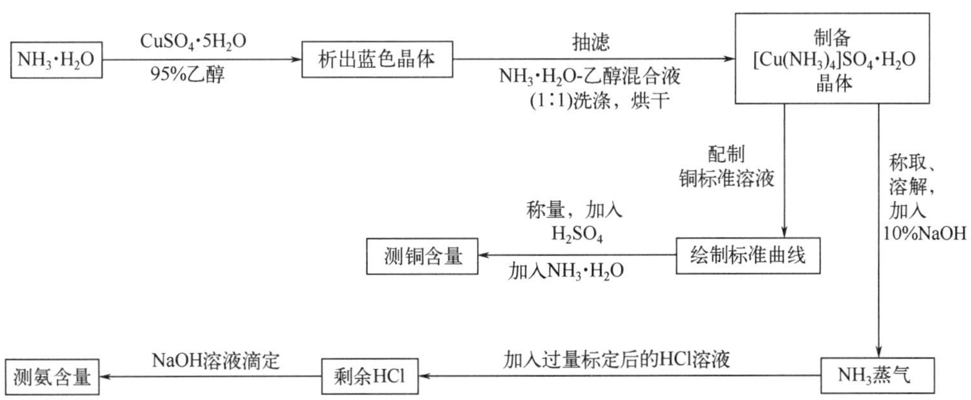

图 9.3　硫酸四氨合铜（Ⅱ）的制备及组成分析

五、实验步骤

1. 硫酸四氨合铜（Ⅱ）的制备

在小烧杯中加入 $NH_3 \cdot H_2O$(1∶1)20mL，在不断搅拌下慢慢加入精制 $CuSO_4 \cdot 5H_2O$ 5g，继续搅拌，使其完全溶解成深蓝色溶液。待溶液冷却后，缓慢加入 20mL 乙醇（95%），即有深蓝色晶体析出。盖上表面皿，静置约 15min，抽滤，并用 1∶1 $NH_3 \cdot H_2O$-乙醇混合液（1∶1 氨水与乙醇等体积混合）淋洗晶体两次，每次用量 2～3mL，将其在 60℃左右烘干，称量。按 $CuSO_4 \cdot 5H_2O$ 的量计算 $[Cu(NH_3)_4]SO_4 \cdot H_2O$ 的产率。评价产品的品质和收率，并分析原因。

2. 硫酸四氨合铜（Ⅱ）的组成测定

（1）铜含量测定。

① $[Cu(NH_3)_4]^{2+}$ 的吸收曲线的绘制。用移液管分别移取 0.0500mol·L^{-1} 标准铜溶液 0mL、2.0mL、4.0mL，注入三个 50mL 容量瓶中，加入 10.00mL 2mol·L^{-1} $NH_3 \cdot H_2O$，用蒸馏水稀释至刻度，摇匀。以试剂空白溶液（即不加标准铜溶液）为参比溶液，用 1cm 比色皿，用分光光度计分别测定 500～680nm 时的吸光度。以吸光度为纵坐标、波长为横坐标，绘制吸收曲线，求出 $[Cu(NH_3)_4]^{2+}$ 的最大吸收波长（λ_{max}）。

② 标准曲线的绘制。用吸量管分别吸取 0.0500mol·L^{-1} 标准铜溶液 0mL、1.00mL、2.0mL、3.0mL、4.00mL、5.0mL，注入六个 50mL 容量瓶中，加入 10mL 2mol·L^{-1} $NH_3 \cdot H_2O$ 溶液后，用蒸馏水稀释至刻度，摇匀。以试剂空白溶液为参比溶液，用 2cm 比色皿，在 $[Cu(NH_3)_4]^{2+}$ 的最大吸收波长（λ_{max}）下，分别测定它们的吸光度。以吸光度为纵坐标、相应的 Cu^{2+} 含量为横坐标，绘制标准曲线。

③ 样品中 Cu^{2+} 含量的测定。准确称取样品 0.2～0.3g（精确至 0.1mg）于小烧杯中，加 5mL 水溶解后，滴加 6mol·L^{-1} H_2SO_4 至溶液从深蓝色变至蓝色（表示配合物已解离），将溶液定量转移至 100mL 容量瓶中，加入蒸馏水稀释至刻度，摇匀。准确吸取样品溶液 10.00mL 置于 50mL 容量瓶中，加 10.00mL 2mol·L^{-1} $NH_3 \cdot H_2O$，用蒸馏水稀释至刻度，摇匀。以试剂空白溶液为参比溶液，用 2cm 比色皿，在 $[Cu(NH_3)_4]^{2+}$ 最大吸收波长（λ_{max}）下测定其吸光度。从标准曲线上求出 Cu^{2+} 含量，并计算样品中铜的含量。

（2）氨含量的测定

氨含量的测定在简易的定氮装置中进行。测定时先准确称取 0.25～0.30g（精确至 0.1mg）样品置于锥形瓶中，加入 80mL 水溶解，然后加入 10.00mL 10%NaOH 溶液。在另一锥形瓶中准确加入 20mL 已知浓度的 HCl 标准溶液。使用蒸氨装置将 NH_3 蒸出。蒸出的氨通过导管被标准 HCl 溶液吸收。约 20min 可将氨全部蒸除。取出并拔掉插入 HCl 溶液中的导管，用少量水将导管内外可能黏附的溶液洗入锥形瓶内。用标准 NaOH 溶液滴定过量的 HCl（以甲基红为指示剂）。根据加入的 HCl 溶液体积及浓度和滴定所用 NaOH 溶液体积及浓度，计算样品中氨的含量。

此过程中反应方程式为：

$$Cu(NH_3)_4SO_4 + 2NaOH \xlongequal{\triangle} CuO\downarrow + 4NH_3\uparrow + Na_2SO_4 + H_2O$$

六、数据记录与处理

1. 铜含量的测定。

(1) 以波长 λ 为横坐标、吸光度 A 为纵坐标，绘制 $[Cu(NH_3)_4]^{2+}$ 的吸收曲线，求最大吸收波长 λ_{max}。

λ/nm	500	520	540	560	580
A(2.00mL)					
A(4.00mL)					
λ/nm	600	620	640	660	680
A(2.00mL)					
A(4.00mL)					

(2) 以 Cu^{2+} 溶液体积为横坐标、吸光度为纵坐标，绘制标准曲线。

V/mL	0.0	1.0	2.0	3.0	4.0	5.0
A						

(3) 记录样品的吸光度，在标准曲线上求 Cu^{2+} 含量，进而计算样品中铜的含量。

2. 氨含量的测定。

(1) 根据加入标准 HCl 溶液的体积及浓度和消耗的标准 NaOH 溶液体积及浓度计算氨的含量。

(2) 根据所称取的样品质量计算吸收氨所需标准 HCl 的理论量。若要求回滴时消耗标准 NaOH 溶液为 20mL 左右，则可计算实际应取标准 HCl 溶液的体积（单位 mL)。

按下式计算 NH_3 含量：

$$\omega_{NH_3}=\frac{(c_1V_1-c_2V_2)\times 17.04g\cdot mol^{-1}}{m_s}$$

式中，c_1 为标定后的 HCl 溶液浓度；V_1 为加入标定后的 HCl 溶液体积；c_2 为剩余的标定后的 HCl 溶液浓度；V_2 为剩余的 HCl 溶液体积。c_2V_2 可根据滴定所用 NaOH 溶液体积及浓度计算而得。

3. 将测得 Cu^{2+}、NH_3 含量与理论值比较，分析误差产生的原因。

七、注意事项

1. 要制得比较纯的 $[Cu(NH_3)_4]SO_4\cdot H_2O$ 晶体，必须注意操作顺序，$CuSO_4$ 要尽量研细，且应充分搅拌，否则可能局部生成 $Cu_2(OH)_2SO_4$，影响产品质量（反应后溶液应无沉淀，透明）。

2. $[Cu(NH_3)_4]SO_4\cdot H_2O$ 生成时放热，在加入乙醇前必须充分冷却，并静置足够时间。如能放置过夜，则能制得较大颗粒的晶体。

3. 废液和固体废物倒入指定容器中。

八、思考题

1. 查阅相关资料，了解除重量法外，还有哪些方法可以测定硫酸根离子的含量？

2. 硫酸四氨合铜中 Cu^{2+} 、NH_3 含量的测定，还可以用哪些方法测定？

实验 41　二草酸根合铜（Ⅱ）酸钾的制备及组成分析

预习要点

配套数字资源

1. 掌握溶解、沉淀、吸滤、蒸发、浓缩等基本操作流程。
2. 了解二草酸根合铜（Ⅱ）酸钾晶体的制备原理及组成。

一、实验目的

1. 进一步掌握溶解、沉淀、吸滤、蒸发、浓缩等基本操作流程。
2. 制备二草酸根合铜（Ⅱ）酸钾晶体。
3. 确定二草酸根合铜（Ⅱ）酸钾的组成。

二、实验原理

二草酸根合铜（Ⅱ）酸钾的制备方法很多，可以由硫酸铜与草酸钾直接混合来制备，也可以由氢氧化铜或氧化铜与草酸氢钾反应制备。本实验由氧化铜与草酸氢钾反应制备二草酸根合铜（Ⅱ）酸钾。$CuSO_4$ 在碱性条件下生成 $Cu(OH)_2$ 沉淀，加热沉淀则转化为易过滤的 CuO。一定量的 $H_2C_2O_4$ 溶于水后加入 K_2CO_3 得到 KHC_2O_4 和 $K_2C_2O_4$ 混合溶液，该混合溶液与 CuO 作用生成二草酸根合铜（Ⅱ）酸钾 $K_2[Cu(C_2O_4)_2]$，经水浴蒸发、浓缩，冷却后得到蓝色 $K_2[Cu(C_2O_4)_2]\cdot 2H_2O$ 晶体。涉及的反应有：

$$CuSO_4+2NaOH = Cu(OH)_2+Na_2SO_4$$

$$Cu(OH)_2 = CuO+H_2O$$

$$2H_2C_2O_4+K_2CO_3 = 2KHC_2O_4+CO_2+H_2O$$

$$2KHC_2O_4+CuO = K_2[Cu(C_2O_4)_2]+H_2O$$

称取一定量试样，在氨水中溶解、定容。取一份试样用 H_2SO_4 中和，并在硫酸溶液中用 $KMnO_4$ 滴定试样中的 $C_2O_4^{2-}$。另取一份试样在 HCl 溶液中加入 PAR 指示剂，在 pH＝6.5～7.5 的条件下，加热近沸，并趁热用 EDTA 滴定至绿色为终点，以测定晶体中的 Cu^{2+}。通过消耗的 $KMnO_4$ 和 EDTA 的体积及其浓度计算 $C_2O_4^{2-}$ 及 Cu^{2+} 的含量。并确定 $C_2O_4^{2-}$ 及 Cu^{2+} 组分比（推算出产物的化学式）。

草酸根合铜酸钾化合物在水中的溶解度很小，但可加入适量的氨水，使 Cu^{2+} 形成铜氨离子而溶解。溶解时 pH 约为 10，溶剂亦可采用 $2mol\cdot L^{-1}$ NH_4Cl 和 $1mol\cdot L^{-1}$ 氨水等体积混合组成的缓冲溶液。

PAR 指示剂属于吡啶基偶氮化合物，即 4-(2-吡啶基偶氮）间苯二酚。结构式为：

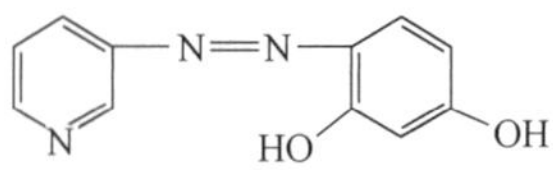

由于它在结构上比 PAN[1-(2-吡啶基偶氮)-2-奈酚] 多些亲水基团，使染料及其螯合物

溶水性强。在 pH＝5～7 对 Cu^{2+} 的滴定有更明显的终点。指示剂本身在滴定条件下显黄色，而 Cu^{2+} 与 EDTA 显蓝色，终点为黄绿色。除 Cu^{2+} 外，PAR 在不同 pH 条件下能作铋、铝、锌、镉、铒、钍、铊等元素的指示剂，终点由红变黄。

三、实验试剂与器材

试剂：NaOH(2mol・L^{-1})、HCl(2mol・L^{-1})、H_2SO_4(3mol・L^{-1})、氨水（1∶1)、$KMnO_4$ 标准溶液（0.01mol・L^{-1})、EDTA 标准溶液（0.02mol・L^{-1})、PAR 指示剂、$CuSO_4 \cdot 5H_2O$（s，AR)、$H_2C_2O_4 \cdot 2H_2O$（s，AR)、无水 K_2CO_3（s，AR)、缓冲溶液(pH＝7)。

器材：台秤、分析天平、烧杯、量筒、吸滤装置、容量瓶、蒸发皿、移液管、酸式滴定管、锥形瓶、滤纸、玻璃棒、酒精灯、石棉网、水浴锅。

四、实验流程（图 9.4、图 9.5）

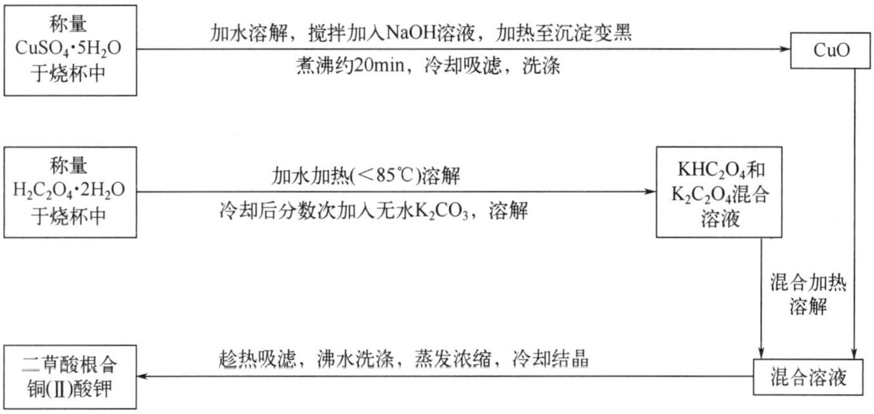

图 9.4　二草酸根合铜的制备

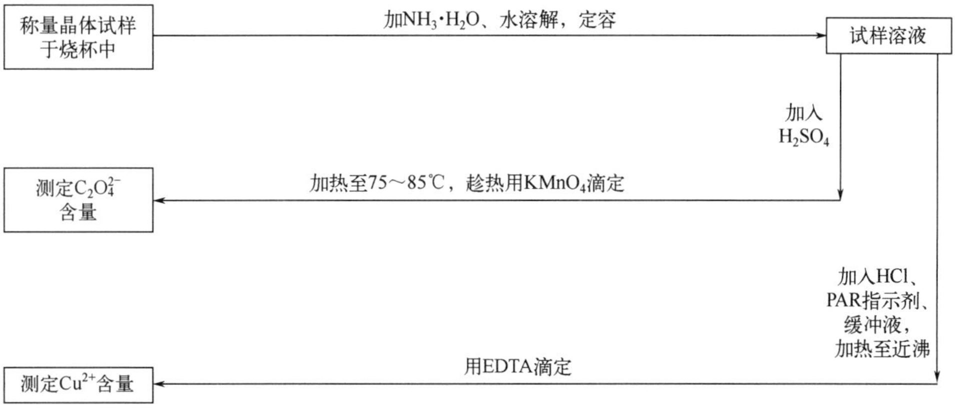

图 9.5　二草酸根合铜的组成分析

五、实验步骤

1. 合成二草酸根合铜（Ⅱ）酸钾

（1）制备氧化铜。称取 2.0g $CuSO_4 \cdot 5H_2O$ 于 100mL 烧杯中，加入 40mL 水溶解，在搅拌下加入 10mL 2mol·L^{-1} NaOH 溶液，小火加热至沉淀变黑（生成 CuO），再煮沸约 20min。稍冷后以双层滤纸吸滤，用少量去离子水洗涤沉淀 2 次。

（2）制备草酸氢钾溶液。称取 3.0g $H_2C_2O_4 \cdot 2H_2O$ 放入 250mL 烧杯中，加入 40mL 去离子水，微热溶解（温度不能超过 85℃，以避免 $H_2C_2O_4$ 分解）。稍冷后分数次加入 2.2g 无水 K_2CO_3，溶解后生成 KHC_2O_4 和 $K_2C_2O_4$ 混合溶液。

（3）制备二草酸根合铜（Ⅱ）酸钾。将含 KHC_2O_4 和 $K_2C_2O_4$ 混合溶液水浴加热，再将 CuO 连同滤纸一起加入该溶液中。水浴加热，充分反应至沉淀大部分溶解（约 30min）。趁热吸滤，用少量沸水洗涤 2 次，将滤液转入蒸发皿中。水浴加热将滤液浓缩到约原体积的 1/2。放置约 10min 后用水彻底冷却。待大量晶体析出后吸滤，晶体用滤纸吸干，称重，计算产率。产品保存，用于组成分析。

2. 产物的组成分析

（1）试样溶液的制备。准确称取合成的晶体试样一份（0.95～1.05g，准确到 0.1mg），置于 100mL 小烧杯中，加入 5mL $NH_3 \cdot H_2O$ 使其溶解，再加入 10mL 水，试样完全溶解后，转移至 250mL 容量瓶中，加水至刻度。

（2）$C_2O_4^{2-}$ 含量的测定。取试样溶液 25mL，置于 250mL 锥形瓶中，加入 10mL 3mol·L^{-1} 的 H_2SO_4 溶液，水浴加热至 75～85℃，在水浴中放置 3～4min。趁热用 0.01mol·L^{-1} 的 $KMnO_4$ 标准溶液滴定至淡粉色，30s 不褪色为终点，记下消耗 $KMnO_4$ 溶液的体积。平行滴定 3 份，计算样品中 $C_2O_4^{2-}$ 含量。

（3）Cu^{2+} 含量的测定。另取试样溶液 25mL，加入 2mol·L^{-1} HCl 溶液 1mL，加入 4 滴 PAR 指示剂，加入 pH＝7 的缓冲溶液 10mL，加热至近沸。趁热用 0.02mol·L^{-1} 的 EDTA 标准溶液滴定至黄绿色，30s 不褪色为终点，记下消耗 EDTA 溶液的体积。平行滴定 3 份，计算样品中铜的含量。

六、结果与讨论

1. $K_2[Cu(C_2O_4)_2] \cdot 2H_2O$ 的产量和产率。

记录实验所得产品的产量及计算出的产率。

项　　目	数　　据
产品质量/g	
理论产量/g	
产率	

按照实验步骤，制得了深蓝色晶体，颜色与 $CuSO_4$ 的蓝色有一定差别。实验所得的产率不高，可能是因为在几次过滤操作中，Cu^{2+} 有一定损失造成的。

2. 计算合成产物的组成。

项　　目	Ⅰ	Ⅱ	Ⅲ
V_{KMnO_4}/mL			
V_{EDTA}/mL			
$\omega_{C_2O_4^{2-}}$/%			
$\overline{\omega}_{C_2O_4^{2-}}$/%			
$C_2O_4^{2-}$ 含量$\overline{d}_r$/%			
ω_{Cu}/%			
$\overline{\omega}_{Cu}$/%			
铜含量$\overline{d}_r$/%			

注：1. 试样中 $C_2O_4^{2-}$ 的质量分数$\omega_{C_2O_4^{2-}}=\dfrac{c_{KMnO_4}\times V_{KMnO_4}\times 88.02\times 250\times 5}{m_{样}\times 1000\times 25.00\times 2}$；

试样中 Cu^{2+} 的质量分数 $\omega_{Cu}=\dfrac{c_{EDTA}\times V_{EDTA}\times 63.55\times 250}{m_{样}\times 1000\times 25.00}$。

2. 进一步计算 Cu^{2+} 和 $C_2O_4^{2-}$ 物质的量之比，确定合成产物的组成。

$$物质的量比=\frac{\omega_{C_2O_4^{2-}}/88.02}{\omega_{Cu}/63.55}$$

七、注意事项

1. 制备草酸氢钾时加热温度不能超过 85℃，以避免 $H_2C_2O_4$ 分解。

2. 制备二草酸合铜（Ⅱ）酸钾趁热抽滤时，若透滤应重新抽滤。

八、思考题

1. 请设计由硫酸铜合成二草酸根合铜（Ⅱ）酸钾的其他方案。

2. 实验中为什么不采用氢氧化钾与草酸反应生成草酸氢钾？

3. $C_2O_4^{2-}$ 和 Cu^{2+} 分别测定的原理是什么？除本实验的方法外，还可以采用什么分析方法？

实验 42　三氯化六氨合钴的制备及组成分析

配套数字资源

预习要点

1. 三氯化六氨合钴（Ⅲ）的制备原理。

2. 三种滴定方法（酸碱滴定、氧化还原滴定、沉淀滴定）的操作要点及注意事项。

一、实验目的

1. 掌握三氯化六氨合钴（Ⅲ）的合成及其组成测定的操作方法。

2. 掌握三种滴定方法（酸碱滴定、氧化还原滴定、沉淀滴定）的操作。

3. 加深理解配合物的形成对三价钴稳定性的影响。

二、实验原理

1. 三氯化六氨合钴（Ⅲ）{$[Co(NH_3)_6]Cl_3$} 配合物的制备原理

钴化合物有两个重要性质：一、二价钴离子的盐较稳定；三价钴离子的盐一般是不稳定的，只能以固态或者配位化合物的形式存在。

显然，在制备三价钴氨配合物时，以较稳定的二价钴盐为原料，氨-氯化铵溶液为缓冲体系，先制成活性的二价钴配合物，然后以过氧化氢为氧化剂，将活性的二价钴氨配合物氧化为惰性的三价钴氨配合物，利用活性炭作催化剂，经过氧化后得：

$$2CoCl_2+10NH_3+2NH_4Cl+H_2O_2 = 2[Co(NH_3)_6]Cl_3\downarrow+2H_2O$$

式中，$[Co(NH_3)_6]Cl_3$ 为橙黄色晶体，20℃时在水中的溶解度为 $0.26mol\cdot L^{-1}$。

2. NH_3 的测定原理

由于三氯化六氨合钴在强酸、强碱（低温）的作用下，基本不反应，只有在沸热的条件下，才与强碱反应。所以试样液加 NaOH 溶液后，加热至沸使三氯化六氨合钴分解，并蒸出氨。蒸出的氨用过量的 2%硼酸溶液吸收，以甲基橙为指示剂，用 HCl 标准液滴定生成的硼酸氨，可计算出氨的含量。

$$[Co(NH_3)_6]Cl_3+3NaOH = Co(OH)_3\downarrow+6NH_3+3NaCl$$

$$NH_3+H_3BO_3 = NH_4\cdot H_2BO_3$$

$$NH_4\cdot H_2BO_3+HCl = H_3BO_3+NH_4Cl$$

3. 钴的测定原理

利用三价钴离子的氧化性，通过碘量法测定钴的含量。

$$[Co(NH_3)_6]Cl_3+3NaOH = Co(OH)_3\downarrow+6NH_3+3NaCl$$

$$Co(OH)_3+3HCl = Co^{3+}+3H_2O$$

$$2Co^{3+}+2I^- = 2Co^{2+}+I_2$$

$$I_2+2S_2O_3^{2-} = 2I^-+S_4O_6^{2-}$$

4. 氯的测定原理

利用莫尔法即在含有 Cl^- 的中性或弱碱性溶液中，以 K_2CrO_4 作指示剂，用 $AgNO_3$ 标准溶液滴定 Cl^-。由于 AgCl 的溶解度比 Ag_2CrO_4 小，根据分步沉淀原理，溶液中先析出 AgCl 白色沉淀。当 AgCl 定量沉淀完全后，稍过量的 Ag^+ 与 CrO_4^{2-} 生成砖红色的 Ag_2CrO_4 沉淀，从而到达指示终点。

终点前：$Ag^++Cl^- = AgCl$(白色)，$K_{sp}=1.8\times10^{-10}$。

终点时：$2Ag^++CrO_4^{2-} = Ag_2CrO_4$(砖红色)，$K_{sp}=2.0\times10^{-12}$。

三、实验试剂与器材

试剂：氨水（28%～30%，ACS)、H_2O_2（5%)、盐酸（浓、$2mol\cdot L^{-1}$、$6mol\cdot L^{-1}$)、$CoCl_2\cdot6H_2O$（s，ACS)、NH_4Cl（s，AR)、硼酸溶液（2%)、活性炭、NaOH 溶液（10%)、乙醇（95%)、KI（s，AR)、冰、$Na_2S_2O_3$ 标准溶液、$AgNO_3$ 标准溶液、淀粉溶液（0.5%)、甲基橙指示剂、甲基红溴甲酚绿指示剂、K_2CrO_4 指示剂（5%)。

器材：分析天平、台秤、水浴加热装置、抽滤装置、凯氏定氮仪、锥形瓶、温度计、碘量瓶、量筒、烧杯、pH 试纸（精密）、滴管、酸式滴定管、电炉。

四、实验流程（图 9.6）

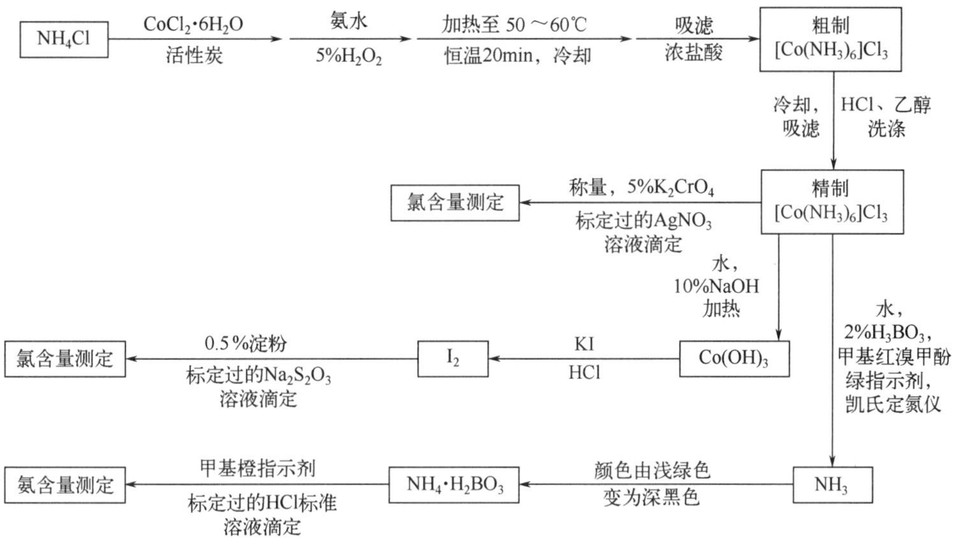

图 9.6　三氯化六氨合钴的制备及其组成的测定

五、实验步骤

1. $[Co(NH_3)_6]Cl_3$ 的合成

在锥形瓶中，将 4.0g NII_4Cl 溶于 8.4mL 水中，加热至沸，再加入 6.0g 研细了的 $CoCl_2 \cdot 6H_2O$ 晶体，使其溶解，然后趁热倾入 0.4g 经活化了的活性炭，混合均匀后，用流水冷却，然后加入 13.5mL 氨水，再冷却至 10℃ 以下，用滴管逐滴加入 13.5mL 5% 的 H_2O_2 溶液。水浴加热至 50～60℃，并在此温度下恒温 20min，并不断摇动锥形瓶。然后用冰水浴冷却至 0℃ 左右，吸滤，不必洗涤沉淀，直接把沉淀溶于 50mL 沸水中（水中含 1.7mL 浓盐酸）。趁热吸滤，慢慢加入 6.7mL 浓盐酸于滤液中，即有大量橙黄色晶体析出。用冰浴冷却后吸滤，晶体用 2mL 2mol·L^{-1} HCl 洗涤，再用少许乙醇洗涤，吸干。称量，计算配合物产率。

2. 氨的测定

（1）用分析天平准确称取约 0.2g 样品（精确至 0.1mg）于 250mL 锥形瓶中，加 50mL 去离子水溶解，另准备 50mL 2% H_3BO_3 溶液于 250mL 锥形瓶中。

（2）在 H_3BO_3 溶液加入 5～6 滴甲基红溴甲酚绿指示剂，将两溶液分别固定在凯氏定氮仪上，开启凯氏定氮仪，氨气开始产生并被 H_3BO_3 溶液吸收，吸收过程中，H_3BO_3 溶液颜色由浅绿色逐渐变为深黑色，当溶液体积达到 100mL 左右时，可认为氨气已被完全吸收（也可利用 pH 试纸检验氨气出口来确定氨气是否被完全蒸出）。

（3）以用 Na_2CO_3 溶液标定准确浓度的 HCl 溶液滴定吸收了氨气的 H_3BO_3 溶液，加入甲基橙指示剂，当溶液颜色由绿色变为浅红色时即为终点。平行测定三份，读取并记录数据，计算氨的含量。

3. 钴含量的测定（碘量法）

用分析天平准确称取约0.2g样品（精确至0.1mg）于250mL锥形瓶中，加20mL水，10mL 10% NaOH溶液，置于电炉微沸加热至无氨气放出（用pH试纸检验）。冷却至室温后加入20mL水，再加入1g KI固体、15mL 6mol·L^{-1} HCl溶液，立即盖上碘量瓶瓶盖。充分摇荡后水封，在暗处反应10min。用已准确标定浓度的$Na_2S_2O_3$溶液滴至浅黄色时，再加入2mL 0.5%淀粉溶液，继续滴至溶液为粉红色即为终点。平行测定三份，计算钴的百分含量，并与理论值比较。

4. 氯的测定

用分析天平准确称取约0.2g样品（精确至0.1mg）于250mL锥形瓶中，用去离子水溶解后，加入1mL 5%的K_2CrO_4溶液作为指示剂，用已准确标定浓度的$AgNO_3$溶液滴定至出现砖红色且不再消失为止，即为终点。平行测定三份，读取数据，计算氯的含量。

六、数据记录与处理

1. $[Co(NH_3)_6]Cl_3$的制备及产率计算。

2. 氨的测定。

项　目	Ⅰ	Ⅱ	Ⅲ
$m_{样品}$/g			
V_{HCl}/mL			
$\bar{c}_{HCl}$/(mol·L^{-1})			
氨含量ω/%			
氨平均含量$\bar{\omega}$/%			
氨含量$\bar{d}_r$/%			

注：NH_3的平均含量 $\bar{\omega}_{NH_3}=\dfrac{\bar{c}_{HCl}\times\bar{V}_{HCl}\times M_{NH_3}}{m_{样品}}$。

式中，$\bar{c}_{HCl}$为标定后的HCl标准溶液平均浓度，mol·L^{-1}；$\bar{V}_{HCl}$为滴定所消耗的HCl标准溶液平均体积，mL；M_{NH_3}为盐酸的摩尔质量，g·mol^{-1}；$m_{样品}$为称取样品的总质量，g。

3. 钴含量的测定。

项　目	Ⅰ	Ⅱ	Ⅲ
$V_{Na_2S_2O_3}$/mL			
$\bar{c}_{Na_2S_2O_3}$/(mol·L^{-1})			
钴含量ω/%			
钴平均含量$\bar{\omega}$/%			
相对平均偏差$\bar{d}_r$/%			

注：Co的平均含量 $\bar{\omega}_{Co}=\dfrac{\bar{c}_{Na_2S_2O_3}\times\bar{V}_{Na_2S_2O_3}\times M_{Co}}{m_{样}}$。

式中，$\bar{c}_{Na_2S_2O_3}$为标定过的$Na_2S_2O_3$平均浓度，mol·L^{-1}；$\bar{V}_{Na_2S_2O_3}$：消耗的$Na_2S_2O_3$标准溶液的体积，mL；M_{Co}为Co的摩尔质量，g·mol^{-1}；$m_{样}$为测定所用的样品质量，g。

4. 氯的测定。

项　　目	Ⅰ	Ⅱ	Ⅲ
V_{AgNO_3}/mL			
$\overline{c}_{AgNO_3}$/(mol·L^{-1})			
氯含量 ω/%			
氯平均含量$\overline{\omega}$/%			
相对平均偏差$\overline{d}_r$/%			

注：Cl 的平均含量：$\overline{\omega}_{Cl}=\dfrac{\overline{c}_{AgNO_3}\times\overline{V}_{AgNO_3}\times M_{Cl}}{m_{样}}$。

式中，$\overline{c}_{AgNO_3}$ 为标定过的 $AgNO_3$ 平均浓度，mol·L^{-1}；$\overline{V}_{AgNO_3}$ 为标定过的 $AgNO_3$ 平均体积，mL；M_{Cl} 为 Cl 的摩尔质量，g·mol^{-1}；$m_{样}$ 为测定所用的样品质量，g。

七、注意事项

1. 在使用试剂或药品前一定要确保其没有失效，对一些试剂要现配现用。
2. 活性炭在使用前一定要充分研磨以提供较大的比表面积。
3. 在进行每一步操作之前一定要确保已经具备了反应所需要的条件。
4. 注意酸碱滴定管使用的注意事项。
5. 注意一些常规药品的保存方法，比如，硝酸银溶液要保存在棕色瓶中。

八、思考题

1. 在 $[Co(NH_3)_6]Cl_3$ 的制备过程中，氯化铵、活性炭、过氧化氢各起什么作用？
2. $[Co(NH_3)_6]^{2+}$ 与 $[Co(NH_3)_6]^{3+}$ 比较，哪个稳定？为什么？

实验 43　葡萄糖酸锌的制备及组成分析

配套数字资源

预习要点

1. 了解葡萄糖酸锌的制备原理和方法。
2. 了解蒸发、浓缩、减压过滤、重结晶等操作。

一、实验目的

1. 掌握葡萄糖酸锌的制备原理和方法。
2. 掌握蒸发、浓缩、减压过滤、重结晶等操作。
3. 了解葡萄糖酸锌的质量分析方法。

二、实验原理

锌是人体必需的微量元素之一，它具有多种生物作用，可参与核酸和蛋白质的合成，能增强人体免疫力，促进儿童生长发育。人体缺锌会造成生长停滞、自发性味觉减退和创伤愈合不良等严重问题，从而引发多种疾病。葡萄糖酸锌作为补锌药，具有见效快、吸收率高、副作用小、使用方便等优点。另外，葡萄糖酸锌作添加剂，在儿童食品、糖果、乳制品中的应用也日益广泛。

葡萄糖酸锌无味，易溶于水，极难溶于乙醇。葡萄糖酸锌由葡萄糖酸直接与锌的氧化物或盐制得。本实验采用葡萄糖酸钙与硫酸锌直接反应：

$$Ca(C_6H_{11}O_7)_2 + ZnSO_4 \longrightarrow Zn(C_6H_{11}O_7)_2 + CaSO_4 \downarrow$$

过滤除去 $CaSO_4$ 沉淀，溶液经浓缩可得无色或白色的葡萄糖酸锌结晶。采用配位滴定法，在 NH_3-NH_4Cl 缓冲液存在下用 EDTA 标准溶液滴定葡萄糖酸锌样品，根据消耗的 EDTA 的体积可计算葡萄糖酸锌的含量。

三、实验试剂与器材

试剂：葡萄糖酸钙、$ZnSO_4 \cdot 7H_2O$（s，AR）、乙醇（95%）、EDTA 二钠盐、ZnO 基准试剂、盐酸（$6mol \cdot L^{-1}$）、NH_3-NH_4Cl 缓冲液（pH=10）、铬黑 T 指示剂、$NH_3 \cdot H_2O$（$3mol \cdot L^{-1}$）。

器材：分析天平、台秤、恒温水浴抽滤装置、蒸发皿、量筒、烧杯、温度计、容量瓶、移液管、酸式滴定管、锥形瓶、滤纸、玻璃棒、试剂瓶。

四、实验流程（图 9.7）

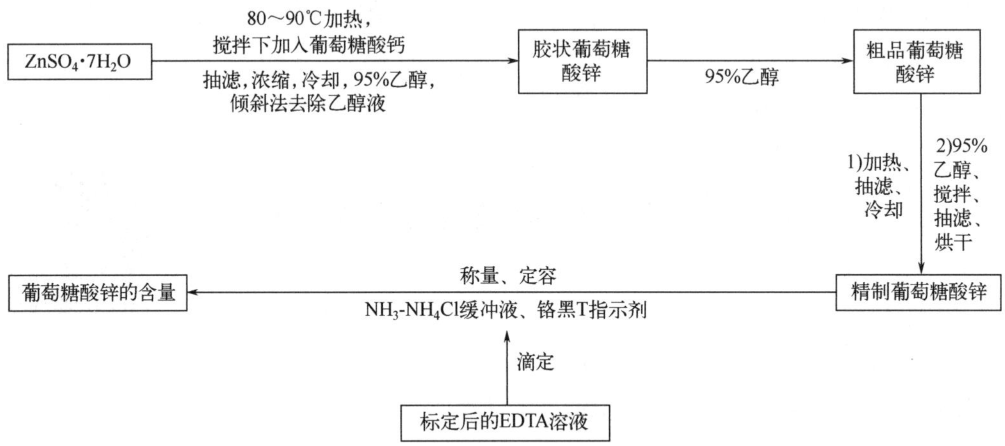

图 9.7 葡萄糖酸锌的制备及组成分析

五、实验步骤

1. 葡萄糖酸锌的制备

量取 40mL 蒸馏水于 150mL 烧杯中，于水浴中加热至 80～90℃，加入 6.7g $ZnSO_4 \cdot 7H_2O$，搅拌使完全溶解，再在不断搅拌下逐渐加入葡萄糖酸钙[1] 10g。在 90℃水浴上静止保温 20min 后，用双层滤纸趁热抽滤（滤渣为 $CaSO_4$，弃去），滤液移至蒸发皿中并在沸水浴上浓缩至黏稠状。冷至室温，加 95%乙醇 20mL 并不断搅拌，此时有大量的胶状葡萄糖酸锌析出。充分搅拌后用倾泻法[2] 去除乙醇液。再在胶状葡萄糖酸锌上加95%乙醇20mL，充分搅拌后沉淀慢慢转变为晶体状，抽滤至干（滤液回收），即得粗品葡萄糖酸锌，称量粗品葡萄糖酸锌质量。

粗品葡萄糖酸锌加水10mL，水浴加热至溶解，趁热抽滤，滤液冷至室温后，加95%乙醇20mL充分搅拌，结晶完成后，抽滤至干，于50℃烘干，称量精制后的葡萄糖酸锌质量并计算产率。

2. 葡萄糖酸锌含量的测定

(1) 0.05mol·L^{-1} EDTA 溶液的配制。在台秤上称取 5.0g EDTA 二钠盐（$Na_2H_2Y \cdot 2H_2O$）溶于250mL水中，保存在试剂瓶中，摇匀。

(2) 0.05mol·L^{-1} EDTA 溶液的标定。准确称取在800℃灼烧至恒重的基准 ZnO 0.9～1.0g，置于小烧杯中，用少量去离子水润湿，逐滴加入 6mol·L^{-1} HCl 至 ZnO 完全溶解，定量转入250mL容量瓶中定容。准确移取锌标准溶液25.00mL置于250mL锥形瓶中，边滴加3mol·L^{-1} $NH_3 \cdot H_2O$ 边摇动锥形瓶至刚出现 $Zn(OH)_2$ 沉淀，再加 NH_3-NH_4Cl 缓冲溶液10mL及铬黑T指示剂2～3滴，摇匀后用EDTA溶液滴定至溶液由紫红色变为纯蓝色，即为终点。记录消耗的EDTA溶液的体积。平行测定三次，按下式计算EDTA溶液的准确浓度：

$$c_{EDTA}=\frac{m_{ZnO}\times\frac{25.00}{250.00}}{M_{ZnO}\times\frac{V_{EDTA}}{1000}}$$

(3) 葡萄糖酸锌含量的测定。准确称取约2.3g（精确至0.1mg）葡萄糖酸锌，加适量蒸馏水溶解后转移至100mL容量瓶中定容，移取25.00mL溶液于250mL锥形瓶中，加10mL氨-氯化铵缓冲液（pH=10.0）、4滴铬黑T指示剂，用EDTA标准溶液（0.05mol·L^{-1}）滴定至溶液自紫红色刚好转变为纯蓝色为止，记录所用EDTA标准溶液的体积（mL）。平行测定三次。

六、数据记录与处理

1. 葡萄糖酸锌的制备。

计算内容	计算结果
粗产品质量/g	
精制产品质量/g	
精制产品产率/%	

2. 葡萄糖酸锌含量的测定。

项　目	Ⅰ	Ⅱ	Ⅲ
葡萄糖酸锌的质量 $m_{Zn(C_6H_{11}O_7)_2}$/g			
$V_{Zn(C_6H_{11}O_7)_2}$/mL	25.00	25.00	25.00
V_{EDTA}/mL			
$\bar{c}_{EDTA}$/mL			

续表

项　　目	Ⅰ	Ⅱ	Ⅲ
葡萄糖酸锌含量 $\omega_{Zn(C_6H_{11}O_7)_2}$/%			
葡萄糖酸锌平均含量 $\overline{\omega}_{Zn(C_6H_{11}O_7)_2}$/%			
相对平均偏差 $\overline{d}_r$/%			

注：葡萄糖酸锌的含量 $\omega_{Zn(C_6H_{11}O_7)_2}=\dfrac{c_{EDTA}\times V_{EDTA}\times M_{Zn(C_6H_{11}O_7)_2}}{m_{Zn(C_6H_{11}O_7)_2}\times\dfrac{25.00}{250.00}}$。

式中，c_{EDTA} 为标定消耗的 EDTA 标准溶液浓度，$mol\cdot L^{-1}$；V_{EDTA} 为标定消耗的 EDTA 标准溶液体积，mL；$M_{Zn(C_6H_{11}O_7)_2}$ 为葡萄糖酸锌的摩尔质量，$g\cdot mol^{-1}$；$m_{Zn(C_6H_{11}O_7)_2}$ 为测定所用的样品质量，g。

七、注意事项

1. 实验制备葡萄糖酸锌时应注意操作环境的清洁和安全，避免阳离子和阴离子污染等因素对实验结果的影响。
2. 确保反应物的摩尔比例适当，以保证反应的进行和产物的纯度。
3. 反应时间要充分，保证充分生成 $CaSO_4$ 沉淀。
4. 使用乙醇重结晶时，开始有胶状物析出不宜搅拌。

八、思考题

1. 在沉淀与结晶葡萄糖酸锌时，都加入 95%乙醇，其作用是什么？
2. 在葡萄糖酸锌的制备中，为什么必须在热水浴中进行？

九、注释

[1] 葡萄糖酸钙摩尔质量：448.39$g\cdot mol^{-1}$。

[2] 倾泻法：该方法是尽量将沉淀保留在烧杯底部，待溶液澄清后，只将澄清液倒出。通常用于所得沉淀的结晶颗粒较大或比重较大，静置后易沉降的固、液间的分离。

实验 44　过碳酸钠的制备及产品质量检验

配套数字资源

预习要点

1. 常温下湿法制备过碳酸钠的原理。
2. 盐析法和醇析法提高过碳酸钠产率的原因。

一、实验目的

1. 掌握常温下湿法制备过碳酸钠的方法。
2. 采用盐析法和醇析法提高过碳酸钠的产率。
3. 学会产品质量的检测方法。

二、实验原理

过碳酸钠是一种新型氧系漂白剂，它集洗涤、漂白、杀菌于一体，无毒无味，漂白性能温和，无环境污染。另外，它还可用作供氧源、食品保鲜剂、氧化剂和金属表面处理剂等。过碳酸钠又名过氧碳酸钠，为碳酸钠和过氧化氢的加成化合物，属于正交晶系层状结构，其分子式为 $2Na_2CO_3 \cdot 3H_2O_2$，相对分子质量为 314.58。在水中的溶解度：10℃时为 $12.3g \cdot (100g H_2O)^{-1}$，30℃时为 $16.2g \cdot (100g H_2O)^{-1}$。随着温度的升高，溶解度也相应地增加。

制备原理：

碳酸钠和双氧水在一定条件下反应生成过碳酸钠，过碳酸钠的理论活性氧含量为15.3%，反应为放热反应，其反应式如下：

$$2Na_2CO_3 + 3H_2O_2 = 2Na_2CO_3 \cdot 3H_2O_2$$

分解原理：

过碳酸钠不稳定，重金属离子或其他杂质污染，高温、高湿等因素都易使其分解，从而降低过碳酸钠活性氧含量，其分解反应式为：

$$2Na_2CO_3 \cdot 3H_2O_2 \xlongequal{\triangle} 2Na_2CO_3 + 3H_2O + O_2 \uparrow$$

过碳酸钠分解后，活性氧分解成 H_2O 和 O_2，使得过碳酸钠活性氧的含量降低，因此，通过测定在不同条件下活性氧的含量及变化，即可研究过碳酸钠的稳定性。

三、实验试剂与器材

试剂：H_2O_2(30%)、硫酸镁（$MgSO_4 \cdot 7H_2O$）（s，AR）、无水 Na_2CO_3(s，AR)、硅酸钠（s，AR）、氯化钠（s，AR）、无水乙醇、H_2SO_4($2mol \cdot L^{-1}$)、HCl(1∶1) 溶液、$KMnO_4$ 标准溶液、$NH_3 \cdot H_2O$(10%)、盐酸羟胺溶液（10%）、HAc-NaAc 缓冲溶液（pH=4.5）、邻菲啰啉溶液（0.2%）。

器材：分析天平、真空泵、烘箱、可见分光光度计、磁力搅拌器及磁子、布氏漏斗、抽滤瓶、移液管、表面皿、锥形瓶、pH 试纸、比色皿、容量瓶、温度计、棕色酸式滴定管、烧杯、量筒、水浴装置。

四、实验流程（图 9.8）

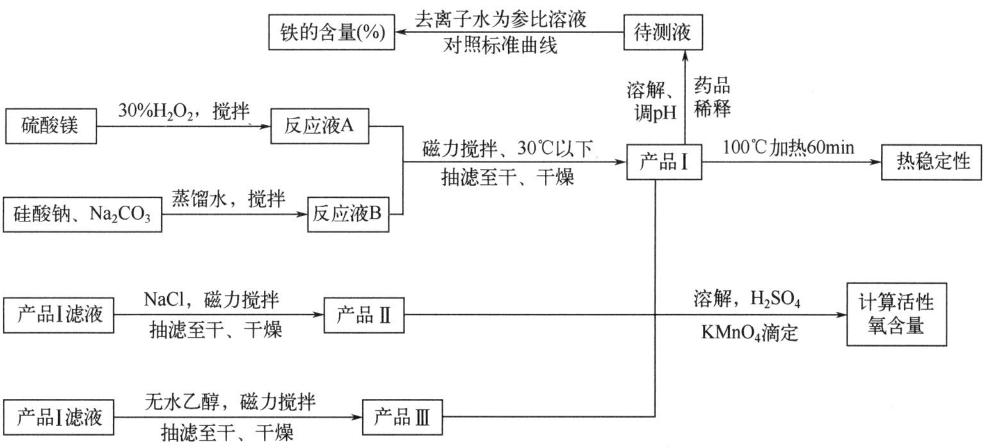

图 9.8　过碳酸钠（$2Na_2CO_3 \cdot 3H_2O_2$）的制备及产品质量检验

五、实验步骤

1. 产品Ⅰ的制备

（1）配制反应液 A：称取 0.15g 硫酸镁于烧杯中，加入 25mL 30%H_2O_2 搅拌至溶解。

（2）配制反应液 B：称取 0.15g 硅酸钠和 15g 无水 Na_2CO_3 于烧杯中，分批加入适量的蒸馏水中，搅拌至溶解。

（3）将反应液 A 分批加入盛有反应液 B 的烧杯中（如有需要可添加少许蒸馏水），不断搅拌，控制反应温度在 30℃以下。待加完后继续搅拌 5min。

（4）利用冰水浴将反应物温度控制在 0～5℃。

（5）反应物转移至布氏漏斗，抽滤至干，滤液定量转移至量筒，记录体积。

（6）产品用适量无水乙醇洗涤 2～3 次，抽滤至干。

（7）产品转移至表面皿中，放入烘箱，50℃干燥 60min。

（8）冷却至室温，即得产品Ⅰ，称量（精确至 0.01g），记录数据，计算产率。

2. 产品Ⅱ的制备

（1）用量筒将产品Ⅰ滤液平均分成两部分（如有沉淀物需搅拌混合均匀），分别放入两个烧杯。

（2）在一个盛有滤液的烧杯中加入 5.0g NaCl 固体，磁力搅拌 5min（如有需要可添加少许蒸馏水）。

（3）随后操作参照产品Ⅰ的制备［从（4）操作开始］，可得产品Ⅱ，称量（精确至 0.01g），记录数据。

3. 产品Ⅲ的制备

（1）在另一个盛有产品Ⅰ滤液的烧杯中，加入 10mL 无水乙醇，磁力搅拌 5min（如有需要可添加少许蒸馏水）。

（2）随后操作参照产品Ⅰ的制备［从（4）操作开始］，可得产品Ⅲ，称量（精确至 0.01g），记录数据。

4. 计算过碳酸钠（产品Ⅰ、Ⅱ和Ⅲ）的总产率

5. 产品质量的检测

（1）活性氧含量的测定。

① 准确称取产品Ⅰ、Ⅱ和Ⅲ 0.2000～0.2200g（精确至 0.1mg），放入 250mL 锥形瓶中，加 50mL 去离子水溶解，再加 50mL 2mol·L^{-1} H_2SO_4。

② 用标定过的 $KMnO_4$ 标准溶液滴定至终点（至溶液呈粉红色并在 30s 内不消失即为终点），记录所消耗 $KMnO_4$ 溶液的体积。

③ 每个产品测定三个平行样品。

④ 计算产品活性氧的含量（%）。

（2）铁含量的测定。

① 准确称取 0.2000～0.2200g（精确至 0.1mg）产品Ⅰ（平行测定三次），置于小烧杯中，用 10mL 去离子水润湿，加 2mL HCl(1：1) 至样品完全溶解。

② 添加去离了水约 10mL，用 10%$NH_3 \cdot H_2O$ 调节溶液的 pH 为 2～2.5。

③ 混合溶液定量转移至 100mL 容量瓶中，加 1mL 10%盐酸羟胺溶液摇匀；放置 5min 后，再加 1mL 0.2%邻菲咯啉溶液和 10mL HAc-NaAc 缓冲溶液（pH=4.5）混合，稀释至

刻度，放置 30min，待测。

④ 以空白试样 9（去离子水）参比溶液，在 510nm 波长处，用 1cm 比色皿测定试液的吸光度，记录数据。

⑤ 对照标准曲线即可算得样品中铁的含量（%）。

(3) 热稳定性的检测。

① 准确称取 0.3000～0.3500g 产品Ⅰ于表面皿上（平行测定三次）。

② 放入烘箱，100℃加热 60min。

③ 冷却至室温，称量（精确至 0.0001g），记录数据。

④ 根据加热前后质量的变化，结合产品Ⅰ的活性氧的测定结果对产品的热稳定性进行讨论。

六、数据记录与处理

1. 计算产品Ⅰ的产率，计算产品Ⅱ和产品Ⅲ的质量。

2. 产品质量的检测。

(1) 活性氧含量的测定。

项　　目	Ⅰ	Ⅱ	Ⅲ
产品Ⅰ/g			
滴定消耗 $KMnO_4$ 体积 $V_{Ⅰ}$/mL			
活性氧含量 $\omega_{Ⅰ}$/%			
活性氧平均含量 $\overline{\omega}_{Ⅰ}$/%			
产品Ⅰ活性氧含量相对平均偏差 $\overline{d}_{rⅠ}$/%			
产品Ⅱ/g			
滴定消耗 $KMnO_4$ 体积 $V_{Ⅱ}$/mL			
活性氧含量 $\omega_{Ⅱ}$/%			
活性氧平均含量 $\overline{\omega}_{Ⅱ}$/%			
产品Ⅱ活性氧含量相对平均偏差 $\overline{d}_{rⅡ}$/%			
产品Ⅲ/g			
滴定消耗 $KMnO_4$ 体积 $V_{Ⅲ}$/mL			
活性氧含量 $\omega_{Ⅲ}$/%			
活性氧平均含量 $\overline{\omega}_{Ⅲ}$/%			
产品Ⅲ活性氧含量相对平均偏差 $\overline{d}_{rⅢ}$/%			

(2) 铁含量的测定。以待测溶液体积为横坐标，吸光度为纵坐标，在 510nm 波长处，用 1cm 比色皿测定试液的吸光度，记录数据并绘制标准曲线。测量样品Ⅰ的吸光度，代入标准曲线求铁的含量。

V/mL	0.0	1.0	2.0	3.0	4.0	5.0
A						

（3）热稳定性的检测。

项　　目	Ⅰ	Ⅱ	Ⅲ
加热前产品Ⅰ质量m_1/g			
加热前产品Ⅰ质量$\overline{m}_1$/g			
加热后产品Ⅰ质量m_2/g			
加热后产品Ⅰ质量$\overline{m}_2$/g			
热稳定性比较			

七、注意事项

1. 制备后的过碳酸钠需要存放在干燥通风的地方，避免潮湿。
2. 制备过程中需要使用专门的设备和工具，避免发生危险。
3. 制备过程中需要严格控制温度，避免反应过程中过热或过冷。

八、思考题

1. 制备过碳酸钠产品时，加入硫酸镁和硅酸钠有什么作用？
2. 要得到高产率和高活性氧的过碳酸钠产品的关键因素有哪些？

实验 45　硅酸盐中二氧化硅及铁、钛、铝等元素的组成分析

预习要点

1. 了解硅酸盐样品的预处理方法，明确不同分解方法的适用条件及注意事项。
2. 熟悉滴定法在复杂样品中组分测定的原理、适用范围等。

配套数字资源

一、实验目的

1. 掌握硅酸盐样品中二氧化硅（SiO_2）及铁（Fe）、钛（Ti）、铝（Al）等元素的化学分析方法，了解其测定原理及实验流程。
2. 理解滴定条件如 pH 控制、指示剂选择等在复杂组分中的应用。
3. 学会复杂试样的分离方法。

二、实验原理

湖南省的水泥资源丰富，主要企业包括湖南南方水泥、华新水泥、中材水泥等。硅酸盐是水泥的主要成分之一，其化学组成对水泥的性能（如强度、耐久性、凝结时间等）有重要影响。硅酸盐水泥中的 SiO_2、Fe_2O_3、Al_2O_3、TiO_2 等元素的含量直接影响水泥的质量。

通过化学分析等方法，可以精确测定这些成分的含量，从而优化水泥生产工艺，提高产品质量。

在分析工作中，某些样品因含有化学性质与待测组分相近或能与待测组分发生反应的物质而干扰测定，当这种干扰严重时，需在测定之前进行分离。常用的分离方法有沉淀分离、萃取分离、挥发和蒸馏分离、色谱分离等。

当弱酸满足 $cK_a \geqslant 10^{-8}$ 时，可用 NaOH 标准溶液直接滴定，化学计量点时溶液呈弱碱性，可选用在碱性范围变色的指示剂。

如果溶液中除了被测离子 M 外，还有干扰离子 N，当用 EDTA 标准溶液测定 M 时，须满足 $\lg(c_M^{sp}K'_{MY}) \geqslant 5$、$\Delta\lg(cK) \geqslant 5$；若不能满足，可采用配位掩蔽、沉淀掩蔽、氧化还原掩蔽等方法降低 N 与 EDTA 配合物的稳定性以消除其干扰。

1. SiO_2 的测定

试样用 K_2CO_3 或 KOH 熔融后，转化成可溶的 K_2SiO_3（硅酸钾），在钾盐存在下，K_2SiO_3 与 HF 作用生成微溶的 K_2SiF_6（硅氟酸钾）：

$$K_2SiO_3 + 6HF = K_2SiF_6 \downarrow + 3H_2O$$

加入固体 KCl 可降低 K_2SiF_6 的溶解度，经过滤、洗涤后，加入 KCl 乙醇溶液，以 NaOH 中和游离酸至酚酞变红，再加沸水使其水解：

$$K_2SiF_6 + 3H_2O = 2KF + H_2SiO_3 + 4HF$$

用 NaOH 滴定水解产生的 HF，即可计算试样中的含量。

2. 铁、铝、钛、钙、镁的测定

因大多数硅酸盐可用 HF 分解，但 F^- 的存在对测定有干扰，需挥发除去，故 HF 通常与 H_2SO_4、HNO_3 或 $HClO_4$ 混合使用。

在铂金坩埚中，用 HF-H_2SO_4 分解试样[1]：

$$SiO_2 + 4HF = SiF_4 \uparrow + 2H_2O$$

试样分解后，再加入 $K_2S_2O_7$ 熔融：

$$K_2S_2O_7 \xlongequal{450℃} K_2SO_4 + SO_3$$

$$Fe_2O_3 + 3SO_3 = Fe_2(SO_4)_3$$

$$Al_2O_3 + 3SO_3 = Al_2(SO_4)_3$$

$$TiO_2 + 2SO_3 = Ti(SO_4)_2$$

钙、镁也转入溶液中[2]。

在 pH＝2～2.5 时，用磺基水杨酸作指示剂，用 EDTA 滴定 Fe^{3+} 然后加入过量 EDTA 标准溶液，使其与 Al^{3+}、Ti^{4+} 充分反应后[3]，以 PAN 为指示剂，用 Cu^{2+} 标准溶液回滴定过量的 EDTA，得到铝、钛的含量。再加入苦杏仁酸，用 Cu^{2+} 标准溶液滴定 TiY 置换出 Y，得到钛的含量，计算得铝的含量。

用三乙醇胺和酒石酸钾钠掩蔽 Fe^{3+}、Al^{3+}、Ti^{4+}、Mn^{4+}，不经分离可分别测定钙和镁的含量。

三、实验试剂与器材

试剂：无水 Na_2CO_3(s，AR)、KCl(s，AR)、浓 HNO_3、稀 HNO_3(1∶20)、KF 溶液(15%)、KCl(5%)、酚酞指示剂、KCl-乙醇溶液（5%）、NaOH 标准溶液（0.15mol·L^{-1}）、H_2SO_4(1∶1)、HF 溶液（30%）、固体 $K_2S_2O_7$、磺基水杨酸指示剂（10%）、PAN 指示剂（0.3%）、EDTA 标准溶液（0.025mol·L^{-1}）、$CuSO_4$ 标准溶液（0.025mol·L^{-1}）、HAc-NaAc 缓冲溶液（pH=4.2）、酒石酸钾钠溶液（10%）、三乙醇胺溶液（1∶2）、苦杏仁酸溶液（5%）、NaOH 溶液（20%）NaS、NH_3-NH_4Cl 缓冲溶液（pH=10）、钙指示剂、酸性铬蓝 K-萘酚绿 B 指示剂（1∶25）、$NH_3·H_2O$(1∶1)。

器材：铂金坩埚、坩埚钳、喷灯、容量瓶、pH 试纸、移液管、分析天平、滴定管、塑料杯、玻璃棒、快速滤纸、烧杯。

四、实验流程（图 9.9、图 9.10、图 9.11）

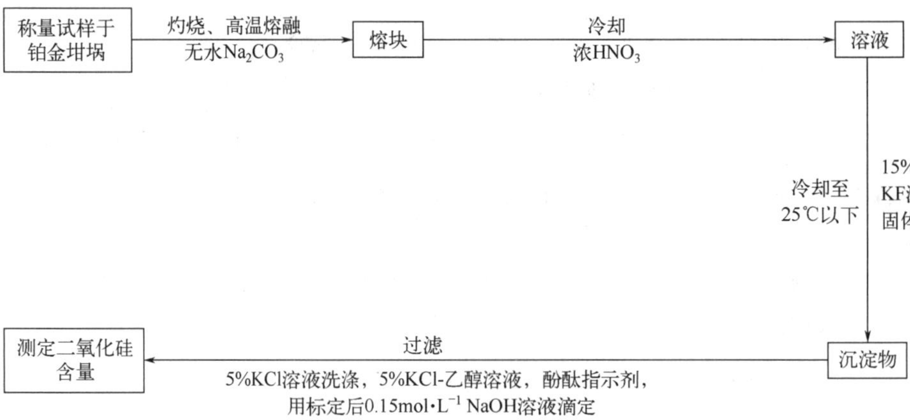

图 9.9　二氧化硅的测定

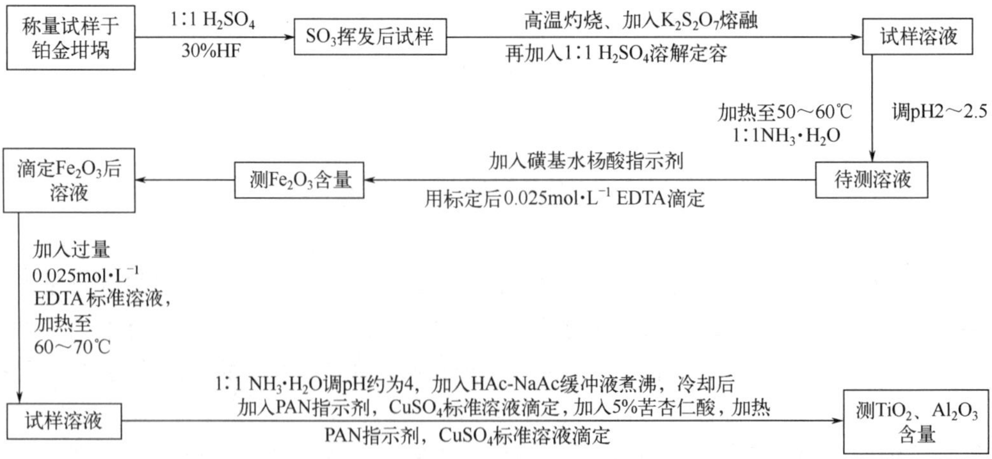

图 9.10　铁、钛、铝的测定

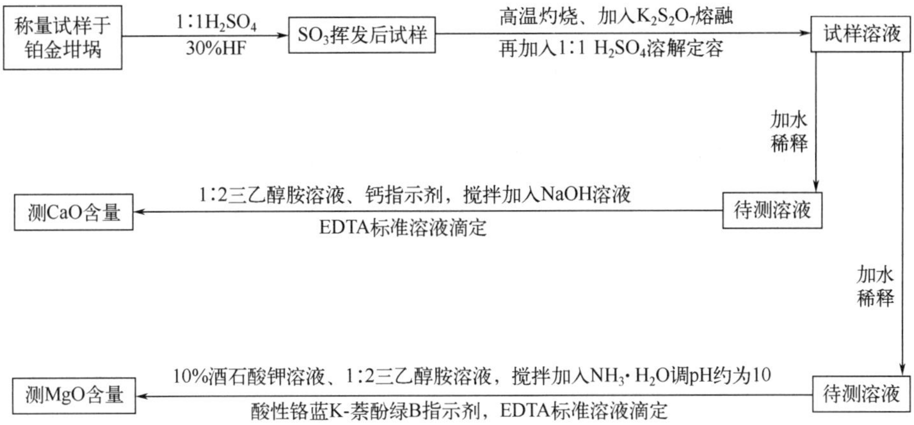

图 9.11　钙、镁的测定

五、实验步骤

1. SiO_2 的测定

准确称取约 0.1g 试样[4] 于铂金坩埚中，置喷灯上灼烧数分钟[5]，加 8～10 倍试样重的无水 Na_2CO_3，用玻璃棒搅匀，置喷灯上先以小火将试样熔化，再逐渐升高温度熔融 3～5min，冷却后，用少量热水浸取熔块于 300mL 塑料杯中，然后加入 15mL 浓 HNO_3[6] 使其溶解，坩埚以数滴 1∶20 稀 HNO_3 和热水洗净，此时溶液体积约 40mL。冷却后，加入 15% KF 溶液、10mL 固体 KCl 约 29g（应达到过饱和）[7]，充分冷却至 25 ℃以下（防止沉淀水解），静置片刻，使沉淀完全。用快速滤纸过滤，烧杯与沉淀用 5% KCl 水溶液洗涤 2～3 次[8]，将滤纸连同沉淀取出置于原烧杯中，沿杯壁加入 10mL 5% KCl-乙醇溶液和 20 滴酚酞指示剂，用 0.15mol・L^{-1} NaOH 标准溶液中和未洗尽的酸。仔细搅拌滤纸及沉淀，直至酚酞变红。再加 200mL 沸水（预先用 NaOH 中和至酚酞变微红），用 0.15mol・L^{-1} NaOH 标准溶液滴定至溶液呈微红色[9]，即为终点。终点时溶液温度应保持在 70℃以上。

做空白试验，以消除水和试剂中杂质带入的微量 H_2SiO_3 引起的误差。

SiO_2 的质量分数为：

$$\omega_{SiO_2}=\frac{(cV)_{NaOH}\times 60.09}{4\times m_{样品}}$$

2. 铁、钛、铝、钙、镁的测定

（1）试样的分解。准确称取约 0.4g 试样于铂金坩埚中，用少量水润湿，加 4～5 滴 1∶1 H_2SO_4、3～4mL 30% HF，边摇边加热，至冒出 SO_3 白烟后，逐渐升高温度，将白烟赶尽后再高温灼烧 4～5min。将残渣用 4～5g $K_2S_2O_7$ 熔融，熔块用热水提取至 250mL 烧杯中，加 1mL 1∶1 H_2SO_4 用水稀释至约 100mL，加热至熔块溶解后，取下，冷却，然后移入 250mL 容量瓶中，用水稀释至标线，摇匀。

（2）铁、铝、钛的测定。

① Fe_2O_3 的测定[10]。移取 100mL 试样溶液于 300mL 烧杯中，加热至 50～60℃，用 1∶1 NH_3・H_2O 调节溶液的 pH 为 2～2.5（用 pH 试纸检验）。加 10 滴磺基水杨酸指示剂，在不断搅拌下，用 0.025mol・L^{-1} EDTA 标准溶液滴定至溶液由红色变为淡紫色，继

续慢滴至溶液变为亮黄色，即为终点。

$$\omega_{Fe_2O_3}=\frac{T_{Fe_2O_3}\times V_{EDTA}}{\frac{试样质量\times 100}{250}}$$

式中，T 为 1mL EDTA 标准溶液相当于 Fe_2O_3 的质量，$g \cdot mL^{-1}$。

② TiO_2、Al_2O_3 的测定。在滴定铁后的溶液中加入 $0.025mol \cdot L^{-1}$ EDTA 标准溶液 V(mL)（对铝和钛的总量而言则过量 10～15mL）[11,12] 加热至 60～70℃，用 1∶1 $NH_3 \cdot H_2O$ 调节至 pH 约为 4，加入 10mL pH＝4.2 的 HAc-NaAc 缓冲溶液，煮沸 2～3min。冷却后，加入 4～5 滴 PAN 指示剂，用 $0.025mol \cdot L^{-1}$ $CuSO_4$ 标准溶液滴定至溶液呈紫红色，消耗 $CuSO_4$ 溶液 V_1（mL）然后加入 5%苦杏仁酸溶液 15mL，继续加热至沸，维持约 1min，稍冷后，加入 1 滴 PAN 指示剂，用 $CuSO_4$ 标准溶液滴定至呈紫红色，消耗 $CuSO_4$ 溶液 V_2(mL)。

$$\omega_{TiO_2}=\frac{T_{TiO_2}\times V_2\times K}{\frac{试样质量\times 100}{250}}$$

$$\omega_{Al_2O_3}=\frac{T_{Al_2O_3}\times[V-(V_1+V_2)\times K]}{\frac{试样质量\times 100}{250}}$$

式中，T_{TiO_2} 为 1mL EDTA 标准溶液相当于 TiO_2 的质量，$g \cdot mL^{-1}$；$T_{Al_2O_3}$ 为 1mL EDTA 标准溶液相当于 Al_2O_3 的质量，$g \cdot mL^{-1}$；K 为 1mL $CuSO_4$ 标准溶液相当于 EDTA 标准溶液的体积，mL。

（3）CaO、MgO 的测定。

① CaO 的测定。移取 50.00mL 试样溶液于 300mL 烧杯中，用水稀释至约 200mL，加入 5mL 1∶2 三乙醇胺溶液，加少许钙指示剂，在搅拌下加入 20% NaOH 溶液至溶液呈蓝色，再过量 3～5mL，用 $0.025mol \cdot L^{-1}$ EDTA 标准溶液滴定至溶液由红色变为纯蓝。消耗溶液的体积为 V_1(mL)（若蒸馏水中含 Cu^{2+}，将封闭指示剂，应加少量 Na_2S 使其生成 CuS 沉淀）。

$$\omega_{CaO}=\frac{T\times V_1}{\frac{试样质量\times 50}{250}}$$

式中，T 为 1mL EDTA 标准溶液相当于 CaO 的质量，$g \cdot mL^{-1}$。

② MgO 的测定。移取 50.00mL 试样溶液于 300mL 烧杯中，用水稀释至约 200mL，加入 1mL 10%酒石酸钾钠溶液、5mL 1∶2 三乙醇胺溶液，在搅拌下加入 $NH_3 \cdot H_2O$ 使溶液的 pH 约为 10（用 pH 试纸检验）；加入 20mL NH_3-NH_4Cl 缓冲溶液，再加入约 0.1g 酸性铬蓝 K-萘酚绿 B 指示剂，用 $0.025mol \cdot L^{-1}$ EDTA 标准溶液滴定至溶液由红色变为亮蓝色，消耗溶液的体积为 V_2（mL）。

$$\omega_{MgO}=\frac{T\times(V_2-V_1)}{\frac{试样质量\times 50}{250}}$$

式中，T 为 1mL EDTA 标准溶液相当于 MgO 的质量，$g \cdot mL^{-1}$。

六、数据记录与处理

1. SiO_2 含量的测定与计算。
2. Fe_2O_3、TiO_2、Al_2O_3、CaO、MgO 含量的测定与计算。

七、注意事项

1. 掩蔽剂的加入顺序不能颠倒，否则在调节 pH 的过程中会形成 $Al(OH)_3$ 沉淀。
2. 用铂金坩埚熔融试样时应烧尽有机物以避免其侵蚀铂金坩埚。
3. 制备 SiO_2 测定试液时浓 HNO_3 应一次倒入，以防生成多聚硅酸，使结果偏低。

八、思考题

1. EDTA 测定 Fe^{3+}、Al^{3+}、Ti^{3+} 时，各应控制什么样的酸度范围？
2. 测定 Ca^{2+}、Mg^{2+} 时，Fe^{2+}、Al^{2+} 的干扰还可采用哪些方法消除？

九、注释

[1] H_2SO_4 应适当过量，既可防止 SiF_4 水解，又可加速 SiO_2 的分解，并将 F^- 完全除尽。另外，在浸取熔融物时，需有一定的硫酸酸度以防止钛盐水解析出偏钛酸（H_2TiO_3）。

[2] 若试样中含钙量较高，易形成 $CaSO_4$ 沉淀，可适当增加溶液体积，并适当加入浓 HNO_3。

[3] 铝和钛与 EDTA 的配位反应速率均很慢，Ti^{4+} 很容易水解，需在过量 EDTA 存在下，较长时间地加热煮沸才能反应完全。

[4] 试样称取量可根据 SiO_2 的含量（表 9.1）而定：

表 9.1　试样称取量

SiO_2 含量/%	＞50%	20%～50%	＜20%
试样称取量/g	0.1g 左右	0.15～0.2g	0.3g 左右

[5] 烧尽有机物以避免其侵蚀铂金坩埚。

[6] 浓 HNO_3 应一次倒入，以防生成多聚硅酸，使结果偏低。

[7] 加入 KCl 的量应过饱和，否则结果偏低；但也不能过量太多，以免生成钾冰晶石沉淀（K_3AlF_6），使结果偏高。

[8] 洗涤次数太多，会使沉淀水解，但如果 KCl 过饱和太多时，则需在过滤时用倾泻法反复洗涤沉淀，直至 KCl 完全溶解，否则酸不易洗净，使结果偏高。

[9] 终点颜色不能过深，否则 K_2SiF_6 沉淀水解后生成的硅酸也被滴定。

$$K_2SiF_6 + 3H_2O \xlongequal{} H_2SiO_3 + 2KF + 4HF$$

$$H_2SiO_3 + 2NaOH \xlongequal{} Na_2SiO_3 + 2H_2O$$

[10] 若试样中含有 FeO，可加入 HNO_3 数滴使 Fe(Ⅱ) 变为 Fe(Ⅲ)，因为 Fe(Ⅱ) 与 EDTA 配合物的稳定性小，且 Fe(Ⅱ) 与指示剂不显色。

[11] EDTA 过量的多少和指示剂的加入量对终点颜色有很大影响，当 EDTA 过量多，

指示剂加入量少时，终点呈蓝色或蓝灰色；当 EDTA 过量少且指示剂加入量多时，终点呈红色；只有当 EDTA 过量适当（0.025～0.03mol·L^{-1} EDTA 过量 10mL），指示剂加入量适当时，才可得到明显的紫红色终点。

[12] 掩蔽剂的加入顺序不能颠倒，否则在调节 pH 的过程中会形成 $Al(OH)_3$ 沉淀。

附录

附录 1　标准溶液的配制和标定

1. 直接配制的标准溶液

编号	标准溶液	配制方法
Ⅰ	$0.05000mol \cdot L^{-1}$ Na_2CO_3 溶液	5.300g 基准 Na_2CO_3 溶于去 CO_2 的蒸馏水中稀释至 1L(容量瓶)
Ⅱ	$0.05000mol \cdot L^{-1}$ $Na_2C_2O_4$	6.700g 基准 $Na_2C_2O_4$，用蒸馏水溶解，稀释至 1L(容量瓶)
Ⅲ	$0.01700mol \cdot L^{-1}$ $K_2Cr_2O_7$	5.001g 基准 $K_2Cr_2O_7$ 溶于蒸馏水，稀释至 1L(容量瓶)
Ⅳ	$0.02500mol \cdot L^{-1}$ As_2O_3	4.946g 基准 As_2O_3、15g Na_2CO_3 在加热下溶于 150mL 蒸馏水中，加 25mL $0.5mol \cdot L^{-1}$ H_2SO_4，稀释至 1L(容量瓶)
Ⅴ	$0.01700mol \cdot L^{-1}$ KIO_3	3.638g KIO_3 溶于蒸馏水，稀释至 1L(容量瓶)
Ⅵ	$0.01700mol \cdot L^{-1}$ $KBrO_3$	2.839g 基准 $KBrO_3$，溶于蒸馏水，稀释至 1L(容量瓶)
Ⅶ	$0.1000mol \cdot L^{-1}$ NaCl	5.844g 基准 NaCl 溶于蒸馏水，稀释至 1L(容量瓶)
Ⅷ	$0.01000mol \cdot L^{-1}$ $CaCl_2$	一级 $CaCO_3$ 在 110℃ 下干燥，称取 1.001g，用少量稀 HCl 溶解，煮沸赶去 CO_2，稀释至 1L(容量瓶)
Ⅸ	$0.01000mol \cdot L^{-1}$ $ZnCl_2$	0.6538g 基准 Zn 加少量稀 HCl 溶解，加几滴溴水，煮沸赶去过剩的溴，稀释至 1L(容量瓶)
Ⅹ	$0.1000mol \cdot L^{-1}$ 邻苯二甲酸氢钾	20.423g 基准邻苯二甲酸氢钾溶于去 CO_2 的蒸馏水中，稀释至 1L(容量瓶)

2. 需要标定的标准溶液

编号	标准溶液	配制方法	标定方法
		酸碱滴定	
1	0.1mol·L^{-1} HCl	浓 HCl 10mL 加水稀释至 1L	取[Ⅰ]25mL，用本溶液滴定，指示剂为甲基橙，近终点时煮沸赶走 CO_2，冷却，滴定至终点
2	0.05mol·L^{-1} H_2CrO_4	6.4g H_2CrO_4·$2H_2O$ 加水稀释至 1L	用本表中(3)滴定，指示剂：酚酞
3	0.1mol·L^{-1} NaOH	5g 分析纯 NaOH 溶于 5mL 蒸馏水中，离心沉降，用干燥的滴管取上层清液，用去 CO_2 的蒸馏水稀释至 1L	准确称取 2.0～2.5g 基准氨基磺酸，用容量瓶稀释至 250mL，取 25mL，用本溶液滴定，指示剂：甲基橙。或：取[Ⅹ]25mL，加热至沸加 1～2 滴 1%酚酞指示剂，用本溶液滴定
		氧化还原滴定	
4	0.02mol·L^{-1} $KMnO_4$	约 3.3g $KMnO_4$，溶于 1L 蒸馏水中，煮沸 1～2h，放置过夜，用四号玻璃砂芯漏斗过滤，贮于棕色瓶中，暗处保存	取[Ⅱ]25mL 加水 25mL、9mol·L^{-1} H_2SO_4 10mL，加热到 60～70℃，用本溶液滴定，近终点时逐滴加入至微红，30s 不褪色为止
5	0.1mol·L^{-1} $FeSO_4$	28g $FeSO_4$·$7H_2O$ 加水 300mL、浓 H_2SO_4 30mL，稀释至 1L	取本溶液 25mL，加 25mL 0.5mol·L^{-1} H_2SO_4、5mL 85% H_3PO_4，用本表中(4)滴定
6	0.1mol·L^{-1} $(NH_4)_2Fe(SO_4)_2$	40g $(NH_4)_2Fe(SO_4)_2$·$6H_2O$ 于 300mL 2mol·L^{-1} H_2SO_4 中，稀释至 1L	标定方法同(5)
7	0.05mol·L^{-1} I_2	12.7g I_2 加 40g KI，溶于蒸馏水，稀释至 1L	a. 本溶液 25mL，用本表中(9)滴定，指示剂：淀粉 b. 取[Ⅳ]25mL，稀释一倍，加 1g $NaHCO_3$，用本溶液滴定，指示剂：淀粉
8	0.1mol·L^{-1} $Na_2S_2O_3$	25g $Na_2S_2O_3$·$5H_2O$ 用煮沸冷却后的蒸馏水 1L 溶解，加入少量 Na_2CO_3，贮于棕色瓶中，放置 1～2 天后标定	25mL[Ⅲ]加 5mL 3mol·L^{-1} H_2SO_4、2g KI，以本溶液滴定，指示剂：淀粉(要进行空白试验)
9	0.1mol·L^{-1} $Ce(SO_4)_2$	42g $Ce(SO_4)_2$·$4H_2O$ 加水 50mL、浓 H_2SO_4 30mL，稀释至 1L	取本表中(5)或(6)加 5mL H_3PO_4 用本溶液滴定，指示剂：邻菲咯啉-Fe(Ⅱ)
10	0.05mol·L^{-1} $K_3Fe(CN)_6$	17g $K_3Fe(CN)_6$ 溶于水，稀释至 1L，暗处保存	取本溶液 50mL 加 2g KI、5mL 4mol·L^{-1} HCl，用本表中(8)滴定生成的 I_2
11	0.1mol·L^{-1} $NaNO_2$	称取 7.2g $NaNO_2$、0.1g NaOH 及 0.2g 无水 Na_2CO_3，溶于 1L 水中	准确称量 0.55～0.60g 氨基磺酸基准试剂，溶于 200mL 水及 3mL NH_3·H_2O 中，加 20mL HCl 及 1g KBr，冷却，保持温度 0～5℃，用本溶液滴定，近终点时，取出一小滴溶液，以 KI-淀粉试纸试验，至产生明显蓝色，放置 5min，再试之仍产生明显蓝色，即为终点
12	0.05mol·L^{-1} $NaHSO_3$	5.2g $NaHSO_3$ 溶于水，稀释至 1L	取本表中(7)50mL，加本溶液 25mL，放置 5min，加入 1mL 浓 HCl，用(8)返滴过剩的 I_2。指示剂：淀粉

续表

编号	标准溶液	配制方法	标定方法
		氧化还原滴定	
13	0.05mol·L^{-1} $SnCl_2$	80mL浓HCl加4～5g $CaCO_3$赶走空气，加入12g $SnCl_2$·$2H_2O$，稀释至1L	20mL[Ⅴ]加2mL浓HCl，立即用本溶液滴定。指示剂：淀粉
14	0.05mol·L^{-1} 抗坏血酸	8.806g抗坏血酸溶于水，稀释至1L，加0.5g EDTA作稳定剂，在CO_2气氛中保存	20mL[Ⅴ]加1g KI，5mL 2mol·L^{-1} HCl，用本溶液滴定至颜色消失(不必加淀粉指示剂)
		沉淀滴定	
15	0.1mol·L^{-1} $AgNO_3$	17g $AgNO_3$，加水溶解，稀释至1L，贮于棕色瓶中，放置暗处保存	25mL[Ⅶ]加25mL水、5mL 2%的糊精，用本溶液滴定，指示剂：荧光黄
16	0.1mol·L^{-1} KSCN	9.7g KSCN溶于煮沸并冷却的水中，稀释至1L	取本表中(15)25mL，加入5mL 6mol·L^{-1} HNO_3，用本溶液滴定。指示剂：$(NH_4)Fe(SO_4)_2$·$12H_2O$饱和溶液1mL
17	0.1mol·L^{-1} NH_4SCN	8g NH_4SCN溶于水，稀释至1L	滴定方法同(16)
18	0.1mol·L^{-1} $Hg(NO_3)_2$	34g $Hg(NO_3)_2$·$1/2H_2O$加5mL 6mol·$L^{-1}$$HNO_2$，加水溶解，稀释至1L	取本溶液25mL，加入5mL 3mol·L^{-1} H_2SO_4，在20℃以下用(16)滴定。指示剂：$(NH_4)Fe(SO_4)_2$·12 H_2O饱和溶液1mL
19	0.1mol·L^{-1} $K_4Fe(CN)_6$	42g $K_4Fe(CN)_6$·3 H_2O溶于水，稀释至1L，贮于棕色瓶中，暗处保存	准确称取基准锌0.15～0.20g，用8mol·L^{-1} HCl溶解，用6mol·L^{-1} NH_3·H_2O中和，滴加8mol·L^{-1} HCl至微酸性后，再加入3mL，然后加水200mL，煮沸冷却，用本溶液滴定，外部指示剂：钼酸铵溶液
		配位滴定	
20	0.01mol·L^{-1} EDTA	3.8g EDTA·2Na·$2H_2O$溶于水，稀释至1L	25mL[Ⅷ]或[Ⅸ]，加1mol·L^{-1} NaOH中和，加3mL pH=10的缓冲溶液(70g NH_4Cl、570mL NH_3·H_2O稀释至1L)、1mL 0.1mol·L^{-1}EDTA，用本溶液滴定，指示剂：铬黑T
21	0.01mol·L^{-1} $CaCl_2$	1.1g无水$CaCl_2$溶于水，稀释至1L	滴定方法同(20)，用(20)滴定
22	0.01mol·L^{-1} $MgCl_2$	1.0g无水$MgCl_2$溶于水，稀释至1L	本溶液10mL，用水稀释至50mL，加入2mL pH=10的缓冲液，用(20)滴定，指示剂：铬黑T

附录2 特殊试剂的配制

1. 甲基橙-二甲苯腈蓝FF混合指示剂（也称遮蔽指示剂，变色点3.8）。称取甲基橙1.0g，用500mL水完全溶解。另称取1.8g蓝色染料二甲苯腈蓝FF，用500mL乙醇完全溶解，然后将两种指示剂混合均匀。取2滴指示剂用于酸碱滴定，检查是否有明显的颜色变化。如终点呈蓝灰色，可在原指示剂中滴加甲基橙（质量分数为0.001）少许；如终点呈灰

绿色稍带红，可滴加少许蓝色染料。调至有敏锐的终点（即从碱性变到酸性由绿色变为淡灰或无色）后，贮存于棕色瓶中。

2. 酚酞指示剂（质量分数为0.01）。溶解1g酚酞于90mL乙醇与10mL水的混合液中。

3. 百里酚蓝和甲酚红混合指示剂。取3份质量分数为0.001的百里酚蓝乙醇溶液与1份质量分数为0.001甲酚红溶液混合均匀（在混合前一定要溶解完全）。

4. 淀粉溶液（质量分数为0.005）。在盛有5g可溶性淀粉与100mg氯化锌的烧杯中，加入少量水，搅匀。把得到的糊状物倒入约1L正在沸腾的水中，搅匀并煮沸至完全透明。淀粉溶液最好现配现用。

5. 二苯胺磺酸钠（质量分数为0.005）。称取0.5g二苯胺磺酸钠溶解于100mL水中，如溶液混浊，可滴加少量HCl溶液。

6. 铬黑T指示剂。1g铬黑T与100g无水Na_2SO_4固体混合，研磨均匀，放入干燥的磨口瓶中，保存于干燥器内。该指示剂也可配成质量分数为0.005的溶液使用，配制方法如下：0.5g铬黑T加10mL三乙醇胺和90mL乙醇，充分搅拌使其溶解完全。配制的溶液不宜久放。

7. 钙指示剂。钙指示剂与固体无水Na_2SO_4，以2∶100比例混合，研磨均匀，放入干燥棕色瓶中，保存于干燥器内。或配成质量分数为0.005的溶液使用（最好用新配制的）。配制方法与铬黑T类似。

8. 甲基红（质量分数为0.001）。溶0.1g甲基红于60mL乙醇中，加水稀释至100mL。

9. 镁试剂Ⅰ。溶0.001g（对硝基苯偶氮）间苯二酚于100mL $1mol \cdot L^{-1}$ NaOH溶液中。

10. 铝试剂（质量分数为0.002）。溶0.2g铝试剂于100mL水中。

11. 奈斯勒试剂。将11.5g HgI_2及8g KI溶于水中稀释至50mL，加入$6mol \cdot L^{-1}$ NaOH 50mL，静置后取清液贮于棕色瓶中。

12. 醋酸铀酰锌。溶解10g $UO_2(Ac)_2 \cdot 2H_2O$于6mL质量分数为0.30的HAc中，略微加热使其溶解，稀释至50mL（溶液A）。另溶解30g $Zn(Ac)_2 \cdot 2H_2O$于6mL质量分数为0.30的HAc中，溶解后稀释到50mL（溶液B）。将这两种溶液加热至70℃后混合，静置24h，取其澄清溶液贮于棕色瓶中。

13. 钼酸铵试剂（质量分数为0.05）。5g $(NH_4)_2MoO_4$加5mL浓HNO_3，加水至100mL。

14. 磺基水杨酸（质量分数为0.10）。10g磺基水杨酸溶于65mL水中，加入35mL $2mol \cdot L^{-1}$ NaOH，摇匀。

15. 铁铵矾[$NH_4Fe(SO_4)_2 \cdot 12H_2O$]（质量分数约为0.40）。铁铵矾的饱和水溶液加浓HNO_3至溶液变清。

16. 硫代乙酰胺（质量分数为0.05）。溶解5g硫代乙酰胺于100mL水中，如混浊须过滤。

17. 二乙酰二肟。溶解1g二乙酰二肟于100mL质量分数为0.95的乙醇中。

18. 钴亚硝酸钠试剂。溶解$NaNO_2$ 23g于50mL水中，加$6mol \cdot L^{-1}$ HAc 16.5mL及$Co(NO_3)_2 \cdot 6H_2O$ 3g，静置过夜，过滤或取其清液，稀释至100mL贮存于棕色瓶中。每隔四星期重新配置。或直接加六硝基合钴酸钠固体于水中，至溶液为深红色即可使用。

19. 亚硝酰铁氰化钠。溶解1g亚硝酰铁氰化钠于100mL水中。每隔数日，即须重新配制。

20. 硝胺指示剂（质量分数为 0.001）。0.1g 硝胺溶于 100mL 质量分数为 0.70 的乙醇溶液中。

21. 邻菲咯啉指示剂（质量分数为 0.0025）。0.25g 邻菲咯啉加几滴 $6mol \cdot L^{-1}$ H_2SO_4，溶于 100mL 水中。

22. 硫氰酸汞铵 $\{(NH_4)_2[Hg(SCN)_4]\}$。溶 8g $HgCl_2$ 和 9g NH_4SCN 于 100mL 水中。

23. 氯化亚锡（$1mol \cdot L^{-1}$）。溶 23g $SnCl_2 \cdot 2H_2O$ 于 34mL 浓 HCl 中，加水稀释至 100mL，临用时配制。

24. 二苯碳酰二肼丙酮溶液（质量分数为 0.0025）。称取 0.25g 二苯碳酰二肼，溶于 100mL 丙酮。

25. 喹钼柠酮混合溶液沉淀剂。溶液 1：称取 70g 钼酸钠，溶于 150mL 蒸馏水中。溶液 2：称取 60g 柠檬酸，溶于 85mL 硝酸和 150mL 蒸馏水的混合液中，冷却。溶液 3：在不断搅拌下将溶液 1 慢慢加至溶液 2 中。溶液 4：取喹啉 5mL，溶于 35mL 浓 HNO_3 和 100mL 蒸馏水的混合液中，然后在不断搅拌下将溶液 4 缓慢加至溶液 3 中，混匀，放置暗处 24h 后，过滤。在溶液中加入丙酮 280mL（如试样中不含铵离子，也可不加丙酮），用蒸馏水稀释至 1L，混匀后贮存于聚乙烯瓶中，放置暗处备用。

26. 甲基橙（质量分数为 0.001）。溶解 0.1g 甲基橙于 100mL 水中，必要时加以过滤。

27. 银氨溶液。溶解 1.7g $AgNO_3$ 于 17mL 氨水（28%～30%）中，再用蒸馏水稀释至 1L。

28. 碘化钾-亚硫酸钠溶液。将 50g KI 和 200g $Na_2SO_3 \cdot 7H_2O$ 溶于 1000mL 水中。

29. α-萘胺。0.3g α-萘胺与 20mL 水煮沸，在所得溶液中加 150mL $2mol \cdot L^{-1}$ HAc。

30. 斐林试剂。溶液 1：溶解 3.5g 分析纯的 $CuSO_4 \cdot 5H_2O$ 于含有数滴 H_2SO_4 的蒸馏水中，稀释溶液至 50mL；溶液 2：溶解 7g NaOH 及 17.5g 酒石酸钾钠于 40mL 水中，稀释溶液至 50mL。使用前把等体积的溶液 2 加入溶液 1 中，同时需充分搅拌。

31. 品红溶液（质量分数为 0.001）。将 0.1g 品红溶于 100mL 水中。

附录 3　缓冲溶液

1. 不同温度下标准缓冲溶液的 pH

温度/℃	$0.05mol \cdot L^{-1}$ 草酸三氢钾	25℃饱和酒石酸氢钾	$0.05mol \cdot L^{-1}$ 邻苯二甲酸氢钾	$0.025mol \cdot L^{-1}$ KH_2PO_4 + $0.025mol \cdot L^{-1}$ Na_2HPO_4	$0.01mol \cdot L^{-1}$ 硼砂	25℃饱和氢氧化钙
0	1.666		4.003	6.984	9.464	13.423
5	1.668		3.999	6.951	9.395	13.207
10	1.670		3.998	6.923	9.332	13.003
15	1.672		3.999	6.900	9.276	12.810
20	1.675		4.002	6.881	9.225	12.627
25	1.679	3.557	4.008	6.865	9.180	12.454
30	1.683	3.552	4.015	6.853	9.139	12.289
35	1.688	3.549	4.024	6.844	9.102	12.133

续表

温度/℃	0.05mol·L^{-1}草酸三氢钾	25℃饱和酒石酸氢钾	0.05mol·L^{-1}邻苯二甲酸氢钾	0.025mol·L^{-1} KH_2PO_4+0.025mol·L^{-1} Na_2HPO_4	0.01mol·L^{-1}硼砂	25℃饱和氢氧化钙
38	1.691	3.548	4.030	6.840	9.081	12.043
40	1.694	3.547	4.035	6.838	9.068	11.984
45	1.700	3.547	4.047	6.834	9.038	11.841
50	1.707	3.549	4.060	6.833	9.011	11.705
55	1.715	3.554	4.075	6.834	8.985	11.574
60	1.723	3.560	4.091	6.836	8.962	11.449
70	1.743	3.580	4.126	6.845	8.921	
80	1.766	3.609	4.164	6.859	8.885	
90	1.792	3.650	4.205	6.877	8.850	
95	1.806	3.674	4.227	6.886	8.833	

2. 常用缓冲溶液的配制

pH	配制方法
2.5	113g $Na_2HPO_4\cdot 12H_2O$和387g柠檬酸溶于水，稀释至1L
2.9	500g邻苯二甲酸氢钾溶于水，加80mL浓HCl，稀释至1L
3.7	95g甲酸和40g NaOH溶于水，稀释至1L
4.5	77g NH_4Ac溶于水，加59mL HAc，稀释至1L
4.7	83g无水NaAc溶于水，加60mL HAc，稀释至1L
5.0	160g无水NaAc溶于水，加60mL HAc，稀释至1L
5.4	40g六亚甲基四胺溶于水，加100mL浓HCl，稀释至1L
6.0	600g NH_4Ac溶于水，加20mL HAc，稀释至1L
7.0	154g NH_4Ac溶于水，稀释至1L
8.0	50g无水NaAc和50g $Na_2HPO_4\cdot 12H_2O$溶于水，稀释至1L
8.5	80g NH_4Cl溶于水，加17.6mL浓$NH_3\cdot H_2O$，稀释至1L
9.0	70g NH_4Cl溶于水，加48mL浓$NH_3\cdot H_2O$，稀释至1L
9.5	54g NH_4Cl溶于水，加126mL浓$NH_3\cdot H_2O$，稀释至1L
10.0	54g NH_4Cl溶于水，加350mL浓$NH_3\cdot H_2O$，稀释至1L

附录4 常用的洗涤液及配制方法

洗涤液	配制方法	备注
重铬酸钾-浓硫酸溶液(100g·L^{-1})	称取化学纯重铬酸钾100g于烧杯中，加入100mL水，微加热，使其溶解。将烧杯置于水盆中冷却后，慢慢加入化学纯硫酸，边加边搅拌，以防硫酸溅出。加硫酸至总体积1000mL	铬酸洗液具有强氧化性，用少量洗液刷洗或浸泡一夜，可洗去玻璃仪器表面具有还原性的附着物和残留油污。洗液可重复使用。当洗液呈黑绿色时，说明洗液无氧化洗涤力
肥皂洗涤液、碱洗涤液、合成洗涤剂洗涤液	直接配制一定浓度	用于油脂和有机物的洗涤

续表

洗涤液	配制方法	备注
氢氧化钾-乙醇洗涤液($100g \cdot L^{-1}$)	取 100g 氢氧化钾,用 50mL 水溶解后,加工业乙醇至 1L	适用于洗涤油垢、树脂等
酸性草酸或酸性羟胺洗涤液	称取 10g 草酸或 1g 盐酸羟胺,溶于 10mL 盐酸(1∶4)中	该洗涤液洗涤氧化性物质。对沾在器皿上的氧化剂,酸性草酸作用较慢,羟胺作用快且易洗净
硝酸洗涤液	常用浓度(1∶9)或(1∶4)	主要用于浸泡清洗测定金属离子时的器皿,一般浸泡过夜
碱性高锰酸钾洗液	4g 高锰酸钾溶于水中,加入 10g 氢氧化钠,用水稀释至 100mL	洗涤油污或其他有机物,洗后容器脏污处有褐色二氧化锰析出,再用浓盐酸或草酸洗液、硫酸亚铁、亚硫酸钠等还原剂去除
碘-碘化钾洗液	1g 碘和 2g 碘化钾溶于水中,用水稀释至 100mL	洗涤用过硝酸银滴定液后留下的黑褐色污染物,也可用于擦洗沾有硝酸银的白瓷水槽
有机溶剂	苯、乙醚、二氯乙烷等	可洗去油污或可溶于该溶剂的有机物质,使用时要注意其毒性及可燃性。用乙醇配制的指示剂干渣、比色皿,可用盐酸-乙醇(1+2)洗液洗涤
乙醇、浓硝酸	于容器内加入不多于 2mL 的乙醇,加入 10mL 浓硝酸,静置即发生激烈反应,放出大量热及二氧化氮,反应停止后再用水冲洗。操作应在通风橱中进行,不可塞住容器,做好防护	适用于用一般方法很难洗净的少量残留有机物。注意:不可事先混合!

附录 5　一些难溶化合物的溶度积常数(25℃)

分子式	K_{sp}	分子式	K_{sp}	分子式	K_{sp}
Ag_3AsO_4	1.0×10^{-22}	Ag_3PO_4	1.4×10^{-16}	$Au(OH)_3$	5.5×10^{-46}
AgBr	5.0×10^{-13}	Ag_2S	6.3×10^{-50}	$AuCl_3$	3.2×10^{-25}
$AgBrO_3$	5.5×10^{-5}	AgSCN	1.0×10^{-12}	AuI_3	1.0×10^{-46}
AgCl	1.8×10^{-10}	Ag_2SO_3	1.5×10^{-14}	$Ba_3(AsO_4)_2$	8.0×10^{-51}
AgCN	1.2×10^{-16}	Ag_2SO_4	1.4×10^{-5}	$BaCO_3$	5.1×10^{-9}
Ag_2CO_3	8.1×10^{-12}	Ag_2Se	2.0×10^{-64}	BaC_2O_4	1.6×10^{-7}
$Ag_2C_2O_4$	3.5×10^{-11}	Ag_2SeO_3	1.0×10^{-15}	$BaCrO_4$	1.2×10^{-10}
$Ag_2Cr_2O_4$	1.2×10^{-12}	Ag_2SeO_4	5.7×10^{-8}	$Ba_3(PO_4)_2$	3.4×10^{-23}
$Ag_2Cr_2O_7$	2.0×10^{-7}	$AgVO_3$	5.0×10^{-7}	$BaSO_4$	1.1×10^{-10}
AgI	8.3×10^{-17}	Ag_2WO_4	5.5×10^{-12}	BaS_2O_3	1.6×10^{-5}
$AgIO_3$	3.1×10^{-8}	$Al(OH)_3$	4.6×10^{-33}	$BaSeO_3$	2.7×10^{-7}
AgOH	2.0×10^{-8}	$AlPO_4$	6.3×10^{-19}	$BaSeO_4$	3.5×10^{-8}
Ag_2MoO_4	2.8×10^{-12}	Al_2S_3	2.0×10^{-7}	$Be(OH)_2$	1.6×10^{-22}

续表

分子式	K_{sp}	分子式	K_{sp}	分子式	K_{sp}
$BiAsO_4$	4.4×10^{-10}	$CuCl$	1.2×10^{-6}	$In(OH)_3$	1.3×10^{-37}
$Bi_2(C_2O_4)_3$	3.98×10^{-3}	$CuCN$	3.2×10^{-20}	$InPO_4$	2.3×10^{-22}
$Bi(OH)_3$	4.0×10^{-31}	$CuCO_3$	2.34×10^{-10}	In_2S_3	5.7×10^{-74}
$BiPO_4$	1.26×10^{-23}	CuI	1.1×10^{-12}	$La_2(CO_3)_3$	3.98×10^{-34}
$CaCO_3$	2.8×10^{-9}	$Cu(OH)_2$	4.8×10^{-20}	$LaPO_4$	3.98×10^{-23}
$CaC_2O_4\cdot H_2O$	4.0×10^{-9}	$Cu_3(PO_4)_2$	1.3×10^{-37}	$Lu(OH)_3$	1.9×10^{-24}
CaF_2	2.7×10^{-11}	Cu_2S	2.5×10^{-48}	$Mg_3(AsO_4)_2$	2.1×10^{-20}
$CaMoO_4$	4.17×10^{-8}	Cu_2Se	1.58×10^{-61}	$MgCO_3$	3.5×10^{-8}
$Ca(OH)_2$	5.5×10^{-6}	CuS	6.3×10^{-36}	$MgCO_3\cdot 3H_2O$	2.14×10^{-5}
$Ca_3(PO_4)_2$	2.0×10^{-29}	$CuSe$	7.94×10^{-49}	$Mg(OH)_2$	1.8×10^{-11}
$CaSO_4$	3.16×10^{-7}	$Dy(OH)_3$	1.4×10^{-22}	$Mg_3(PO_4)_2\cdot 8H_2O$	6.3×10^{-26}
$CaSiO_3$	2.5×10^{-8}	$Er(OH)_3$	4.1×10^{-24}	$Mn_3(AsO_4)_2$	1.9×10^{-29}
$CaWO_4$	8.7×10^{-9}	$Eu(OH)_3$	8.9×10^{-24}	$MnCO_3$	1.8×10^{-11}
$CdCO_3$	5.2×10^{-12}	$FeAsO_4$	5.7×10^{-21}	$Mn(IO_3)_2$	4.37×10^{-7}
$CdC_2O_4\cdot 3H_2O$	9.1×10^{-8}	$FeCO_3$	3.2×10^{-11}	$Mn(OH)_4$	1.9×10^{-13}
$Cd_3(PO_4)_2$	2.5×10^{-33}	$Fe(OH)_2$	8.0×10^{-16}	MnS(粉红)	2.5×10^{-10}
CdS	8.0×10^{-27}	$Fe(OH)_3$	4.0×10^{-38}	MnS(绿)	2.5×10^{-13}
$CdSe$	6.31×10^{-36}	$FePO_4$	1.3×10^{-22}	$Ni_3(AsO_4)_2$	3.1×10^{-26}
$CdSeO_3$	1.3×10^{-9}	FeS	6.3×10^{-18}	$NiCO_3$	6.6×10^{-9}
CeF_3	8.0×10^{-16}	$Ga(OH)_3$	7.0×10^{-36}	NiC_2O_4	4.0×10^{-10}
$CePO_4$	1.0×10^{-23}	$GaPO_4$	1.0×10^{-21}	$Ni(OH)_2$(新)	2.0×10^{-15}
$Co_3(AsO_4)_2$	7.6×10^{-29}	$Gd(OH)_3$	1.8×10^{-23}	$Ni_3(PO_4)_2$	5.0×10^{-31}
$CoCO_3$	1.4×10^{-13}	$Hf(OH)_4$	4.0×10^{-26}	α-NiS	3.2×10^{-19}
CoC_2O_4	6.3×10^{-8}	Hg_2Cl_2	1.3×10^{-18}	β-NiS	1.0×10^{-24}
$Co(OH)_2$ (蓝)	6.31×10^{-15}	HgC_2O_4	1.0×10^{-7}	γ-NiS	2.0×10^{-26}
		Hg_2CO_3	8.9×10^{-17}	$Pb_3(AsO_4)_2$	4.0×10^{-36}
$Co(OH)_2$ (粉红,新沉淀)	1.58×10^{-15}	$Hg_2(CN)_2$	5.0×10^{-40}	$PbBr_2$	4.0×10^{-5}
		Hg_2CrO_4	2.0×10^{-9}	$PbCl_2$	1.6×10^{-5}
$Co(OH)_2$ (粉红,陈化)	2.00×10^{-16}	Hg_2I_2	4.5×10^{-29}	$PbCO_3$	7.4×10^{-14}
		HgI_2	2.8×10^{-29}	$PbCrO_4$	2.8×10^{-13}
$CoHPO_4$	2.0×10^{-7}	$Hg_2(IO_3)_2$	2.0×10^{-14}	PbF_2	2.7×10^{-8}
$Co_3(PO_4)_3$	2.0×10^{-35}	$Hg_2(OH)_2$	2.0×10^{-24}	$PbMoO_4$	1.0×10^{-13}
$CrAsO_4$	7.7×10^{-21}	$HgSe$	1.0×10^{-59}	$Pb(OH)_2$	1.2×10^{-15}
$Cr(OH)_3$	6.3×10^{-31}	HgS(红)	4.0×10^{-53}	$Pb(OH)_4$	3.2×10^{-66}
$CrPO_4\cdot 4H_2O$(绿)	2.4×10^{-23}	HgS(黑)	1.6×10^{-52}	$Pb_3(PO_4)_3$	8.0×10^{-43}
$CrPO_4\cdot 4H_2O$(紫)	1.0×10^{-17}	Hg_2WO_4	1.1×10^{-17}	PbS	1.0×10^{-28}
$CuBr$	5.3×10^{-9}	$Ho(OH)_3$	5.0×10^{-23}	$PbSO_4$	1.6×10^{-8}

续表

分子式	K_{sp}	分子式	K_{sp}	分子式	K_{sp}
PbSe	7.94×10^{-43}	SnO_2	3.98×10^{-65}	$ZnCO_3$	1.4×10^{-11}
$PbSeO_4$	1.4×10^{-7}	SnS	1.0×10^{-25}	$Zn(OH)_2$	2.09×10^{-16}
$Pd(OH)_2$	1.0×10^{-31}	SnSe	3.98×10^{-39}	$Zn_3(PO_4)_2$	9.0×10^{-33}
$Pd(OH)_4$	6.3×10^{-71}	$Sr_3(AsO_4)_2$	8.1×10^{-19}	α-ZnS	1.6×10^{-24}
PdS	2.03×10^{-58}	$SrCO_3$	1.1×10^{-10}	β-ZnS	2.5×10^{-22}
$Pm(OH)_3$	1.0×10^{-21}	$SrC_2O_4\cdot H_2O$	1.6×10^{-7}	$ZrO(OH)_2$	6.3×10^{-49}
$Pr(OH)_3$	6.8×10^{-22}	SrF_2	2.5×10^{-9}	$SrWO_4$	1.7×10^{-10}
$Pt(OH)_2$	1.0×10^{-35}	$Sr_3(PO_4)_2$	4.0×10^{-28}	$Tb(OH)_3$	2.0×10^{-22}
$Pu(OH)_3$	2.0×10^{-20}	$SrSO_4$	3.2×10^{-7}	$Te(OH)_4$	3.0×10^{-54}
$Pu(OH)_4$	1.0×10^{-55}	TlI	6.5×10^{-8}	$Th(C_2O_4)_2$	1.0×10^{-22}
$RaSO_4$	4.2×10^{-11}	TlN_3	2.2×10^{-4}	$Th(IO_3)_4$	2.5×10^{-15}
$Rh(OH)_3$	1.0×10^{-23}	Tl_2S	5.0×10^{-21}	$Th(OH)_4$	4.0×10^{-45}
$Ru(OH)_3$	1.0×10^{-36}	$TlSeO_3$	2.0×10^{-39}	$Ti(OH)_3$	1.0×10^{-40}
Sb_2S_3	1.5×10^{-93}	$UO_2(OH)_2$	1.1×10^{-22}	TlBr	3.4×10^{-6}
ScF_3	4.2×10^{-18}	$VO(OH)_2$	5.9×10^{-23}	TlCl	1.7×10^{-4}
$Sc(OH)_3$	8.0×10^{-31}	$Y(OH)_3$	8.0×10^{-23}	Tl_2CrO_4	9.77×10^{-13}
$Sm(OH)_3$	8.2×10^{-23}	YbOH	3.0×10^{-24}		
$Sn(OH)_2$	1.4×10^{-28}	$Zn_3(AsO_4)_2$	1.3×10^{-28}		

附录 6 一些常见弱酸、弱碱的标准解离常数（25℃）

名称	分子式	K_a	pK_a
偏铝酸	$HAlO_2$	6.3×10^{-13}	12.2
亚砷酸	H_3AsO_3	6.0×10^{-10}	9.22
砷酸	H_3AsO_4	$6.3\times10^{-3}(K_1)$	2.2
		$1.05\times10^{-7}(K_2)$	6.98
		$3.2\times10^{-12}(K_3)$	11.5
硼酸	H_3BO_3	$5.8\times10^{-10}(K_1)$	9.24
		$1.8\times10^{-13}(K_2)$	12.74
		$1.6\times10^{-14}(K_3)$	13.8
次溴酸	HBrO	2.4×10^{-9}	8.62
氢氰酸	HCN	6.2×10^{-10}	9.21
碳酸	H_2CO_3	$4.2\times10^{-7}(K_1)$	6.38
		$5.6\times10^{-11}(K_2)$	10.25
次氯酸	HClO	3.2×10^{-8}	7.5
氢氟酸	HF	6.61×10^{-4}	3.18

续表

名称	分子式	K_a	pK_a
锗酸	H_2GeO_3	$1.7\times10^{-9}(K_1)$	8.78
		$1.9\times10^{-13}(K_2)$	12.72
高碘酸	HIO_4	2.8×10^{-2}	1.56
亚硝酸	HNO_2	5.1×10^{-4}	3.29
次磷酸	H_3PO_2	5.9×10^{-2}	1.23
亚磷酸	H_3PO_3	$5.0\times10^{-2}(K_1)$	1.3
		$2.5\times10^{-7}(K_2)$	6.6
磷酸	H_3PO_4	$7.52\times10^{-3}(K_1)$	2.12
		$6.31\times10^{-8}(K_2)$	7.2
		$4.4\times10^{-13}(K_3)$	12.36
焦磷酸	$H_4P_2O_7$	$3.0\times10^{-2}(K_1)$	1.52
		$4.4\times10^{-3}(K_2)$	2.36
		$2.5\times10^{-7}(K_3)$	6.6
		$5.6\times10^{-10}(K_4)$	9.25
氢硫酸	H_2S	$1.3\times10^{-7}(K_1)$	6.88
		$7.1\times10^{-15}(K_2)$	14.15
亚硫酸	H_2SO_3	$1.23\times10^{-2}(K_1)$	1.91
		$6.6\times10^{-8}(K_2)$	7.18
硫代硫酸	$H_2S_2O_3$	$2.52\times10^{-1}(K_1)$	0.6
		$1.9\times10^{-2}(K_2)$	1.72
氢硒酸	H_2Se	$1.3\times10^{-4}(K_1)$	3.89
		$1.0\times10^{-11}(K_2)$	11
亚硒酸	H_2SeO_3	$2.7\times10^{-3}(K_1)$	2.57
		$2.5\times10^{-7}(K_2)$	6.6
硒酸	H_2SeO_4	$1.0\times10^{3}(K_1)$	−3
		$1.2\times10^{-2}(K_2)$	1.92
硅酸	H_2SiO_3	$1.7\times10^{-10}(K_1)$	9.77
		$1.6\times10^{-12}(K_2)$	11.8
亚碲酸	H_2TiO_3	$2.7\times10^{-3}(K_1)$	2.57
		$1.8\times10^{-8}(K_2)$	7.74
氢氧化铝	$Al(OH)_3$	$1.38\times10^{-9}(K_3)$	8.86
氢氧化银	$AgOH$	1.10×10^{-4}	3.96
氢氧化钙	$Cu(OH)_2$	3.72×10^{-3}	2.43
		3.98×10^{-2}	1.4
氨水	$NH_3\cdot H_2O$	1.78×10^{-5}	4.75

续表

名称	分子式	K_a	pK_a
肼(联氨)	$N_2H_4 \cdot H_2O$	$9.55\times10^{-7}(K_1)$	6.02
		$1.26\times10^{-15}(K_2)$	14.9
羟氨	$NH_2OH \cdot H_2O$	9.12×10^{-9}	8.04
氢氧化铅	$Pb(OH)_2$	$9.55\times10^{-4}(K_1)$	3.02
		$3.0\times10^{-8}(K_2)$	7.52
氢氧化锌	$Zn(OH)_2$	9.55×10^{-4}	3.02

附录 7　一些离子和化合物的颜色

一、常见离子的颜色

1. 以下阳离子均为无色

Ag^+、Cd^{2+}、K^+、Ca^{2+}、As^{3+}（在溶液中主要以 AsO_3^{3-} 存在）、Pb^{2+}、Zn^{2+}、Na^+、Sr^+、As^{5+}（在溶液中几乎全部以 AsO_4^{3-} 存在）、Hg^{2+}、Bi^{3+}、Ba^{2+}、Sb^{3+} 或 Sb^{5+}（主要以 $SbCl_6^{3-}$ 或 $SbCl_6^-$ 存在）、Mg^{2+}、Al^{3+}、Sn^{2+}、Sn^{4+}。

2. 以下阳离子均为有色

Mn^{2+} 浅玫瑰色，稀溶液无色；$Fe(H_2O)_6^{3+}$ 淡紫色，但平时所见 Fe^{3+} 盐溶液为黄色或红棕色；Fe^{2+} 浅绿色，稀溶液无色；Cr^{3+} 绿色或紫色；Co^{2+} 玫瑰色；Ni^{2+} 绿色；Cu^{2+} 浅蓝色。

3. 以下阴离子均为无色

SO_4^{2-}、PO_4^{3-}、F^-、SCN^-、$C_2O_4^{2-}$、MoO_4^{2-}、SO_3^{2-}、BO_2^-、Cl^-、NO_3^-、S^{2-}、WO_4^{2-}、$S_2O_3^{2-}$、$B_4O_7^{2-}$、Br^-、NO_2^-、ClO_3^-、VO_3^-、CO_3^{2-}、SiO_3^{2-}、I^-、Ac^-、BrO_3^-。

4. 以下阴离子均为有色

$Cr_2O_7^{2-}$ 橙色，CrO_4^{2-} 黄色，MnO_4^- 紫色，$Fe(CN)_6^{4-}$ 黄绿色，$Fe(CN)_6^{3-}$ 黄棕色。

二、有特征颜色的常见无机化合物

颜色	化合物
黑色	CuO、NiO、FeO、Fe_3O_4、MnO_2、FeS、CuS、Ag_2S、NiS、CoS、PbS
蓝色	$CuSO_4 \cdot 5H_2O$、$Cu(NO_3)_2 \cdot 6H_2O$、许多水合铜盐、无水 $CoCl_2$
绿色	镍盐、亚铁盐、铬盐、某些铜盐(如 $CuCl_2 \cdot 2H_2O$)
黄色	CdS、PbO、碘化物(如 AgI)、铬酸盐($BaCrO_4$、K_2CrO_4)
红色	Fe_2O_3、Cu_2O、HgO、HgS、Pb_3O_4
粉红色	$MnSO_4 \cdot 7H_2O$ 等锰盐、$CoCl_2 \cdot 6H_2O$
紫色	亚铬盐(如$[Cr(Ac)_2]_2 \cdot 2H_2O$)、高锰酸盐

附录 8 常见无机阳离子的定性鉴定方法

离子	试剂	鉴定反应	介质条件	主要干扰离子
NH_4^+	NaOH	$NH_4^+ + OH^- \longrightarrow NH_3(g) + H_2O$ NH_3 气使湿润的红色石蕊试纸变蓝或使 pH 试纸上显示出溶液为碱性	强碱性	CN^-，发生以下反应： $CN^- + 2H_2O \longrightarrow HCOO + NH_3(g)$
	奈斯勒试剂［四碘合汞(Ⅱ)酸钾的碱性溶液］	$NH_4^+ + 2[HgI_4]^{2-} + 4OH^- \longrightarrow Hg_2NI(s,棕色) + 7I^- + 4H_2O$	碱性	Fe^{3+}、Co^{2+}、Ni^{2+}、Cr^{3+}、Ag^+、Hg^{2+}等离子能与奈斯勒试剂生成有色沉淀，妨碍 NH_4^+ 的检出
Na^+	KH_2SbO_4	$Na^+ + H_2SbO_4^- \longrightarrow NaH_2SbO_4(s,白色)$	中性或弱碱性	1. 强酸的铵盐水解后溶解所带的微酸性能促使白色 $HSbO_3$ 沉淀产生，从而干扰 Na^+ 检出 2. 除碱金属以外的金属离子亦能生成白色无定形沉淀而干扰 Na^+ 检出
	$ZnUO_2(Ac)_4$	$Na^+ + Zn^{2+} + 3UO_2^{2+} + 9Ac^- + 9H_2O \longrightarrow NaZn(UO_2)_3 \cdot (Ac)_9 \cdot 9H_2O(s,淡黄绿色)$	中性或醋酸溶液中	大量 K^+ 存在有干扰［生成 $KAc \cdot UO_2(Ac)_2$ 针状结晶］，Ag^+、Hg_2^{2+}、Sb(Ⅲ)存在亦有扰
	焰色反应	挥发性钠盐在煤气灯的无色火焰(氧化焰)中灼烧时，火焰呈黄色		
K^+	$Na_3[Co(NO_2)_6]$	$2K^+ + Na^+ + [Co(NO_2)_6]^{3-} \longrightarrow K_2Na[Co(NO_2)_6](s,亮黄色)$	中性或弱酸性	Rb^+、Cs^+、NH_4^+ 能与试剂形成相似的化合物，妨碍鉴定
	焰色反应	挥发性钾盐在煤气灯的无色火焰中灼烧时，火焰呈紫色		Na^+ 存在时，K^+ 所显的紫色被黄色遮盖，为消除黄色火焰的干扰，可透过蓝色钴玻璃观察
Mg^{2+}	镁试剂Ⅰ(对硝基苯偶氮间苯二酚①)	镁试剂被 $Mg(OH)_2$ 吸附后呈天蓝色，故反应结果形成天蓝色沉淀	强碱性	1. 除碱金属外，在强碱性介质中形成有色沉淀的离子，如 Ag^+、Hg^{2+}、Ni^{2+}、Co^{2+}、Cr^{3+}、Cu^{2+}、Mn^{2+}、Fe^{3+} 等离子对反应均有干扰 2. 大量 NH_4^+ 存在，由于降低了溶液中 OH^- 浓度，使 $Mg(OH)_2$ 难以析出，而降低反应的灵敏度

续表

离子	试剂	鉴定反应	介质条件	主要干扰离子
Ba^{2+}	K_2CrO_4	$Ba^{2+}+CrO_4^{2-}$ ══ $BaCrO_4$(s,黄色)	中性或弱酸性	Sr^{2+}、Pb^{2+}、Ag^{+}、Ni^{2+}、Zn^{2+}等离子与CrO_4^{2-}能生成有色沉淀,影响Ba^{2+}检出
	焰色反应	挥发性钡盐使火焰呈黄绿色		
Ca^{2+}	$(NH_4)_2C_2O_4$	$Ca^{2+}+C_2O_4^{2-}$ ══ CaC_2O_4(s,白色)	中性或碱性	Ag^{+}、Pb^{2+}、Cu^{2+}、Cd^{2+}、Hg^{2+}等金属离子均能与$C_2O_4^{2-}$作用生成沉淀,对反应有干扰。可在氨性试液中加入Zn粉,将它们还原为金属而除去
	焰色反应	挥发性钙盐使火焰呈砖红色		
Al^{3+}	铝试剂(金黄色素三羧酸钠)②	形成红色絮状沉淀	pH=4～5	Fe^{3+}、Cr^{3+}、Co^{2+}、Mn^{2+}、Ti^{4+}等离子也能生成与铝相类似的红色沉淀而有干扰
	茜素S(茜素磺酸钠)	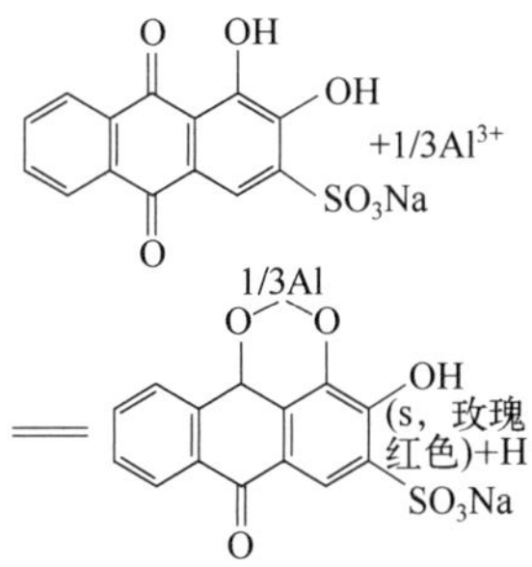	pH=4～9	Fe^{2+}、Cr^{3+}、Mn^{2+}及大量Cu^{2+}等离子存在对反应有干扰
Sb^{3+}	Sn片	$2Sb^{3+}+3Sn$ ══ $2Sb$(s,黑色)$+3Sn^{2+}$	酸性	Ag^{+}、AsO^{3+}、Bi^{3+}等离子也能与Sn发生氧化还原反应,析出相应的黑色物质,妨碍Sb^{3+}的检出
Bi^{3+}	$Na_2[Sn(OH)_4]$	$2Bi^{3+}+3[Sn(OH)_4]^{2-}+6OH^{-}$ ══ $2Bi$(s,黑色)$+3[Sn(OH)_6]^{2-}$,其中$Na_2[Sn(OH)_4]$溶液必须临时配制	强碱性	Hg^{2+}、Hg^{2+}、Pb^{2+}等离子存在时亦会慢慢地被$[Sn(OH)_4]^{2-}$还原而析出黑色金属,干扰Bi^{3+}检出
Sn^{2+}	$HgCl_2$	$Sn^{2+}+2HgCl_2+4Cl^{-}$ ══ Hg_2Cl_2(s,白)$+[SnCl_6]^{2-}$ $Sn^{2+}+Hg_2Cl_2+4Cl^{-}$ ══ $2Hg$(s,黑色)$+[SnCl_6]^{2-}$	酸性	
Pb^{2+}	K_2CrO_4	$Pb^{2+}+CrO_4^{2-}$ ══ $PbCrO_4$(s,黄色)	中性或弱酸性	Ba^{2+}、Sr^{2+}、Ag^{+}、Ni^{2+}、Zn^{2+}等离子与CrO_4^{2-}亦能生成有色沉淀,影响Pb^{2+}的检出
Cr^{3+}或CrO_4^{2-}	用H_2O_2氧化后加可溶性Pb^{2+}盐(或Ag^{+}盐或Ba^{2+}盐)	$Cr^{3+}+4OH^{-}$ ══ $[Cr(OH)_4]^{-}$ $2[Cr(OH)_4]^{-}+3H_2O_2+2OH^{-}$ ══ $2CrO_4^{2-}+8H_2O$(溶液由绿色变为黄色)	碱性	
		$CrO_4^{2-}+Pb^{2+}$ ══ $PbCrO_4$(s,黄色) $CrO_4^{2-}+2Ag^{+}$ ══ Ag_2CrO_4(s,砖红色) $CO_4^{2-}+Ba^{2+}$ ══ $BaCrO_4$(s,黄色)	弱酸性(HAc酸化)	凡能与CrO_4^{2-}生成有色沉淀的金属离子均有干扰

续表

离子	试剂	鉴定反应	介质条件	主要干扰离子
Cr^{3+}或CrO_4^{2-}	在 NaOH 条件下用 H_2O_2 氧化后再酸化，并用戊醇(或乙醚)萃取	$Cr^{3+}+4OH^- = [Cr(OH)_4]^-$ $2[Cr(OH)_4]^- + 3H_2O_2 + 2OH^- = 2CrO_4^{2-} + 8H_2O$	碱性	
		$2CrO_4^{2-} + 2H^+ = Cr_2O_7^{2-} + H_2O$ $2CrO_4^{2-} + 4H_2O_2 + 4H^+ = 2CrO_5$(蓝色)$+6H_2O$ 反应要求在较低温度下进行	酸性	
Cd^{2+}	H_2S 或 Na_2S	$Cd^{2+} + H_2S = CdS$(s，黄色)$+2H^+$ $Cd^{2+} + S^{2-} = CdS$(s，黄色)		凡能与 H_2S(或 Na_2S)生成有色沉淀的金属离子均有干扰
Hg^{2+}	$SnCl_2$	见 Sn^{2+} 的鉴定	酸性	
	$Cl^- + NH_3 \cdot H_2O$	$HgCl_2 + 2NH_3 = NH_2HgCl$(s，白色)$+NH_4Cl$		
	$NO_3^- + NH_3 \cdot H_2O$	$2Hg(NO_3)_2 + 4NH_3 \cdot H_2O = HgO \cdot NH_2HgNO_3$(s，白色)$+3NH_4NO_3$		
	Cu 片	$Hg^{2+} + Cu = Cu^{2+} + Hg$(在铜表面形成灰色附积层、擦拭后产生银色亮光)	酸性	${Hg_2}^{2+}$ 等有干扰
Mn^{2+}	$NaBiO_3$	$2Mn^{2+} + 5NaBiO_3(s) + 14H^+ = 2MnO_4^-$(紫红色)$+5Na^+ + 5Bi^{3+} + 7H_2O$	HNO_3	Co^{2+}、Cl^- 等有干扰
Fe^{2+}	$K_3[Fe(CN)_6]$	$K^+ + Fe^{2+} + [Fe(CN)_6]^{3-} = KFe[Fe(CN)_6]$(s，深蓝色)	酸性	
Fe^{3+}	$K_4[Fe(CN)_6]$	$K^+ + Fe^{3+} + [Fe(CN)_6]^{4-} = KFe[Fe(CN)_6]$(s，深蓝色)	酸性	
	NH_4SCN(或碱金属硫氰酸盐)	$Fe^{3+} + nSCN^- = [Fe(SCN)_n]^{3-n}$(血红色)	酸性	氟化物、磷酸、草酸、酒石酸、柠檬酸、含 α-OH 或 β-OH 的有机酸均能与 Fe^{3+} 生成稳定的配位离子，妨碍 Fe^{3+} 检出。大量 Cu^{2+} 存在时能与 SCN^- 生成黑绿色 $Cu(SCN)_2$ 沉淀，干扰 Fe^{3+} 的检出
Co^{2+}	NH_4SCN 并用丙醇或戊醇萃取	$Co^{2+} + 4SCN^- = [Co(SCN)_4]^{2-}$(蓝色或绿色)试剂要求用饱和溶液或固体的 NH_4SCN	酸性	Fe^{3+}、Hg^{2+}、Cu^{2+} 干扰 Co^{2+} 的检出

续表

离子	试剂	鉴定反应	介质条件	主要干扰离子
Ni^{2+}	丁二酮肟(H_2dmg)	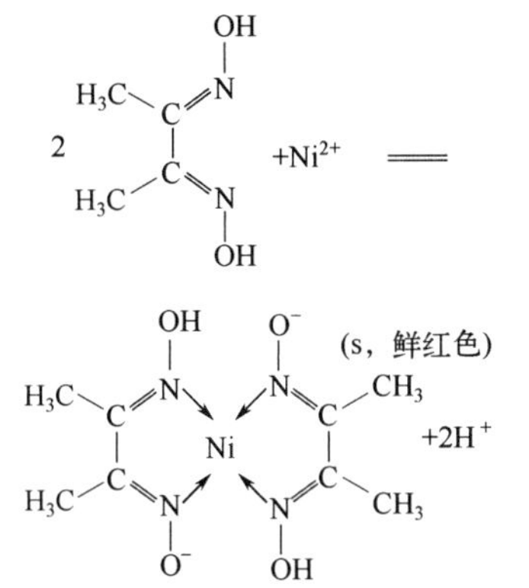	要求在氨性或醋酸钠溶液中进行。最合适的pH条件为pH=5～10	Co^{2+}(与本试剂反应生成棕色可溶性化合物)、Fe^{2+}(与本试剂作用呈红色)、Bi^{3+}(与本试剂作用生成黄色沉淀)、Fe^{3+}、Mn^{2+}(在氨性溶液中与 $NH_3 \cdot H_2O$ 作用产生有色沉淀)等离子的存在干扰 Ni^{2+} 的检出
Cu^{2+}	$K_4[Fe(CN)_6]$	$2Cu^{2+}+[Fe(CN)_6]^{4-}$ ══ $Cu_2[Fe(CN)_6]$(s,红褐色)	中性或酸性	能与$[Fe(CN)_6]^{4-}$生成有色沉淀的金属离子如 Fe^{3+}、Bi^{3+}、Co^{2+} 等均有干扰
Ag^+	HCl,$NH_3 \cdot H_2O$,HNO_3	$Ag^+ + Cl^-$ ══ AgCl(s,白色),溶于过量 $NH_3 \cdot H_2O$,用 HNO_3 酸化沉淀重新析出 $AgCl+2NH_3 \cdot H_2O$ ══ $[Ag(NH_3)_2]^+ + Cl^- + 2H_2O$ $[Ag(NH_3)_2]^+ + 2H^+ + Cl^-$ ══ AgCl(s,白色)$+2NH_4^+$	酸性	Pb^{2+}、Hg_2^{2+}(与 Cl^- 生成 $PbCl_2$、Hg_2Cl_2 白色沉淀)干扰 Ag^+ 的鉴定,但 Hg_2Cl_2、$PbCl_2$ 难溶于 $NH_3 \cdot H_2O$,可与 AgCl 分离
	K_2CrO_4	$2Ag^+ + CrO_4^{2-}$ ══ Ag_2CrO_4(s,砖红色)	中性或微酸性	凡能与 CrO_4^{2-} 生成深色沉淀的金属离子(如 Hg^{2+}、Ba^{2+}、Pb^{2+} 等)均有干扰
Zn^{2+}	二硫腙	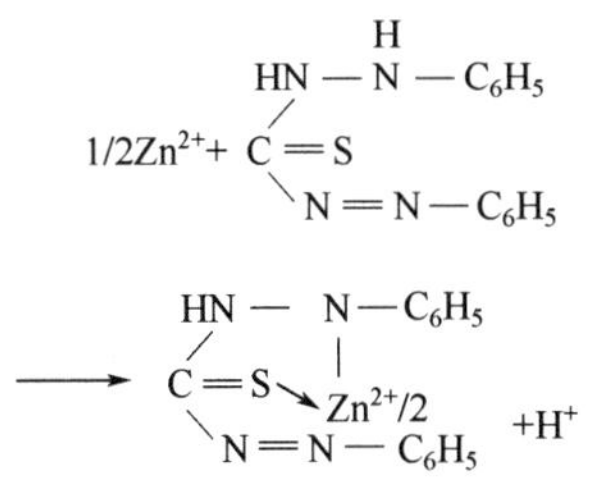 (水层呈粉红色)	强碱性	在中性或弱酸性条件下,许多重金属离子如 Pb^{2+}、Co^{2+}、Cu^{2+}、Hg^{2+}、Ag^+ 都能与二硫腙生成有色的配合物,因而必须注意鉴定时的介质条件
	$(NH_4)_2[Hg \cdot (SCN)_4]$	$Zn^{2+}+[Hg(SCN)_4]^{2-}$ ══ $Zn[Hg(SCN)_4]$(s,白色晶粒)	酸性	Co^{2+}、Cu^{2+}、Fe^{3+} 等离子存在时,对反应有干扰
	$(NH_4)_2S$ 或碱金属硫化物	$Zn^{2+}+S^{2-}$ ══ ZnS(s,白色)	$c(H^+)<0.3mol \cdot L^{-1}$	凡能与 S^{2-} 生成有色硫化物的金属离子均有干扰

续表

离子	试剂	鉴定反应	介质条件	主要干扰离子
Sr^{2+}	$(NH_4)_2SO_4$	$Sr^{2+}+SO_4^{2-}$ ══ $SrSO_4$(s,白色)		Ba^{2+}、Pb^{2+}等有干扰
	焰色反应	挥发性锶盐在氧化焰中燃烧，火焰呈洋红色		
Ti^{4+}	H_2O_2	$TiO^{2+}+H_2O_2$ ══ $[TiO(H_2O_2)]^{2+}$	酸性	F^-、Fe^{3+}、CrO_4^{2-}、MnO_4^- 等有干扰

① 镁试剂 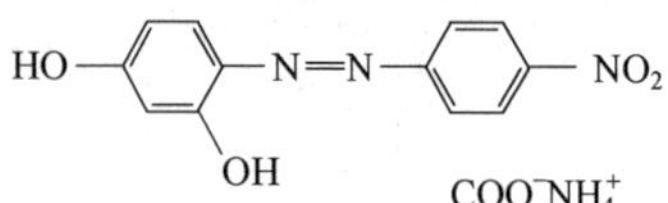。

② 铝试剂 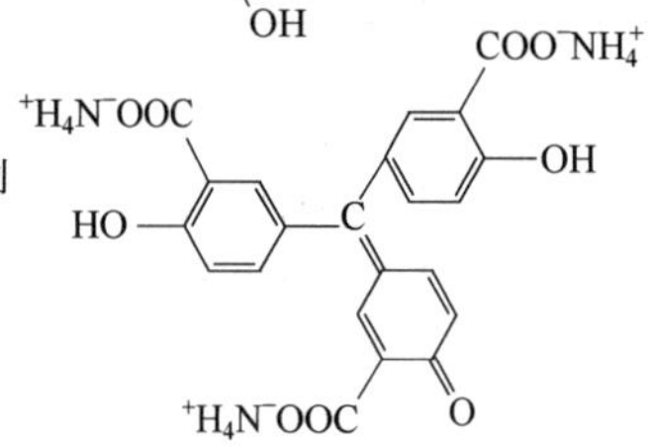。

附录 9　常见无机阴离子的定性鉴定方法

离子	试剂	鉴定反应	介质条件	备注
Cl^-	$AgNO_3$ 溶液、稀 $NH_3 \cdot H_2O$ 溶液、稀 HNO_3 溶液	Ag^++Cl^- ══ AgCl(s,白色) $AgCl+2NH_3 \cdot H_2O$ ══ $[Ag(NH_3)_2]^++Cl^-+2H_2O$(白色沉淀溶解) $[Ag(NH_3)_2]^++Cl^-+2H^+$ ══ AgCl(s,白色)$+2NH_4^+$		
Br^-	氯水、CCl_4 萃取	$2Br^-+Cl_2$ ══ Br_2+2Cl^- Br_2 在 CCl_4 层呈黄至棕红色	酸性	I^- 有干扰
I^-	氯水、CCl_4 萃取	$2I^-+Cl_2$ ══ I_2+2Cl^- I_2 在 CCl_4 层呈紫红色	酸性	Br^- 有干扰
SO_4^{2-}	$BaCl_2$ 溶液、稀 HCl、稀 HNO_3	$Ba^{2+}+SO_4^{2-}$ ══ $BaSO_4$(s,白色)，沉淀不溶于稀盐酸和稀硝酸	酸性	$S_2O_3^{2-}$、S^{2-}、SO_3^{2-} 等对反应有干扰
$S_2O_3^{2-}$	$AgNO_3$ 溶液	$S_2O_3^{2-}+2Ag^+$ ══ $Ag_2S_2O_3$(s,白色) $Ag_2S_2O_3$ 不稳定易水解，$Ag_2S_2O_3+H_2O$ ══ $Ag_2S+H_2SO_4$ 沉淀由白变黄、变棕最后变为黑色 Ag_2S	中性或弱酸性	

续表

离子	试剂	鉴定反应	介质条件	备注
S^{2-}	非氧化性稀酸、$Pb(Ac)_2$ 试纸(湿润)	$S^{2-}+2H^+ = H_2S(g)$ H_2S 气体可使 $Pb(Ac)_2$ 试纸变黑且有金属光泽，且 H_2S 有臭鸡蛋味	酸性	
	$Na_2[Fe(CN)_5NO]$	$S^{2-}+[Fe(CN)_5NO]^{2-} = [Fe(CN)_5NOS]^{4-}$(紫红色)	弱碱性	
SO_3^{2-}	$ZnSO_4$、$K_4[Fe(CN)_6]$、$Na_2[Fe(CN)_5NO]$	$2Zn^{2+}+[Fe(CN)_6]^{4-} = Zn_2[Fe(CN)_6]$ $Zn_2[Fe(CN)_6]+[Fe(CN)_5NO]^{2-}+SO_3^{2-} = Zn_2[Fe(CN)_5NOSO_3]$(s，红色)$+[Fe(CN)_6]^{4-}$	弱碱性	S^{2-} 与 $Na_2[Fe(CN)_5NO]$ 生成紫红色配合物有干扰，加 $Pb(Ac)_2$ 固体将 S^{2-} 转化为 PbS 沉淀，分离沉淀后再对 SO_3^{2-} 进行鉴定
	稀 HCl 溶液	$SO_3^{2-}+2H^+ = SO_2(g)+H_2O$ SO_2 的检验：可使稀 $KMnO_4$ 溶液褪色；可使品红溶液褪色；可将 I_2 还原为 I^-，使碘化钾-淀粉试纸褪色	酸性	$S_2O_3^{2-}$、S^{2-} 有干扰
NO_2^-	对氨基苯磺酸、α-萘胺	NO_2^- + 对氨基苯磺酸 + α-萘胺 ⟶ 红色染料	中性或弱酸性	MnO_4^- 等氧化剂有干扰
NO_3^-	$FeSO_4$ 结晶、浓硫酸	$6FeSO_4+2NaNO_3+4H_2SO_4$(浓)$ = 3Fe_2(SO_4)_3+Na_2SO_4+2NO(g)+4H_2O$ $[Fe(H_2O)_6]^{2+}+NO = [Fe(NO)(H_2O)_5]^{2+}+H_2O$ 在晶体与液体接触面上出现棕色环	强酸性(H_2SO_4)	NO_2^- 有同样的反应，妨碍鉴定
PO_4^{3-}	$(NH_4)_2MoO_4$(钼酸铵液)	$PO_4^{3-}+3NH_4^++12MoO_4^{2-}+24H^+ \longrightarrow (NH_4)_3PO_4\cdot 12MoO_3\cdot 6H_2O$(s，黄色)$+6H_2O$	HNO_3 过量	$S_2O_3^{2-}$、S^{2-}、SO_3^{2-}、Sn^{2+}、SiO_3^{2-}、AsO_4^{3-}、I^-、Cl^- 等有干扰
As(Ⅲ)	Zn 或 Al、$AgNO_3$ 试纸(湿润)	$H_3AsO_3+6H^++3Zn = 3Zn^{2+}+AsH_3(g)+3H_2O$ AsH_3 能使 $AgNO_3$ 试纸变黑 $AsH_3+6Ag^++3H_2O = 6Ag$(s，黑色)$+H_3AsO_3+6H^+$	酸性(盐酸)	
As(Ⅴ)	$(NH_4)_2MoO_4$	$AsO_4^{3-}+3NH_4^++12MoO_4^{2-}+24H^+ = (NH_4)_3AsO_4\cdot 12MoO_3$(s，黄色)$+12H_2O$	酸性	PO_4^{3-} 有干扰
CO_3^{2-}	稀酸、石灰水或 $Ba(OH)_2$	$CO_3^{2-}+2H^+ = H_2O+CO_2(g)$ $CO_2+Ca(OH)_2 = CaCO_3(s)+H_2O$ 使澄清的石灰水变混浊 $CO_2+2OH^-+Ba^{2+} = BaCO_3$(s，白色)$+H_2O$	碱性	金属圈挂上 $Ca(OH)_2$ 溶液检验 CO_2 气体
F^-	浓 H_2SO_4、玻璃(或 SiO_2)	$CaF_2+H_2SO_4 = 2HF(g)+CaSO_4$ $4HF(g)+SiO_2 = SiF_4(g)+2H_2O$ $SiF_4(g)$遇水水解 $SiF_4+3H_2O = 4HF+H_2SiO_3$(s，白色)	酸性	金属圈挂上清水检验 SiF_4 气体
SiO^{3-}	饱和 NH_4Cl 溶液	$SiO^{3-}+2NH_4^+ = H_2SiO_3$(s，白色胶状)$+2NH_3(g)$	碱性	

附录 10 常用酸、碱的常规参数

试剂名称	密度/($g \cdot cm^{-3}$)(20℃)	质量分数/%	物质的量浓度/($mol \cdot L^{-1}$)
浓 H_2SO_4	1.84	98	18.0
稀 H_2SO_4	1.18	25	3.0
浓 HCl	1.19	38	12.0
稀 HCl	1.10	20	6.0
浓 HNO_3	1.42	69	16.0
稀 HNO_3	1.20	32	6.0
稀 HNO_3		12	2.0
浓 H_3PO_4	1.7	85	14.7
稀 H_2PO_4	1.05	9	1.0
浓 $HClO_4$	1.67	70	11.6
稀 $HClO_4$	1.12	19	2.0
浓 HF	1.13	40	23.0
HBr	1.38	40	7.0
HI	1.70	57	7.5
冰 HAc	1.05	99	17.5
稀 HAc	1.04	34	6.0
稀 HAc		12	2.0
浓 NaOH	1.44	约 41	14.4
稀 NaOH		8	2.0
浓 $NH_3 \cdot H_2O$	0.91	约 28	14.8
稀 $NH_3 \cdot H_2O$		3.5	2.0
$Ca(OH)_2$ 水溶液		0.15	
$Ba(OH)_2$ 水溶液		2	约 0.1

附录 11 酸碱指示剂（18～25℃）

指示剂名称	pH 变色范围	颜色变化	溶液配制方法
百里酚蓝（第一变色范围）	1.2～2.8	红—黄	0.1g 指示剂溶于 100mL 20%乙醇中
甲基黄	2.9～4.0	红—黄	0.1g 指示剂溶于 100mL 20%乙醇中
甲基橙	3.1～4.4	红—黄	0.05%水溶液
溴酚蓝	3.1～4.6	黄—紫	0.1g 指示剂溶于 100mL 20%乙醇中，或指示剂钠盐的水溶液

续表

指示剂名称	pH 变色范围	颜色变化	溶液配制方法
溴甲酚绿	3.8～5.4	黄—蓝	0.1% 水溶液，每 100g 指示剂加 0.05mol·L^{-1} NaOH 2.9mL
甲基红	4.4～6.2	红—黄	0.1g 指示剂溶于 100mL 60%乙醇中，或指示剂钠盐的水溶液
溴百里酚蓝	6.0～7.6	黄—蓝	0.1g 指示剂溶于 100mL 20%乙醇中，或指示剂钠盐的水溶液
中性红	6.8～8.0	红—黄橙	0.1g 指示剂溶于 100mL 60%乙醇中
酚红	6.7～8.4	黄—红	0.1g 指示剂溶于 100mL 60%乙醇中，或指示剂钠盐的水溶液
酚酞	8.0～9.6	无—红	0.1g 指示剂溶于 100mL 90%乙醇中
百里酚蓝（第二变色范围）	8.0～9.6	黄—蓝	0.1g 指示剂溶于 100mL 20%乙醇中
百里酚酞	9.4～10.6	无—蓝	0.1g 指示剂溶于 100mL 90%乙醇中

参考文献

[1] 谢贞健，陈卓，唐洁.无机化学实验［M］.长沙：中南大学出版社，2022.

[2] 柯强，张世红，朱元强，等.化学实验［M］.北京：化学工业出版社，2016.

[3] 大连理工大学无机化学教研室.无机化学实验［M］.3 版.北京：高等教育出版社，2014.

[4] 韩选利.无机化学实验［M］.北京：高等教育出版社，2014.

[5] 浙江大学化学系，何巧红，张嘉捷，等.大学化学实验［M］.北京：高等教育出版社，2012.

[6] 浙江大学普通化学教研组.普通化学实验［M］.3 版.北京：高等教育出版社，2011.

[7] 周朵，王敬平.无机化学实验［M］.北京：化学工业出版社，2010.

[8] 陆旋，张星海.基础化学实验指导［M］.北京：化学工业出版社，2007.

[9] 武汉大学.分析化学上册［M］.5 版.北京：高等教育出版社，2006.

[10] 周宁怀.微型无机化学实验［M］.北京：科学出版社，2000.

[11] 倪哲明，刘秋平，夏盛杰，等.新编基础化学实验（Ⅰ）——无机及分析化学实验［M］.2 版.北京：化学工业出版社，2015.

[12] 南京大学大学化学实验教学组.大学化学实验［M］.2 版.北京：高等教育出版社，2010.

[13] 北京师范大学无机化学教研室.无机化学实验［M］.3 版.北京：高等教育出版社，2001.

[14] 浙江大学，华东理工大学，四川大学，等.新编大学化学实验［M］.北京：高等教育出版社，2002.